天下文化
BELIEVE IN READING

兒童床邊的經濟學家

Cribsheet

A Data-Driven Guide to Better, More Relaxed Parenting,
from Birth to Preschool

父母最關鍵的教養決策

Emily Oster

艾蜜莉・奧斯特 著　　廖建容 譯

BEP056

To Penelope and Finn
獻給潘妮洛碧和芬恩

目錄

推薦序
高手在民間：
經濟學家從醫學文獻提煉育兒經

柚子小兒科診所院長　陳木榮（柚子醫師）

　　我是個兒科醫師，多年的門診中，不斷需要回答爸爸媽媽各種育兒教養相關問題，問題五花八門，而且推陳出新永無止境。

　　有些爸爸媽媽很聽話，會照我說的做；有些不管我說什麼，他們永遠有不同意見。我可以同理這些爸爸媽媽的處境，他們從不同管道獲得的答案，可能完全不同甚至相互矛盾，當然不知道應該相信誰，久而久之更造成多疑的個性。說句實在話，針對育兒教養相關問題，有些我可以現場回答，有些還真沒辦法直接給答案。因此，現實狀況逼得我在結束門診之後，仍要不斷進修充實知識，希望身為兒科醫師，能給爸爸媽媽一個最佳答案。

　　醫師的最佳答案怎麼來？

　　大部分醫師都相信多年醫學教育訓練中不斷強調的實證醫學（Evidence-based medicine, EBM），把遭遇到的每一個問題，都試著從科學角度出發，在龐大文獻中尋找相關資料，再分析出強度最高的證據，進一步找出這個問題當下最合適的答案。幾年來我依循著相同模式，一次又一次在醫學文獻中挖掘事實，用證據幫助相信的父母，也用證據說服不願相信的爸爸媽媽。

　　醫師所採用的這套尋找答案的方式，我原本以為不具相關醫

療背景的人會很難理解，一直到讀了《兒童床邊的經濟學家：父母最關鍵的教養決策》這本書，我才知道我錯了。真正高手在民間，這本書作者是非醫學相關科系的經濟學家，卻能針對爸爸媽媽對於學齡前兒童的育兒教養決策，以數據資料來協助解決。整本書中，對於每一個育兒教養問題，作者沒有使用一般網路搜尋建議，沒有跟隨街頭巷尾道聽塗說，而是提出相關文獻，用數據把證據放在眼前，有力的說服每一位爸爸媽媽。

　　以書中的「幼兒管教」章節為例，相信大家一定遇過長輩或是鄰居七嘴八舌的說：「孩子不乖就要打」，因此爸爸媽媽甚至可能迫於旁人壓力而動手體罰孩子。從現在起，請各位爸爸媽媽不要再這樣做了，作者在書中明確提出研究文獻指出：「沒有任何證據顯示體罰有助於改善行為」、「有證據顯示體罰會造成負面影響」。作者已經幫忙整理出所有證據，告訴大家體罰壞處多而沒有好處，爸爸媽媽實在沒有任何理由繼續體罰孩子了。

　　本書是經濟學家寫的育兒教養建議，十分適合理性育兒的父母。不過感性的爸爸媽媽更應該看看這本書，畢竟育兒教養這件事還真不能完全憑感覺。除此之外，還有些朋友只相信口耳相傳，不信實證醫學證據，更應該請他來看看這本書！

　　有了孩子之後，我們總希望給孩子最好的東西，因此我推薦這本書給大家，做為育兒教養的參考。但是身為兒科醫師，我必須強調，大環境中各種研究文獻報告不斷推陳出新，「現在最好」不見得代表「以後持續最好」。請大家看完這本書之後，吸收書中的內容之外，更重要的是學習這本書從數據實證中找出答案的實事求是精神，一次又一次，不斷修正育兒教養方式，才是閱讀這本書真正的收穫。

各界讚譽

奧斯特告訴我們，身為經濟學家，在手忙腳亂養育新生兒的過程中，仍可育孕出令人豁然開朗的觀點……。本書宗旨就是幫助父母更加得心應手。　　　　　　　　　　——《經濟學人》

市面上五花八門的教養書令人無所適從，本書正是可以幫助我們找回平靜的那一本。　　　　　　　　　——《洛杉磯時報》

奧斯特以慧黠且風趣的方式，以她的親身育兒經驗佐證，討論育兒的重要議題，包括哺乳、如廁訓練、養兒育女同時兼顧婚姻品質，以及何時該懷下一胎。每個章節都有明確主題，你可以輕鬆選擇要鑽研哪個議題。　　　　　——彭博新聞網

在我家，奧斯特是我們未曾謀面、但無所不知的長輩。有她的書相伴，教養之路變得輕鬆許多。

　　　　——《富比士》，奧茲梅克（Adam Ozimek）

奧斯特透過本書幫助家長減少疑惑、對自己的決定更有信心，並呼籲大家對其他家長的不同選擇少一點評斷。奧斯特將研

究攤在大家面前，幫助家長擺脫教養決定引發的情緒震盪。然後你會納悶，自己當初為何被嚇得皮皮剉。

—— 美國全國公共廣播電台

奧斯特從可信的研究得出容易理解的結論，同時破解各種迷思。她在書中討論學齡前兒童各種教養議題，目的不在於解答家長的疑問，像是餵母乳、睡眠以及托育等，而是主張這些問題通常不只有一個正確答案，她建議家長參考她分析歸納出來的數據資料，更要考慮自家的獨特狀況，然後做出最適合全家人的決定。

—— 《時代》雜誌

坊間時有新的教養理論冒出來，令人膽顫心驚。相信父母讀了本書之後，會感到如釋重負。奧斯特檢驗傳統育兒知識背後的研究基礎，發現所謂的「研究」常不夠嚴謹，或根本不存在，甚至研究結果被誇大了……本書想呼籲大家，採取任何教養方式之前應先考慮其脈絡，將能減輕育兒壓力。　—— 《華盛頓郵報》

讀完本書，家長會對自己的育兒知識比較有信心，而且比較不會上網查資料或詢問家人朋友，然後得到互相矛盾的建議。

—— 財經頻道 CNBC

喜歡從統計數字得到安全感的家長，尤其是欣賞麥爾坎·葛拉威爾（Malcolm Gladwell）作品的人，一定也會喜歡這本書。

—— 《書目》雜誌

序言

　　我的兩個孩子還是嬰兒時，睡覺都很愛被嬰兒包巾緊緊包起來。我們選用的是「神奇包巾」（Miracle Blanket），在它嚴密的包覆下，只有脫逃術大師胡迪尼才能掙脫。我們家共有九條包巾，因為很怕包巾不夠用，而得用沾了便便的包巾包小孩。

　　用包巾包嬰兒是個很棒的做法，因為寶寶能睡得更安穩。但缺點是，你不能用一輩子，孩子遲早會大到包不住。第一次當爸媽的家長可能不覺得這有什麼問題，但要讓孩子戒掉包巾其實不是件容易的事。

　　我們的第一胎是個女兒，名叫潘妮洛碧。她戒掉包巾後，養成了更糟的睡眠習慣：開始依賴嬰兒搖床，我到現在還會做和嬰兒搖床有關的噩夢。有家長告訴我，網路上可以找到大尺寸的包巾，像是在手工藝品網路商店平台 Etsy，就能找到人幫你一歲半的孩子製作包巾。請留意：能在 Etsy 上找到你要的東西，不一定代表這是個好主意。

　　生第二胎有個好處，那就是你可以修正你養前一胎時犯下的所有錯誤。身為「有經驗的父母」，你這次一定可以修正所有曾讓你後悔的事。至少我這麼想過。我最想修正的錯誤，就是幫孩子戒掉包巾的方式。

　　我的第二胎是個男孩，名叫芬恩。當芬恩四、五個月大時，我訂了一個計畫。首先，我仍然用包巾包住芬恩，但讓他露出一隻手臂，先這樣試個幾天。當他習慣之後，我再讓他另一隻手臂露出包巾之外。接下來是不包雙腿，最後才完全不用包巾。網友向我保證，用這種方法可以讓寶寶戒掉包巾，但不會讓寶寶失去（好不容易養成的）睡眠習慣。

　　我已準備好開始執行，並在日曆記下來，同時告知我先生傑西這件事。

　　然後，就在我預定執行計畫的幾天之前，那天天氣爆熱，我家卻停電了，空調設備當然也不能用。芬恩的房間室溫為攝氏35度，而這個時候他差不多該睡覺了。我慌了手腳，因為要在寶寶身上纏好幾層包巾的布，才能把他妥善包好，這樣芬恩一定會熱死。

　　我該讓他醒著，等電來嗎？但這可能要等好幾天。明明知道他會很熱，但我仍然得把他包起來嗎？這似乎是不負責任的做法，而且太惡劣了。我該抱著他睡，不把他放進嬰兒床，直到室溫降下來嗎？但這樣還是很熱，而且根據經驗，如果我抱著他睡，他很快就會醒來。

　　我把我的完美計畫丟在一邊，把包了尿布、只穿一件連身衣的芬恩放在嬰兒床上，沒有用包巾。我滿身大汗的一邊哄他入睡，一邊向他解釋情況。

　　「芬恩，我很抱歉，但現在實在太熱了，我們不能用包巾。不過別擔心，你仍然可以睡得著。我知道你一定辦得到！如果沒有用包巾，你就可以吸手指了！這不是很棒嗎？」

　　我對芬恩咧嘴而笑，把沒有用包巾包裹的芬恩放進嬰兒床，

然後離開房間。我已經做了最壞的打算。如果是潘妮洛碧，她一定會哭得非常慘烈。但芬恩只是發出了一些聲音，彷彿在表達他心中的訝異，然後就睡著了。

一個小時後，電來了。那時芬恩已經睡著。我問傑西，我是不是該進房間把芬恩用包巾包起來。傑西說我瘋了，然後開始收拾家裡所有的神奇包巾，放進要捐給慈善機構的舊衣回收箱裡。

那天晚上睡覺時，我躺在床上想，芬恩現在會不會睡不好，我是不是應該去把包巾從舊衣回收箱裡挖出來，把芬恩包起來。我很想去查電腦，看看有沒有任何寶寶是因為有包包巾或沒包包巾而導致睡眠習慣惡化。到後來，我實在太熱了，不想再搞這些事，於是作罷。我們的包巾階段就這樣結束了。

身為父母，你一心一意只想為孩子做對的事，做出對孩子最好的決定。然而，你不太可能知道哪些決定才是最好的。你預料不到的事會一再發生，就算第二胎也一樣，或許養第五胎時依舊如此。這個世界和你的孩子總是有辦法讓你感到詫異。你很難不對自己產生懷疑，即使是微不足道的小事。

嬰兒包巾只是一件很小的事，但卻充分說明了養育兒女的一個重要主題：你能掌控的事情遠比你以為的還要少很多。你可能會問，既然如此，我為何還要寫一本育兒指南？答案是：雖然你無法掌控情況，但你可以做選擇，而這些選擇非常重要。父母遇到的問題是，大眾談論的育兒觀念不太能將這些選擇聚焦於對的方向，幫助父母培養自己做決定的能力。

我們可以做得更好。令人意外的是，數據和經濟學其實可以幫上忙。本書的目標是提供你有用的資訊和方法，幫助你為家人做出最好的決定，以減輕育兒壓力。

　　我也希望本書能提供一個以數據為本的育兒藍圖，幫助你面對在孩子出生後的頭三年可能遇到的大問題。根據我的經驗，我發現一般人不太容易取得這方面的知識。

　　現代人大多比自己的父母更晚生小孩。早一輩的人都很早生，相形之下，我們這一輩在當父母之前，通常已經獨立自主的生活了很長一段時間。這件事不只有人口統計學上的意義。它同時意味著，我們已經習慣擁有自主權，而拜科技所賜，我們在做決定時也習慣參考大量資訊做為輔助。

　　我們也很想用這種方式做出育兒決定。但要做的決定太多了，導致我們必須面對爆量的資訊。尤其在孩子出生後的那段期間，每天似乎都是大挑戰。當你徵詢別人的意見時，每個人給的建議都不一樣。和你相比，他們每個人都很像是育兒專家。這已經夠嚇人了，再加上你因為剛生完小孩耗盡體力，家裡又多了一個小傢伙，這個小人兒總是不肯乖乖喝母奶或睡覺，而且總是在啼哭。沒關係，來，我們先做個深呼吸。

　　育兒時有許多重大的決定：你該餵母奶嗎？你該訓練孩子養成某種睡眠習慣嗎？如果要，那要採用哪種方式？那過敏呢？有人說不要讓孩子吃花生，有人說要盡早讓孩子吃花生，到底哪個說法才是對的？你該讓孩子接種疫苗嗎？如果要，什麼時候呢？另外還有一些比較瑣碎的問題：用包巾包小孩真的是對的嗎？你需要在寶寶出生後立刻為他規劃一個作息時間表嗎？

　　這類問題不會隨著孩子長大而消失。孩子的睡眠和飲食習慣好不容易才穩定下來，然後你發現他開始會鬧脾氣了。你到底該怎麼處理？你應該管教他嗎？怎麼管教？驅邪？孩子「番」起來有時的確像是中邪。其實，你最需要的可能是給自己放個小假。

讓孩子看電視妥當嗎？你好像在網路上看到有人說，小時候看電視的孩子，長大會變成連續殺人魔，那篇文章的細節你已經不記得了，所以或許最好不要冒險？不過，天哪，如果能放個小假該有多好。

除了這些問題之外，你還要無窮無盡的擔憂「我的孩子正常嗎？」孩子幾週大時，「正常」取決於他的排尿量是否夠多、哭鬧頻率是否太高、體重是否達標。接下來是，孩子的睡眠時數是否足夠、會不會翻身、會不會微笑。接下來是，孩子會爬了嗎？會走路了嗎？什麼時候開始會跑？什麼時候開始會說話？他說的話字彙量多不多？

我們要去哪裡找答案？我們要怎麼知道什麼才是「正確」的教養方式？正確的教養方式真的存在嗎？你的小兒科醫生可以幫上忙，但他們只關注和醫學相關的問題（這也沒錯）。我的女兒十五個月大時還沒有顯露出想走路的跡象，但醫生只是對我說，如果潘妮洛碧到十八個月大還不會走路，我們就應該帶她去做發展遲緩篩檢。不過，孩子發展遲緩需要早期療育是一回事，單純的比一般孩子慢一點學會說話又是另一回事。而且你也不知道，發展比其他人慢一點會不會對孩子造成任何影響。

再說，醫生不可能二十四小時待命，隨時回答你的問題。凌晨三點時，如果你三週大的寶寶只有在你睡在他旁邊時才肯睡覺，此時你該讓他睡在你的床上嗎？在這個時代，你很可能開始上網查資料。你睡眼惺忪的抱著寶寶，而另一半卻在你身旁打呼（真是個混蛋，這一切全都是他的錯），你瀏覽各個育兒網站和臉書尋找建議。

一查之下，情況更糟了。網路上的意見百百種，其中有許多

意見來自你信任的人——朋友、媽媽部落客，以及自稱育兒專家的人。但他們給的建議都不一樣。有些人說，讓寶寶睡在你床上是對的，這是最自然的做法，而且只要你不在床上吸菸或喝酒，就不會有任何風險。他們說，認為這麼做有風險的人沒把話說清楚，他們指的是沒有使用「正確方法」的人。

　　然而，官方建議是「絕對不要這麼做」。你的孩子有可能會死掉，大人寶寶睡在一起一點也不安全。美國兒科學會（American Academy of Pediatrics）建議你把寶寶放在嬰兒搖籃裡，然後把搖籃擺在你的床邊。但是，你一把寶寶放進搖籃裡，他就醒了。

　　更糟的是，這些意見（通常）是情緒性發言。我看過許多臉書粉絲團原本在討論孩子睡眠情況變糟的事，後來卻演變成評斷誰是好父母。有人會對你說，選擇一起睡不只是個錯誤的決定，而且代表「你不在乎孩子的死活」。

　　面對這些互相矛盾的資訊時，你要如何決定怎麼做才是對的？包括對你的寶寶、你自己，還有你的家庭。這是育兒過程的重要問題。

　　我是個經濟學教授；我的研究聚焦於健康經濟學。我的工作是分析資料，試著從我的研究找出因果關係。然後我會試圖將這些資料放進某些經濟學架構（仔細檢視成本效益的架構）中，做為決策的依據。這是我做研究的方式，也是我教學的重點。

　　我也試著在工作以外的地方使用這些決策原則。幸好我先生傑西也是個經濟學家，我們有相同的思維，於是我們運用相同的架構，一起為這個家做決定。我們在生活中會使用很多經濟學觀念，即使剛升格為父母時也不例外。

　　例如，在我生潘妮洛碧之前，我大多自己做晚餐。我很喜歡做菜，因為做菜能讓我放鬆心情。我們吃飯時間很晚，大多是七點半或八點，飯後再休息一下，就上床睡覺了。

　　潘妮洛碧剛出生時，我們依然維持這個作息時間。但是當她開始和我們一起吃飯時，情況就亂了套。她吃晚餐的時間是六點，而我們最早回到家的時間是五點四十五分。我們希望全家人一起吃飯，但你要怎麼在十五分鐘內準備並煮好一頓飯？

　　下班後從零開始準備一頓飯是個不可能的事。我考慮過其他選項。我們可以到餐廳外帶晚餐。我們可以分成兩批處理，先簡單弄好潘妮洛碧的食物，把她餵飽。等她睡著後，我再弄一頓比較豐盛的晚餐。我發現市面上有一種預備食材便利包，裡面有一道菜的所有食材，你只要開火煮一煮就行了。甚至有宅配到府的素食便利包。

　　有這麼多選項，你要選擇哪一種？

　　如果你想採取經濟學家的思維，就要從數據著手。以煮飯的例子來說，最重要的問題是：和我自己構想菜單再準備食材相較，這些選項的成本比較高、還是比較低？到餐廳外帶食物比較貴。分成兩批處理，先餵潘妮洛碧吃雞塊，然後我們再吃大人的食物，成本和全部我自己弄差不多。食材便利包的成本介於中間：比我自己買食材並準備晚餐貴一些，但比外帶便宜一點。

　　但有一些因素沒考慮到，我沒有把我的時間的價值算進去，或是套用經濟學家的說法，我還沒考慮到「機會成本」。我通常在一大早準備當天的食材，大概會花十五至三十分鐘。我可以把這些時間用來做別的事（像是寫書、寫論文）。這些時間具有真正的價值，我們不能將它排除在成本的計算之外。

　　考慮到這點之後，食材便利包似乎變成了很有吸引力的選項，連外帶食物都開始划得來。價格上的差異比不上我的時間的價值。分成兩批煮似乎最糟，因為我要花更多時間在煮飯上。

　　但事情還沒完，因為偏好這個因素還沒算進去。我有可能真的很喜歡規劃菜單和準備食材，有不少人是如此。因此，即使其他的選項在成本上占了優勢，自己煮仍然是個合理的選擇。基本上，我有可能願意為了選擇自己煮，而付出一些代價（按照經濟學的觀點）。

　　就時間考量來說，外帶現成餐點可能是最便利的選項，但有些家庭非常重視吃自己煮的東西。就晚餐分成兩批這件事來說，有些家長希望全家人能每天晚上一起吃頓飯，有些人則希望大人和孩子分開吃，這樣才有機會和另一半好好放鬆和聊天。又或者你希望是兩種方式都用，有時大人和小孩一起吃，有時分開吃。

　　偏好是非常重要的因素。條件完全相同的兩個家庭（食物成本、時間的價值和可以採取的選項都相同），可能會做出不同的選擇，因為這兩家人的偏好不同。這種經濟學的決策方式並不會替你做決定，它只會告訴你如何架構你的思考模式。

　　它請你問自己一些問題，像是：你喜歡做菜的程度有多高？因為那會決定什麼才是正確的做法。

　　以我們家來說，我和傑西想和潘妮洛碧一起吃飯，而我們不喜歡外帶現成的餐點。我雖然喜歡做菜，但沒有喜歡到想要全程自己處理，於是我們決定嘗試採用素食便利包（這個選項很好，只是它搭配的羽衣甘藍分量有點多）。

　　這個例子看起來或許和是否選擇哺乳相差很遠，但就決策過程來說，兩者其實是相同的。你需要資料（以哺乳的例子來說，

你需要有參考價值的資料，指出哺乳有哪些好處），也需要考量全家人的偏好。

我懷潘妮洛碧時就是採取這個方法。我當時寫了一本書《好好懷孕》（*Expecting Better*），書中分析了懷孕的許多原則，以及這些原則背後的統計數據。

潘妮洛碧出生後，我要做的決定更多了。現在多了個活生生的人要應付，而且潘妮洛碧雖然只是個小寶寶，但她已經有自己的意見了。你希望孩子永遠開開心心的，但你也需要考慮到，有時你得替孩子做出困難的決定。

例如，潘妮洛碧很喜歡嬰兒搖床，那是一種可以前後搖動的小型嬰兒床。戒掉包巾後，潘妮洛碧愛上在嬰兒搖床裡睡覺。這種方式對我們來說有點不太方便，有好幾個月，我們必須帶著它趴趴走，包括去西班牙度假的時候。另外，潘妮洛碧有可能會睡出扁頭。

但是當我們決定不再使用嬰兒搖床時，牽涉到的人不只我們，還有潘妮洛碧。我們決定不再讓潘妮洛碧睡嬰兒搖床那天，她完全不睡覺，把自己搞得脾氣很壞，也快把保母搞瘋了。潘妮洛碧後來贏了；我們隔天又開始讓她用嬰兒搖床，直到她的體重超過搖床的承重極限。

你可能會說，我們向潘妮洛碧屈服了。但事實上，比起按照書本建議的時間讓潘妮洛碧改睡她的嬰兒床，我們把家庭和諧看得更重要，所以才做了那個決定。管教孩子時，有些界線是不能妥協的，但育兒領域有許多灰色地帶。從成本效益的觀點思考我們的選擇，有助於減輕做決定時的壓力。

在思考這些決定時，我再度發現，從資料數據出發可以帶給

我安心感，就和我懷孕時一樣。比較重大的決定（哺餵母乳、自行入睡訓練、過敏）大多有人做過研究。當然，問題在於，並不是所有的研究都有參考價值。

以哺乳為例，哺乳通常很辛苦，但你經常會聽到人家說哺乳的好處。醫學機構和網友全都是哺乳派，更別提朋友和家人了。但他們說的那些好處是真的嗎？

這個問題其實很難回答。

研究哺乳的目的，是想了解喝母乳的孩子長大後，是否比不喝母乳的孩子更健康、更聰明。最基本的問題是，選擇哺乳的人大多不是隨隨便便做出這個決定的。事實上，他們仔細思考過這個選項，而且這種人和選擇不哺乳的人不同。如果我們看美國最新的研究資料，會發現教育程度和收入較高的族群，有較高的比例會選擇哺乳。

這有可能是因為這些女性比較可能得到支援（包括產假），使她們能夠決定要哺餵母乳。也可能是因為她們比較在意哺乳的好處，像是哺乳可以養出健康、有成就的孩子。不論原因是什麼，事實都不會改變。

我們現在的問題是，要如何解讀資料。哺乳的研究一再顯示，喝母乳長大的孩子會發展得比較好 —— 學業成績比較好、肥胖率較低等等。但這些結果同時和母親的教育程度、收入和婚姻狀況有關。我們怎麼知道是哺乳或是其他因素，導致孩子有比較好的學業成績和比較低的肥胖率？

答案在於，有些資料比其他資料更有參考價值。

我運用經濟學的訓練（尤其是從資料找出因果關係的能力）來思考這些情況，試著把比較嚴謹和沒那麼嚴謹的研究區分開

來。因果關係並不容易找到。有時候，看起來緊密相關的兩件事，事實上一點關係也沒有。例如，吃克里夫能量棒的人大多比不吃的人更健康。然而，選擇吃克里夫能量棒的人之所以比較健康，或許不是因為吃了克里夫能量棒，而是因為他們大多採取比較健康的生活方式。

　　我採取的方法主要是試著在數百個研究當中，找出哪些研究可以提供最有參考價值的數據資料。

　　有時候，一些嚴謹的研究證實了某個因果關係，像是哺乳似乎有助於減少寶寶拉肚子的情況。但有時候，嚴謹的研究沒有顯示這樣的效果；例如，哺乳可以大幅提高智商的看法，其實沒有得到太多證據的證實。

　　關於是否選擇哺乳，有些研究是值得參考的，雖然這些研究不算完美。但有時候，我們可能連可以倚賴的研究都沒有。當我的孩子長大一點，我想知道螢幕使用時間（screen time）會對孩子造成什麼影響。結果我找到了少許有參考價值的資料，可以回答我的問題。教三歲小孩學習英文字母的 iPad 應用程式上市的時間還不夠長，目前還沒有太多研究論文可以參考。

　　這種情況有時會令人有點洩氣。然而，知道有些問題沒有數據資料可以解答，在某種程度上也可能令人感到安心：至少你知道，在這方面沒有人知道正確答案是什麼。

　　如同前面所舉的準備晚餐的例子，資料只能提供我們一部分的答案，所以我們不能只看資料而已。當我看到某些資料後，我可以根據這些資料做出某些決定。但是同樣的資料不會讓所有人做出相同決定。資料是參考素材，個人偏好也是。在決定是否要哺乳時，知道哺乳有哪些好處對我們是有幫助的，但我們同時也

要考慮成本。或許你很討厭哺乳；或許你打算回職場工作，而你覺得擠母乳太麻煩了。這些都是選擇不哺乳的理由。我們往往太過聚焦於哺乳的好處，而忘了考慮這麼做要付出哪些成本。哺乳的好處有可能被誇大，而需要付出的成本有可能對你的生活產生巨大影響。

個人偏好應該得到我們的重視，我們應該不只考慮寶寶，還要考慮到自己。又例如，在考慮孩子的照顧方式時（自己帶、送到幼兒園，或是請保母），研究一下資料是有幫助的，但是思考什麼方式對你們全家人最好，也非常重要。以我為例，我很確定我要回職場。或許我的孩子希望我在家裡陪他們（我很懷疑），但在家陪小孩的選項對我來說是行不通的。我在做這個決定時，曾經參考過一些資料，到最後，我的偏好扮演了決定性的角色。我做了一個有根據的決定，而且是最適合我的決定。

父母需要或想要的東西，會影響他們為孩子做什麼決定，而一般家長往往難以承認自己有這種想法。在某種意義上，我認為這是許多「媽媽戰爭」的真正源頭。

我們都想當個好父母。我們都希望自己的決定是正確的。因此，做了決定之後，往往希望自己做的決定是完美的。心理學對這個現象有個名稱：規避「認知失調」（cognitive dissonance）。如果我選擇不哺乳，我就不想承認哺乳有任何好處。因此我緊緊抓住一個立場，認為哺乳根本是浪費時間。反過來說，假如我花了兩年的時間每隔三小時就要寬衣餵一次奶，我需要相信，這是為了孩子的光明未來的必要犧牲。

這個傾向完全來於人性，但它其實適得其反。你的決定可能非常適合你，但未必適合其他人。為什麼？因為你不是其他

人。每個人的處境和偏好都不同。套用經濟學的說法，你們的限制條件不同。

當經濟學家在談「最佳選擇」（optimal choices）時，我們是在試圖解決所謂的「約束最佳化」（constrained optimization）問題。莎莉喜歡吃蘋果和香蕉，蘋果一顆三塊錢，香蕉一串五塊錢。在我們問「莎莉能買多少蘋果和香蕉」之前，我們要先給她一筆預算。這就是她的限制。否則她會買無限多的蘋果和香蕉（經濟學家假設，人總是想要得到最多的東西）。

我們在做育兒決定時，也會受到一些限制，包括金錢的限制，但同時還有時間和精力的限制。縮短睡眠時間不可能沒有後果。假如睡眠時間減少了，這同時代表你拋棄了一夜好眠帶來的好處。你在職場的哺乳室擠奶所花的時間，原本可以用來工作。你權衡得失，然後做出最適合你的決定。然而，那些不需要太多睡眠時間、白天有空檔可以打盹，或是能一邊擠奶、一邊工作的人，她們可能會做出不同的選擇。養兒育女已經夠辛苦了，讓我們設法減輕做決定時的壓力吧。

本書不會告訴你，你應該為孩子做哪些決定。但我會試著給你必要的參考素材，以及少許的決策架構。每個人拿到的資料都相同，但要怎麼做決定是你個人的選擇。

關於孩子出生後頭幾年的重大教養決定，你可能會在本書看到一些令你訝異的資料，包括睡眠和使用螢幕裝置等等。親眼看到數據可以帶給你一種安心感。或許有人曾經對你說，孩子哭鬧時不要理他，他哭一哭就會睡著。但是，當你看過支持這種說法的證據資料之後，你這麼做時會比較安心

當我寫《好好懷孕》時，我找到了很多關於咖啡、酒精飲

料、產前篩檢、硬脊膜外麻醉的資料。個人偏好雖然很重要，但是在許多情況下，資料呈現的事實非常明確。例如，臥床休息對孕婦其實不太好。和懷孕相關的事情當中，沒有太多資料會直接告訴你，什麼該做，或者什麼不該做。你和家人的偏好其實比較重要。不過，這不代表資料沒有幫助（它通常很有幫助！），當你們參考資料之後，你可能會做出不一樣的決定，在懷孕期尤其如此。

本書內容從產房揭開序幕。第一部將探討孩子剛出生時會遇到的問題，許多是醫學方面的問題：割包皮、新生兒篩檢、嬰兒體重減輕。我也會談到剛帶孩子回家的頭幾週會遇到的問題：你該用嬰兒包巾嗎？你該避免讓孩子接觸細菌嗎？要不要記錄和孩子有關的所有數據？此外，還有媽媽產後的身體復原，以及該留意的情緒波動。

第二部聚焦於早期教養的重大決定：哺乳（你該選擇哺乳嗎？要怎麼做呢？）、疫苗接種、睡覺的姿勢、自行入睡訓練、在家帶小孩還是出去工作、送去幼兒園還是請保母（基本上，就是媽媽戰爭的重要議題）。

第三部關注的是從嬰兒到幼兒階段的轉變，至少討論到其中一部分的議題：是否該讓孩子使用螢幕裝置、如廁訓練、管教，以及各種教育選項。我會帶你看一些資料，關於孩子開始走路、開始會跑的時間表，以及他們語言能力的發展進程（以及這件事是否很重要）。

最後一部分談的是父母。孩子出生後，你們自動升格為父母，很多事會發生變化。我會談到，照顧新生兒可能會對你和伴侶的關係帶來哪些壓力，還有是否生下一胎（以及什麼時候生）。

　　我們升格為父母之後，會得到很多建議，但幾乎沒有人向我們解釋，這些建議背後的理由是什麼，或是我們該相信到什麼程度。當你不解釋理由，你就剝奪了對方獨立自主和根據個人偏好做決定的能力。父母也是人，他們有權利獲得更多的資訊。

　　本書要反對的，不是任何一個建議，而是不解釋理由的做法。當你掌握了科學證據與決策的思考架構之後，你就能為全家人做出最適當的決定。當你對自己的決定感到滿意，育兒的過程就會變得更快樂、更輕鬆。同時，也希望你能因此得到更多的睡眠時間。

◎編注：本書注釋，請上天下文化官網下載
　　https://bookevent.cwgv.com.tw/pdf/BEP056.pdf

第一部

人之初

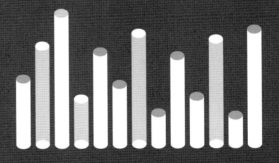

家裡突然多了一個要求很多的新成員，
一時之間你有好多事情得決定。
偏偏剛生產完腦袋不太管用，
醫護人員、家人、朋友和網路世界，
又給你各式各樣互相矛盾的建議，使你更混亂……

　　不論生產過程是否和你想像的一樣，或是套用我同事的話，你「在最後有點嚇到了」，生產完幾小時後，你會被送到恢復室。那裡和產房看起來差不多，只不過當你被推到恢復室時，這趟路少了一個人陪你。

　　生產前和生產後的感覺天差地別，尤其是生第一胎的時候。潘妮洛碧出生後，我們在醫院待了幾天。在那段日子，我整天穿著浴袍，嘗試餵母奶，把寶寶抱在懷裡，等著她做完各種檢查後被送回來，以及試著稍微走一點路。那段期間的某些記憶歷歷在目：珍和大衛帶了一隻紫色的填充布偶熊來看我，奧德帶了一束花來，但整體來說，那幾天感覺起來有點像是在做夢。

　　傑西為潘妮洛碧出生後的頭幾天做了一些紀錄，他寫道，「艾蜜莉想要全天候二十四小時盯著寶寶看。」他說的是真的。即使我閉上眼睡覺，潘妮洛碧仍然一直浮現在我的眼前。

　　孩子出生後頭幾個小時或是待在醫院的那幾天，一直到回家後的頭幾個星期，那段期間的一切都顯得有點模糊（或許是因為睡眠不足）。你不會見到太多人（除非有不識相的家人來作客），也不會經常離開家。你睡眠不足，吃的東西也不多。此外，家裡突然出現了一個要求很多的新成員，一個完整的人。這個人將來有一天會自己開車，開始工作，並且對你說，她的人生被你毀了，因為你不讓她參加有男有女的留宿派對，而她的朋友全都可以參加。

　　然而，當你看著這個小寶貝，或是思索人生的意義時，總有些事情會發生，而這些事需要由你來做一些決定。你最好事先仔細思考這些問題，因為生產後的那段時間，腦袋會不太管用，也是最混亂的時候。此外，醫護人員、家人、朋友和網路世界會給

你各式各樣的建議，而這些建議通常互相矛盾，使你更加混亂。

本書的第一章將討論，你在醫院可能遇到的問題，包括你可能會涉及的手術，或是可能發生的併發症。第二章會談到，你回家後那幾週的生活是什麼模樣。

養兒育女涉及許多重大決定，像是哺乳、接種疫苗、睡覺的地點，你可能會希望早點做決定（有時候要在孩子出生前就做好決定）。不過，由於這些議題影響的不只是頭幾週，所以我將在第二部討論這些議題。

——— 01 ———
頭三天

如果你是自然產，你大概會在醫院住兩個晚上。如果你是剖腹產，或是在生產時發生併發症，你可能會在醫院待個三、四天。以前的產婦可以在醫院住上一個星期，甚至是十天，等身體慢慢復原，但那個時代已經過去了。保險給付的規定很嚴格，有個朋友建議我們，開始陣痛後，盡量拖過午夜再到醫院，以便多住一個晚上（這其實不是我能掌控的，不過，有時候醫生會基於這個理由，晚一點幫你辦住院手續）。

住院的經驗是愉快，還是令人沮喪，取決於你的個性（以及醫院的狀況）。住院最大的好處是身邊有人照顧你，而且會協助你了解寶寶的狀況。如果你想自己哺乳，醫院通常有哺乳衛教師可以提供諮詢。此外，護理師會幫你檢查是否流血過量，以及確認寶寶一切正常。

住院的缺點是，醫院不像家裡那麼方便。你慣用的東西都不在身邊，有時你會覺得有點悶，而且醫院的食物難吃透頂。生潘妮洛碧時，我在芝加哥一家大醫院住了兩天。傑西幫我拍了一張很嚇人的照片，他認為很適合刊登在八卦雜誌《美國週刊》上。

某一期的《美國週刊》有一篇關於小甜甜布蘭妮的文章，標題是「我的新生活」。傑西認為我的照片很適合擺在布蘭妮旁邊。簡言之，我帶著一張極度浮腫的臉，展開了「我的新生活」。

在那幾天，你基本上什麼事也做不了，只能一直盯著寶寶看，以及在臉書上更新近況。不過，偶爾會有人出現在你的病房，幫寶寶做一些篩檢。他們會推一台大機器進來，幫寶寶做聽力檢測，也會在寶寶的腳跟扎針抽血，以便驗血。有時他們會徵詢你的意見。

「你想在這裡幫寶寶割包皮嗎？」

你要怎麼做決定？這不是個重大的決定，也不是醫學或法律上的必要處置，完全取決於你。

在這種情況下，你有許多選擇。你可以參照朋友的做法或醫生的建議，也可以上網查看網友的決定和他們的理由。當然，以割包皮來說，別人的意見對你的幫助都不大。在美國，約有半數的男寶寶有割包皮，半數沒有，這代表兩個陣營的人數都很多（為什麼是半數？我們恐怕很難找到答案。有些人是基於宗教理由，有些人出於醫學理由決定要做。有些父母是因為孩子的爸爸有割包皮，於是他們希望兒子的小鳥看起來和爸爸的一樣）。

本書將提出一個做這個決定的結構性方法。首先，你要搜集資料。你要以開放的心態正視風險的問題：這件事有沒有風險？有哪些風險？這麼做有益處嗎？有哪些益處？益處有多大？有時候，某個選項是有益的，但它的益處微乎其微，幾乎不值得列入考慮。同樣的，有些風險非常小，完全比不上你在日常生活中隨時可能面對的風險。

第二，你要將你得到的證據和你的偏好綜合起來。你家的長

輩是否極力贊成這麼做？你兒子的小鳥看起來和他爸爸的一樣，對你來說是否很重要？沒有任何資料可以告訴你這些問題的答案，你想怎麼做是非常重要的考量。

由於偏好如此重要，所以你不能倚賴網友的意見，因為網友並沒有和你們一起生活，而且說實在的，他們根本不會知道你兒子的小鳥該怎麼處置才是對的。

對於你可以預先決定的事，你最好在孩子出生前先把這些問題想清楚。你剛生完小孩、還待在醫院的時候，腦袋其實一片混亂，所以那時不是做決定的好時機（其實，你的情況在回家之後也好不到哪裡去！）。因此，你最好預先做好準備，如此一來，你才有辦法一邊了解自己和寶寶的狀況，一邊適應「新生活」。

一般來說，住院的過程大致上會相當順利。生完孩子幾天之後，你就可以帶著寶寶回家。不過，新生兒常在這個時候出現一些常見的併發症，包括黃疸和體重減輕。你最好事先了解這些併發症，當你需要做相關決定時，才能採取更積極的立場。

可預期的情況

幫新生兒洗澡

嬰兒出生時，全身會被一些東西包覆。我不想說得太寫實，那些東西有很大部分是血，還有羊水，以及保護胎兒不受感染的胎兒皮脂。在某個時間點，會有人建議你幫寶寶洗掉這些東西。

我還記得，在潘妮洛碧出生後一天左右，有個護理師教我們怎麼用嬰兒浴盆幫潘妮洛碧洗澡。我們仔細觀察，然後發現，我

們根本辦不到，只能等著將來有一天潘妮洛碧自己洗澡。我們撐了兩個星期，直到潘妮洛碧握在拳頭裡的胎兒皮脂出現了變質的跡象。你可以從我們幫她洗澡的紀念照中，看見一個飽受驚嚇的小嬰兒。我想，她可能到現在都還沒原諒我們。

我好像離題了。

以前的做法是，在寶寶出生後立刻幫他洗澡（所謂的「立刻」指的是在出生後幾分鐘內），然後再把寶寶交給媽媽。現在有些人開始不贊成這種做法，基於兩個理由。第一，有愈來愈多人認為，寶寶應該在出生後立刻和媽媽有肌膚接觸（稍後會詳述這個部分），並且讓媽媽和寶寶獨處幾個小時。這種肌膚接觸似乎可以提高順利哺乳的機率。基於同樣的理由，延遲幫嬰兒洗澡的時間似乎也可以提高哺乳的成功機率。[1]我們其實沒有任何實質的理由一定要幫寶寶洗澡，因此，基於上述理由延後洗澡的時間，似乎是非常合理的決定。

另一個不贊成立刻幫寶寶洗澡的理由是，洗澡可能會影響嬰兒的體溫。有些嬰兒在出生後會出現體溫下降的情況。幫寶寶洗澡，尤其是把全身濕答答的寶寶從水裡抱出來，據說會對寶寶產生不好的影響。不過，研究資料並不太支持這個說法。根據研究結果，寶寶出生後立刻幫他洗澡，不會對他的體溫造成長時間的影響。[2]

但也有證據指出，海綿擦澡比較容易讓寶寶在短時間內（也就是在擦澡時和剛擦完澡的時候）出現體溫的變化。[3]擦澡會使全身濕答答的寶寶暴露在空氣中更長一段時間。體溫變化本身並不是什麼大問題，但卻有可能被誤解為寶寶受到感染的跡象，然後引發不必要的介入處置。基於這個理由，大多數醫院會選擇用

浴盆幫新生兒洗澡。

　　洗澡並不是什麼可怕的事，不過，除了胎兒皮脂看起來有點噁心之外，我們其實沒有實質的理由要幫寶寶洗澡。寶寶身上的血水大多可以擦掉。或許我不應該說出來，但是當我生芬恩時，醫院完全不幫他洗澡。我們依然按照我們家的慣例，等到芬恩兩週大時才幫他洗澡，結果也沒有發生什麼事。由於芬恩的反應相當不錯，傑西甚至認為我們應該等久一點再幫他洗澡。

割包皮

　　割包皮指的是用手術把男性陰莖的包皮切除。人類割包皮的歷史可以追溯到古埃及時期，而且在許多國家都可以看到。這個做法的起源並不明確，我們可以找到各種理論。我最喜歡的理論是，有些領導人一出生就沒有包皮，這使得所有人都想割除包皮。不同地區的人基於不同的理由，採取這個做法。

　　割包皮可以在任何年紀進行。在某些文化中，這是青少年轉大人的成年儀式的一部分。在美國，男孩如果要割包皮，通常是在出生後不久進行。猶太教徒是在嬰兒出生後第八天進行割禮。除了傳統的割禮之外，孩子可以在離開醫院之前割包皮，或是在出院幾天後，再回醫院以門診方式割包皮。原則上，只要你確認孩子的陰莖能正常的發揮功能（也就是當他第一次排尿之後），你就可以讓他接受割包皮手術。

　　割包皮不是必要的處置，並不是所有國家都有這個習慣。例如，歐洲人就不割包皮。割包皮在美國曾經相當普遍，不過，施行率有下降的趨勢。1979 年的比例為 65%，到了 2010 年，比例降為 58%。

　　如果你信仰的宗教有割包皮的傳統，你很可能會讓孩子割包皮。在宗教領域之外，人們對這個議題有不少爭論。有些人堅決反對割包皮，他們覺得割除包皮的做法有相當高的風險。支持的人則認為割包皮可以帶來健康方面的好處。雙方意見有可能引發激烈的爭論，因此我們最好訴諸資料。

　　就和任何手術一樣，割包皮的主要風險是引發感染。如果是在醫院進行手術，感染的風險其實非常小。最周延的綜合評估數字顯示，約有 1.5% 的例子出現輕微感染，但完全沒有嚴重併發症的例子。[4] 這些數據的立論根據涵蓋了某些開發中國家的研究，因此，即使是輕微的不利結果，在美國的出現機率可能會更低。

　　另一個風險是「不良的審美結果」，這基本上指的是，可能需要再次進行手術來切除殘餘的包皮。沒有太多評估指出這種情況的出現機率是多少，不過，似乎比有害併發症的整體機率稍微高一些。[5]

　　有非常小的機率，寶寶可能發生尿道口狹窄的情況，導致排尿困難。有割包皮的寶寶比較容易出現這種情況，因此我們可以確定，這和割包皮有關。不過我還是要再次強調，這種情況非常少見。[6] 尿道口狹窄是可以修復的，但需要進行手術。有少量證據顯示，寶寶出生後六個月在生殖器上塗抹凡士林（或寶寶修護乳膏），可以防止尿道口狹窄發生。[7]

　　還有一些人（尤其是反對割包皮的陣營）討論到，割包皮可能導致陰莖敏感度降低。這種說法完全沒有任何支持的證據。從少數陰莖敏感度的研究（用工具戳陰莖來測試反應），看不出割包皮是否會造成有意義的差別。[8] 研究者的推論是，不論是否割包皮，沒有人喜歡陰莖被戳。

　　上述談的是風險。割包皮也可能帶來一些益處。首先，割包皮可以預防泌尿道感染。有割包皮的男孩比較不會有泌尿道感染的問題。沒有割包皮的男孩約有 1% 在童年期會發生泌尿道感染，有割包皮的男孩中，發生率只有 0.13%。[9] 這是顯著的差別，而且大家普遍認為這種預防作用是真實存在的。不過，就絕對值來說，這樣的好處其實不是那麼重要：你必須為一百個男孩割包皮，才能預防一個男孩得到泌尿道感染。

　　沒割包皮的男孩也可能出現包莖（包皮無法向後拉）的狀況。這個情況需要加以處置，一般是擦類固醇乳霜，當孩子長大一點後，有可能需要割包皮。這類情況導致日後需要割包皮的比例，大約為 1% 到 2%。比例非常低，但也不是沒聽過。[10]

　　最後兩個好處是，被 HIV 病毒和其他經由性交傳染的疾病（sexually transmitted infections, STIs）感染的機率較低，以及得到陰莖癌的機率較低。以 HIV 和 STIs 的感染來說，幾個非洲國家的研究提出有力的證據指出，有割包皮的男性被感染的風險較低。這些研究的背景是，大多數的 HIV 感染是經由異性傳染的；在美國，大多數的感染是透過男性之間的性行為，或是靜脈注射毒品的針筒所傳染。根據非洲的研究數據，我們無法判斷割包皮的效果是否適用於男性之間的性行為。當然，割包皮的效果和靜脈注射毒品導致的感染完全無關。[11]

　　陰莖癌非常罕見，大約每十萬人才有一人罹病。擴散性陰莖癌的罹病風險，和沒有割包皮有關，尤其是童年期有包莖情況的男孩。[12] 不過，即使風險比較高，換算成實際數字後，仍然只是極少數的例子。

　　美國兒科學會指出，割包皮的效益高於成本。不過他們也指

出，真正的效益或成本其實都很低。因此，最後還是取決於個人偏好、文化傳統，或單純只是想讓你兒子的小鳥看起來有某種外觀。這些都是決定做與不做的好理由。

若你選擇割包皮，那麼你需要考慮止痛的問題。以前的人認為，小寶寶的痛覺和成人不同，因此往往在不止痛的情況下切除包皮，頂多餵寶寶喝點糖水。這是錯誤的觀念。割包皮時沒有做止痛處理的寶寶，在四到六個月後接種疫苗時，會對疼痛做出較激烈的反應。[13]

因此，現在的醫生進行包皮切除手術時，大多會幫寶寶止痛。最有效的方式似乎是陰莖神經阻斷，也就是在進行手術之前，在陰莖底部注射止痛劑。有些醫生也可能會搭配局部麻醉。[14]

血液和聽力檢測

醫護人員會利用你和寶寶還在醫院的時候，為寶寶進行至少兩項檢測：血液篩檢和聽力檢測。

新生兒的血液篩檢涵蓋了許多項目。美國各州規定的檢測項目不同；加州最多，高達六十一項。許多檢測和新陳代謝的能力有關，另外也會檢測寶寶是否無法消化某些特定的蛋白質，或是無法製造某些酵素。

例如，最常透過驗血檢測的疾病是苯酮尿症（PKU）。苯酮尿症是一種遺傳疾病，出現機率為一萬分之一。有這種疾病的人，缺乏一種可以將苯丙胺酸分解成胺基酸的酵素，因此他們必須進行低蛋白質飲食，因為蛋白質含有大量苯丙胺酸。對這些人來說，蛋白質有可能堆積在體內，包括腦部，導致極嚴重的併發症，像是嚴重的智能障礙和死亡。

　　若驗出苯酮尿症，我們可以透過調整飲食來控制這個疾病，同時防止負面結果產生。若是苯酮尿症沒有在寶寶出生時檢驗出來，可能會立刻造成腦部損傷，因為母乳和配方奶都含有大量的蛋白質。若不加以檢測，你會在憾事發生之後才發現寶寶有苯酮尿症。

　　因此，在寶寶出生時進行這類疾病的檢測非常重要。只要在寶寶的腳跟輕輕扎針抽血，就可以進行檢測，這對寶寶不會有任何風險。如果寶寶此時沒有被驗出任何需要留意的疾病（大多數的情況是如此），以後就不需要再讓寶寶做任何血液檢測了。

　　醫護人員也會為寶寶做聽力檢測。他們會使用一台看起來很複雜的大型機器。有時候他們會把機器推到病房，在病房裡進行檢測，有時則是在其他地方進行檢測。聽力損失的情況相對比較普遍，每一千個孩子當中，約有一到三人有這個情況。現代醫學愈來愈強調盡早發現聽力損失的重要性，因為早療（例如戴助聽器或植入助聽裝置）有助於提升語言學習能力，可以減少日後進行語言矯正的需求。

　　正如你想像的，成人用的聽力檢測方式不適用於寶寶，因為小寶寶不會在聽到嗶聲後舉起左手或右手。而且老實說，寶寶在做檢測的時候很可能在睡覺。這種檢測是把感應器放在寶寶的頭上，或是使用耳部探針。感應器或探針能偵測寶寶的中耳和內耳是否對聲調刺激做出應有的反應。[15]

　　這些檢測能有效的偵測聽損狀況（能偵測出 85% 到 100% 的案例），但其中不乏偽陽性（false positive）的例子。據估計，約有 4% 的嬰兒無法通過這項檢測，但事實上只有 0.1% 到 0.3% 的情況是真正的聽損。若寶寶沒通過檢測，醫院會安排他

到聽力中心進行專業檢測，這其實是好事，因為我們需要盡早發現問題。但我們也不要忘了，沒通過檢測的寶寶大多沒有聽力問題；如果寶寶沒通過檢測，最好趁你們還在醫院的時候，再幫寶寶做一次聽力檢測，第二次的檢測有可能會發現前一次檢測結果是偽陽性。

母嬰同室

住院的那幾天，你會經常和寶寶在一起。不過，或許有些媽媽不想分分秒秒都和寶寶在一起。生孩子的過程會耗盡產婦所有體力，對許多媽媽來說，和寶寶同處一室其實有點累。以前的醫院會把寶寶帶離病房幾個小時，讓媽媽好好休息和復原。

然而，現在的情況不同了。過去數十年來，「母嬰親善醫院」（baby-friendly hospital）的概念開始流行。很顯然，大家都希望所有醫院都是母嬰親善醫院。所謂的母嬰親善醫院其實需要符合幾個重點，尤其是推行順利哺乳十大措施。

這十大措施包括，若無醫療上的需求就不提供配方奶粉，不提供安撫奶嘴，以及透過衛教指導讓所有孕婦知道哺乳的好處。我現在暫時不討論哺乳的部分，稍後會再詳述。不提供安撫奶嘴的做法其實有相當大的爭議，我會在討論哺乳的章節一併詳述。

除了不建議也不提供配方奶粉之外，母嬰親善醫院必須實施「母嬰同室」。也就是說，除了寶寶因為醫療需求必須被送到其他地方之外，否則就要實施二十四小時母嬰同室的規定。

你可能會覺得這是個很棒的主意，有哪個媽媽不想和寶寶待在一起？這個做法確實很棒。我生完芬恩後，醫院讓我睡在產房裡的一張大床上，和芬恩在那裡待了一整天（謝謝你，婦幼醫

院！）。那張床很大，足夠讓傑西和我們母子一起睡。我和傑西輪流睡覺，芬恩就躺在我們中間。現在回想起來，我覺得那十二個小時對芬恩的人生是個很棒的開始。

只是，這種待遇並不常見。大多數的情況是，你躺在恢復室裡，寶寶睡在你病床旁邊的嬰兒床裡。這種安排其實不是那麼理想。小嬰兒會發出各種怪聲音，如果你一直和他待在一起，可能完全無法睡覺。潘妮洛碧出生之前，不只一個媽媽朋友建議我，把潘妮洛碧送到新生兒室，就算只有幾個小時也好，這樣我才能真正睡一點覺（我也照做了——芝加哥的普連提斯醫院〔Prentice Hospital〕當時還不是母嬰親善醫院）。

有些人不贊成把母嬰同室制定為醫院的政策。政策意味著患者的選擇權被排除在外，因此可能引發爭議。但反過來說，有些證據顯示，這個政策對某些媽媽是有益的，例如，有些寶寶有新生兒戒斷症候群（母親在懷孕時使用鴉片類藥物所導致）。因此，鼓勵母親和醫院採取母嬰同室是有道理的。

站在本書的觀點，我不想對政策做出評論，我只想討論，如果媽媽有選擇權，研究資料會建議媽媽怎麼做。我所謂的選擇權指的是，當醫院不是母嬰親善醫院，你可以選擇是否母嬰同室，抑或是，你是否要選擇在母嬰親善醫院生產。

此處的取捨關係是很明確的：母嬰同室意味著你的睡眠時間會減少，但這或許對寶寶有益。這是你最早的睡眠考驗。母嬰同室的好處，是否大到足以彌補你在那幾天損失的睡眠時間？這需要進一步了解母嬰同室的實質好處，才能回答這個問題。因此，我們需要搜集資料。

母嬰同室宣稱的主要好處，是提高順利哺乳的機率。然而，

我們並沒有找到太多證據支持這個說法。相關性是存在的：採取母嬰同室的媽媽比較可能哺餵母乳。但這不能解讀為因果關係，因為這個情況涉及和母親有關的其他變因。想要哺乳的媽媽可能比較傾向於採取母嬰同室，以便練習哺乳。也就是說，有可能是想要哺餵母乳的想法導致母親選擇母嬰同室，而不是母嬰同室政策導致母親選擇哺乳。

我們找到的證據沒有指向任何定論。在瑞士進行的一項大型研究中，研究者將母嬰親善醫院和其他醫院加以比較，看看哪邊有比較多寶寶以母乳哺育。結果發現，有比較多在母嬰親善醫院出生的寶寶以母乳哺育。然而我們難以確知，這樣的結果是不是母嬰同室造成的。[16] 這兩種醫院其實有很大的差別，研究者不可能控制誰會選擇（和哺乳意圖有關聯的）母嬰親善醫院。

要研究這類問題，取得結論的標準方法是採取隨機分派試驗。以母嬰同室的例子來說，試驗方法如下：首先，找來一群產婦，隨機分派半數的人採取母嬰同室，另一半不採取母嬰同室，其他條件都相同。由於是隨機挑選，所以可以確定兩組人的比較結果是可信的。假如母嬰同室組有比較多人採取母乳哺育，那麼就可以把哺乳的結果歸因於母嬰同室。反過來說，若兩組採取哺乳的人數差不多，這代表兩者可能沒有關聯。

有一個研究對 176 位產婦進行隨機分派試驗，結果發現母嬰同室對六個月後的哺乳方式沒有影響，對哺乳時間長度的中位數也沒有影響。[17] 不過這個研究確實發現，母嬰同室會提高在頭四天哺乳的人數。可惜，研究者只鼓勵一部分的媽媽在固定時間餵奶，這個變因使得研究結果難以解讀出任何定論。

我們無法說，研究資料強烈支持母嬰同室可提高哺乳的機

率；充其量只能說，不能排除母嬰同室具有某些效果。然而，你可能會聽到推廣母嬰同室的醫院對你說，你沒有理由不這麼做，即使母嬰同室的效果還不確定，你仍然應該這麼做。

其實這種說法不一定是正確的：有些媽媽可能有很好的理由選擇不採取母嬰同室。產婦在剛生產完的那幾天通常會覺得很累。你在住院期間得到的支援，會比回家後更多，把寶寶送到新生兒室，可以讓你和寶寶都得到專業護理人員的照顧。若知道母嬰同室的研究結果沒有定論，有些媽媽就可以比較沒有壓力的選擇把寶寶送到新生兒室。

事實上，母嬰同室可能會造成某些（很小的）風險。許多媽媽會在哺乳時睡著；媽媽愈疲倦，就愈可能發生這種情況。也就是說，由於媽媽沒有時間好好休息，以致於在哺乳時和寶寶一起睡著，結果導致寶寶受到嚴重傷害，這樣的風險是存在的。[18]一般來說，母嬰同床也有安全上的疑慮，不論是在醫院，還是在家裡（我們在睡覺地點的章節會再詳述這個部分）。

2014 年有一篇探討這個議題的報告。這份報告提出了 18 個因為母嬰同床而導致嬰兒死亡或瀕臨死亡的案例。[19]不過，這個研究並不足以評斷母嬰同床的整體風險，它的目的只是搜集案例，證明這種情況是有可能發生的。

還有一個研究指出，在母嬰親善醫院出生的寶寶有 14% 的潛在風險會跌落床下，主要是母親在哺乳時睡著所造成的。[20]我要澄清一下，這不代表有 14% 的寶寶跌落床下，而是護理師覺得有 14% 的寶寶面臨跌落床下的潛在風險。

在我看來，這個議題最重要的一點是，如果你可以選擇把寶寶送到新生兒室幾個小時，而你也想這麼做，你不必因此感到愧

疼。如果你覺得好好休息很重要，其實沒有證據顯示，把寶寶送到新生兒室會破壞你們的哺乳關係。假如你發現自己會抱著寶寶在床上睡著，請去尋求醫護人員的協助。

意料之外的情況

嬰兒體重減輕

　　許多新手爸媽沒有預料到，醫護人員對新生兒體重的變化會如此關心。如果你順利生下一個健康的寶寶，接下來會參與的對話，主要與寶寶的餵奶和體重狀況有關。當然，你希望寶寶能健康成長，而體重是很重要的健康指標。然而，當你剛生產完，第一次試著哺乳時，關於嬰兒體重的話題可能會使你非常擔心。你會覺得自己好像是個不稱職的母親──寶寶在你肚子裡成長得非常好，但是當他生出來之後，你卻沒把他照顧好（這並非事實，但你會有這種感覺）。

　　醫護人員會密切觀察寶寶的體重變化。他們每隔十二個小時左右會幫寶寶量體重，然後告訴你寶寶體重的變化。我生潘妮洛碧的第二天，他們在凌晨兩點把潘妮洛碧抱回來給我，並告訴我她的體重減少了 11%，必須立刻為她補充營養品。當時我自己一個人待在醫院，腦袋還轉不太過來，也搞不太清楚狀況。我沒料到自己需要面對這種決定。我想給你的忠告是，千萬不要讓你先生回家去睡覺。另外，知道寶寶的體重變化可能會產生風險，是一件很重要的事。

　　既然體重如此重要，就需要做好準備。我們要知道的第一件

事是：幾乎所有嬰兒出生後體重都會減輕，而哺餵母乳的寶寶減少的體重會更多。我們已知發生這種情況的原因：寶寶在子宮裡時，是透過臍帶獲得營養和熱量；出生後，他必須自己找出進食的方法。這對你和寶寶來說，都是個很複雜的情況。尤其在寶寶出生後頭幾天，你還無法分泌大量母乳。有些哺乳衛教師或許會告訴你，初乳有多麼神奇，但你真正能供應的初乳並不多（尤其是生第一胎的時候）。

寶寶體重減輕是意料之中的事，這代表你要非常留意這件事，但同時也要告訴自己，不要對這件事反應過度。

密切觀察寶寶的體重其實是有必要的。體重減輕這件事本身並不是什麼大問題，不過，減輕太多可能會凸顯一個和哺乳有關的問題，例如，哺乳這件事還沒有上軌道。這可能代表寶寶沒有攝取足夠的液體，連帶導致出現脫水的現象。有脫水症狀的寶寶會更難餵奶，於是就會進入一個惡性循環。原則上，這有可能導致嚴重的後果，不過在現實中，這種情況相當罕見。

密切觀察體重的變化是為了盡早發現潛在的問題，並盡快加以處理。你需要先了解新生兒一般會減輕多少重量，這樣觀察體重才會有意義。一般來說，只有遠超出正常範圍的情況，才會被認定是問題。沒有任何生物學知識指出，寶寶減少 10% 的體重會造成大問題，如果大多數寶寶在出生後減少了 10% 的體重，那我們就不需要在這種情況發生時太過擔心。

新生兒體重減少的正常範圍是什麼？我們能找到的數據並不多。不過在 2015 年，有一群學者在《兒科》（*Pediatrics*）期刊發表了一篇很棒的論文。這篇論文搜集了十六萬名新生兒的醫院紀錄，將哺餵母乳的新生兒在出生後幾天內的體重減輕數據，製

作成圖表。[21]

　　下方圖表呈現了哺餵母乳的新生兒體重減輕的情況（餵配方奶的新生兒的情況，將在第 45 頁說明）。這些學者將自然產和

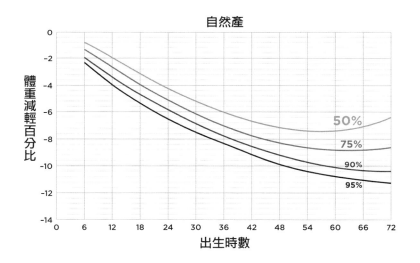

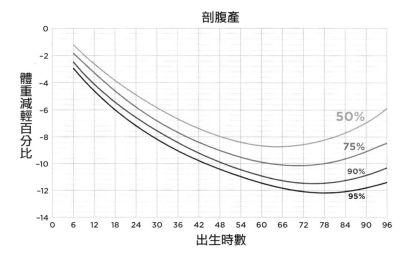

剖腹產的寶寶分成兩組。橫向坐標是新生兒的年齡（以小時為單位）；縱向坐標是體重減輕的百分比。曲線呈現了體重變化的差異。例如，最上面那條曲線顯示，第五十百分位數的新生兒減輕的體重。

　　你可以從這兩個圖表看出體重減少的平均值與分布情況。例如，出生後第四十八小時，自然產新生兒減少的重量平均為體重的 7%，有 5% 新生兒減少的重量是體重的 10% 以上。某些新生兒的體重在出生後七十二小時內會持續減少。

　　一般來說，剖腹產新生兒一開始似乎會減少比較多的重量。請留意，剖腹產那張圖表涵蓋的時間範圍比自然產的更長，因為剖腹產新生兒會在醫院待比較久（因為剖腹產的媽媽會住院比較多天）。

　　這些圖表有什麼作用？主要是讓醫生（還有父母）評估寶寶減少的體重與平均值的相對關係，藉此判斷寶寶的情況是否超出正常範圍。這些圖告訴我們，如果某個剖腹產的寶寶減少了比較多的重量，這是預料之中的事，不一定要採取任何補救手段。

　　這篇論文的作者提供了一個網頁 www.newbornweight.org，你只要輸入寶寶的出生日期和時間、生產方式、哺乳方式和出生時的體重，以及寶寶現在的體重，就可以看到寶寶落在分布圖的哪個位置。

　　我生潘妮洛碧時，醫院的規定是，如果寶寶減少的重量超過體重的 10%，就要補充營養品。不過從圖表可以看出，減少的重量是否合理，取決於量體重的時間點和寶寶的狀況。若是在出生後第七十二小時，減少 10% 的體重是在正常範圍內。但若是在出生後第十二小時，減少 10% 的體重就超出了正常範圍。

　　那兩個圖表是根據哺餵母乳的新生兒資料做成的。餵配方奶的新生兒減少的重量比較少（因為產婦的泌乳量需要一些時間才會慢慢增加，而配方奶粉不必等）。兩者相較，餵母乳的寶寶在出生後第四十八小時平均減少體重 7% 的重量，而餵配方奶的寶寶只減少體重 3% 的重量。餵配方奶的寶寶如果減少體重 7% 或 8% 以上的重量，是非常罕見的情況。上述網站也提供餵配方奶的寶寶的數據圖表，可自行參考。

　　假如你和我一樣，發現寶寶減少的體重超出了正常範圍，你該怎麼辦？醫院通常會建議你餵配方奶或其他媽媽貢獻的母乳，為寶寶補充營養。過去的人會餵水或糖水給寶寶喝，但那個方法其實不太好。

　　假若你需要暫時餵寶寶配方奶，或許你會擔心，這可能使以後哺餵母乳變得更困難，至少我就很擔心。但沒有太多證據顯示有這個情況，我們很難把哺餵少量配方奶所產生的影響獨立出來看。不過就我們所知，沒有任何理由支持短期餵配方奶，會影響長期哺乳的成功率。[22] 在新生兒出生的第四十八至七十二小時之內，醫院通常不建議餵配方奶，因此，你最好在寶寶出生後的頭三天，留意一下寶寶的體重變化。如果體重掉得很快，就要試著找出原因。

　　最後的提醒：我們需要密切觀察寶寶體重的變化，主要是因為體重減輕可能是脫水的警訊。不過，脫水也可以透過其他方式直接觀察。如果寶寶排尿規律，舌頭也沒有呈現乾燥的狀況，那麼應該沒有脫水的疑慮。如果你觀察到上述徵兆，最好為寶寶補充一些配方奶，即使他的體重沒有減少太多。

　　醫院對於新生兒的體重和哺餵情況的關切，往往會嚇到許多

新手父母（包括我在內）。因此，上述圖表可以讓所有人感到安心一些。即使寶寶減少了相當程度的體重，有時仍然屬於正常情況，甚至是在預料之中，所以你不必因此感到慌張。同樣的，如果你必須暫時餵寶寶喝一點配方奶，也不需要驚慌。

黃疸

　　生第一胎時，大多數的父母應該都知道意外狀況在所難免。畢竟，這是你沒有經歷過的事。我是個相當神經質的人，就連我都知道，我們一定會遇到意料之外的狀況。例如，我們沒有為寶寶準備可以讓臍帶露出來的衣服。對傑西來說，跑大型超市購買應急品是家常便飯。

　　生第二胎時，我們往往對自己比較有信心。在芬恩出生之前，我覺得我已經準備好了。該準備的衣服都備齊了，嬰兒搖籃也有了。我甚至把寶寶體重減輕的相關資料都找出來了（結果沒有發生）。我有自信不會在面對某些意外的醫療狀況或其他問題時驚惶失措。

　　很顯然，我的自信很可笑。我帶芬恩回家兩天之後，芬恩的醫生打電話告訴我，芬恩有黃疸。我立刻為芬恩穿上有熊熊圖案的嬰兒連身防雪裝，帶他回醫院過一夜。這個例子證明，過度自信使我得意忘形，永遠都有意料之外的事情發生。

　　黃疸是肝臟無法充分處理膽紅素造成的現象，膽紅素是紅血球被代謝分解時的產物。不論是不是嬰兒，每個人都需要倚賴肝臟來處理膽紅素，因此原則上，每個人都可能出現黃疸。新生兒比較容易出現黃疸的理由有幾個。第一，寶寶剛出生時，體內有較多紅血球被分解，使得肝臟需要處理比較多膽紅素。第二，新

生兒的肝臟還沒發展完全，因此難以順利把大量膽紅素排到膽囊。最後一點，新生兒剛出生時沒有吃進太多東西，因此膽紅素會停留在膽囊，然後再回到血液中。

高濃度的膽紅素具有神經毒性（可能使腦部受損），因此在極端的情況下，可能會導致非常嚴重的後果。嚴重的黃疸若不加以處置，可能導致核黃疸，形成永久的腦部損傷。

這聽起來很嚇人，因此黃疸需要小心處理。不過在現實情況中，即使沒有加以處置，黃疸也不會演變成核黃疸。黃疸非常普遍，哺餵母乳的新生兒尤其常見：約有 50% 的新生兒會有不同程度的黃疸。但中低濃度的膽紅素無法通過血腦障壁，因此不會造成腦部損傷。

核黃疸的相對風險有多高？資料顯示，美國每年有二至四個案例。事實上，美國每週有數萬名孩童接受黃疸治療。醫院對黃疸的治療規定非常積極，即使寶寶可能自行復原，醫生也會採取治療手段，以預防腦部損傷發生的可能性。因此，如果符合治療的規定，最好讓寶寶接受治療，你擔心的最壞情況幾乎不會發生。

黃疸的主要症狀是皮膚變黃（其實看起來更像是橘色）。不過，即使寶寶的皮膚看起來黃黃的，不一定代表需要接受治療，皮膚的顏色並不具有診斷意義。潘妮洛碧出生後四天回診時，我們的小兒科醫生李醫師說，「有人會說你的寶寶看起來黃黃的，但你不需要理會他們說的話。」

許多寶寶的黃疸會隨著成長自然消失。若想知道是否達到有問題的程度，就需要做檢驗。許多醫院會先進行初步篩檢，他們會用一種特殊的光照在寶寶皮膚上，藉此評估膽紅素的濃度，以決定是否需要透過血液檢測，來得知血液中的膽紅素濃度。醫院

也可能直接進行血液檢測。這種檢測不需要很多血，只需要在寶寶的腳跟扎一下，取一、兩滴血就好。檢驗結果是以數字呈現（例如 11.4 或是 16.1）；數值愈高代表情況愈不好。

數值的解讀方式和體重減輕的解讀相似，一切取決於寶寶的年齡。膽紅素的濃度在出生後的頭幾天會逐漸上升，醫生會根據寶寶的出生時數，將檢測數值和正常範圍做比較。

醫生需要判斷，寶寶的膽紅素濃度是否高到需要進行光照治療（phogotherapy），也就是藍光箱。這種治療通常是在醫院進行，把全身赤裸（只包尿布和戴眼罩）的新生兒放在照射藍色螢光的箱子裡。這種光線會把膽紅素分解成其他物質，隨著尿液排出體外。

寶寶接受治療的時間有可能只需要幾個小時，也可能需要好幾天（餵奶時可以將寶寶抱出來），所需時間取決於黃疸是否嚴重，以及寶寶對治療的反應速度。醫生透過每天一次或更多次的驗血，得知治療的進展。

一般而言，膽紅素的濃度愈高意味著情況愈不好，但濃度到多高時需要治療？答案取決於新生兒的出生時數以及個別狀況。

具體來說，醫生會先看寶寶的狀況屬於低風險（妊娠三十八週以後出生，出生時非常健康）、中風險（妊娠三十六至三十八週出生，而且身體健康，或是妊娠三十八週以後出生，但有一些其他症狀），還是高風險（妊娠三十六至三十八週出生，但有一些其他症狀）。知道風險水準之後，再參考圖表來判斷寶寶是否需要光照治療。若膽紅素濃度高於曲線，就要開始光照治療。下頁圖適用於低風險的寶寶。根據這個圖表，對於出生七十二小時的寶寶，若檢測數值高於 17，就建議接受治療。[23] 對於高風險的

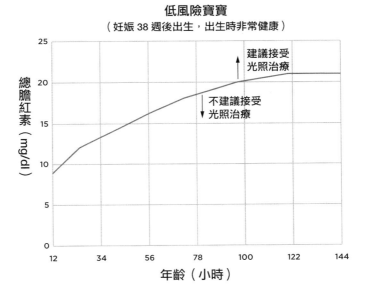

低風險寶寶
（妊娠 38 週後出生，出生時非常健康）

建議接受
光照治療

不建議接受
光照治療

總膽紅素（mg/dl）

年齡（小時）

寶寶，曲線的數值會在更低，醫生的處置也會更積極。

　　就像評估新生兒體重減輕的風險一樣，現在也有個網站可以
告訴你，膽紅素的濃度達到什麼水準時，就建議接受黃疸治療：
www.bilitool.org。這個網站主要是給醫生用的，但任何有興趣的
人都可以使用。

　　值得注意的是，這些指導原則會隨著時間而改變。我寫本文
時，已經有人在提倡要放寬標準，也就是對黃疸的治療可以不必
那麼積極。如果你現在正面臨這個狀況，你可以詢問你的醫生，
他採用的是哪個原則。

　　在非常極端或未獲處置的少數情況下，有些黃疸會需要用到
光照治療以外的方法。最後一個治療選項是換血療法，也就是移
除新生兒的血液，以輸入的血液取而代之。這個處置可以挽救性

命，但由於現代的監控技術非常發達，用到換血療法的機會非常非常低。

某些新生兒比其他族群更容易出現黃疸。例如，只喝母乳的新生兒比較容易有黃疸，亞裔血統的寶寶也有比較高的風險。另外，母親和寶寶的血型不同時，也比較容易看到這個情況。還有可能是潛在的血液疾病所導致，但這種情況非常罕見。

新生兒體重減輕太多可能是個風險因素，分娩時造成的瘀傷也是風險之一。回頭想想，或許我們對芬恩出生時的狀況不該如此大驚小怪。生芬恩的過程不是很順利，他出生時全身上下有不少瘀青。

附注：重回產房

在你還沒離開產房之前，寶寶就可能會接受一些醫療處置，包括延遲斷臍、注射維生素 K 以提高凝血能力，以及眼部治療以預防母親的未治療性病引發的併發症。

關於這些處置，在我的另一本著作《好好懷孕》的最後一章有詳細說明，我在此重述結論就好。

延遲鉗夾臍帶

在子宮裡的時候，寶寶透過臍帶與你相連。出生後，臍帶會被剪斷，但人們對於該在何時剪斷臍帶，有一些爭議：按照標準做法，寶寶一出生就剪斷嗎？還是稍微等個幾分鐘，讓寶寶透過臍帶吸收一點血液，然後再剪斷？後者被稱作「延遲斷臍」。支

持延後斷臍的人主張，從胎盤再吸收的血液對寶寶非常有價值。

有很多證據顯示，延遲鉗夾臍帶對早產兒非常有益。[24] 隨機化試驗指出，這麼做可以提升新生兒的血量、減少貧血情況，以及減少輸血的必要。

也有不少證據顯示，延遲鉗夾臍帶對於非早產兒也有好處，只不過研究結果稍微有不一致的情況。[25] 延遲鉗夾臍帶尤其可以降低嬰兒日後出現貧血的情況，也可以提高鐵質的儲存量。不過，同時也可能稍微提高黃疸的風險。

網路上的意見大多贊成延後剪斷臍帶的時間。

注射維生素 K

數十年來，在新生兒出生後幾小時內為寶寶注射維生素 K，已經成為標準做法，目的是預防出血問題。維生素 K 嚴重不足，可能導致 1.5% 的新生兒在出生的第一週出現意料之外的出血問題，也和日後更嚴重的出血問題有關（雖然非常罕見）。補充維生素 K 可以預防出血。[26]

1990 年代曾一度出現短暫的爭議，認為注射維生素 K 可能提高兒童罹癌的機率。這種看法是根據非常小型的研究，使用的方法不夠嚴謹，而且後續的研究排除了這個關聯性。[27] 因此，注射維生素 K 沒有任何已知的風險，卻有明確的好處（我的醫學編輯亞當拜託大家，千萬要讓你的寶寶注射維生素 K）。

眼部抗生素

如果產婦有未治療的性病（尤其是淋病），而她的寶寶是自然產，寶寶很可能會因為感染而導致失明。因此，醫院規定要

為新生兒點抗生素眼藥膏做為預防手段。此舉可以預防 85% 至90% 的感染，而且沒有任何壞處。

　　現在，這種治療已經愈來愈少見，因為所有孕婦都要接受性病的檢驗和治療。如果你知道你不屬於風險族群，就沒有必要為寶寶點眼藥膏。在美國的許多州，你可以選擇不接受這個處置（拒絕的難易度因州而異），這是你可以作主的選項。

重點回顧

- 新生兒剛出生時其實不需要洗澡，但洗澡也沒有害處。用浴盆洗澡比用海綿擦澡更好。
- 割包皮有少許好處，同時也有少許風險。一切取決於父母想怎麼做。
- 母嬰同室對於哺乳能否順利進行，沒有任何顯著影響。值得留意的是，如果你選擇全天候和寶寶待在一起，就要注意你是否有抱著寶寶睡著的情況。
- 新生兒體重減輕的狀況應該要密切觀察，並與期望值做比較；你可以上網自行比較，網址為：www.newbornweight.org。
- 黃疸要透過驗血來檢測，如果檢測數值超出正常範圍，就要加以治療；你可以上網自行監測，網址為：www.bilitool.org。
- 延遲鉗夾臍帶是大多數人贊成的做法，尤其當寶寶是早

產兒，最好幫他注射維生素 K。

- 大多數的新生兒不需要點抗生素眼藥膏，但在美國的某些州，點眼藥膏是硬性規定。此外，點眼藥膏不會有任何有害的結果。

02

等等，你要我帶他回家？

　　在潘妮洛碧出生後的頭幾週，有兩件事令我印象非常深刻。其一是，大概在潘妮洛碧三週大時，有一天我坐在地下室的沙發上，歇斯底里的放聲大哭，因為我意識到我可能永遠無法得到充足的休息（這不完全是真的）。但我最深刻的第一個印象，發生在我剛把潘妮洛碧從醫院帶回家的時候。潘妮洛碧回家途中在車上睡著了。到家之後，我手裡抱著兒童安全座椅，從後門進入家裡，然後把安全座椅放下來。我還記得，當時心想，她一定會醒過來。如果她醒了，我該怎麼辦？

　　或許是因為完全不確定接下來會發生什麼事（幸好，這種壓力在生下一胎時會減輕許多），即使是很小的事也會讓人抓狂。你累壞了，而且要面對一個從來沒遇過的挑戰。所以當一些奇奇怪怪的事情發生時，千萬別為難自己。

　　例如，離開醫院那天，醫生告訴我們，應該要讓潘妮洛碧戴嬰兒手套，以防她抓傷自己。但是，我母親來訪時，她卻對我們說，如果一直讓潘妮洛碧戴著手套，她就無法學習如何使用自己的手。

　　現在回想起這段往事，我想像不出自己當時為何被雙方的說法搞得心煩意亂。但是當我重新翻看我在那個時期留下的紀錄，我找到了一篇論文，標題為「受到手套傷害的新生兒：以特別的方式呈現這個很容易被忽略的問題，以及文獻回顧」。[1]很顯然，關於手套造成的傷害，這是我能找到的唯一論文。而這篇論文指出，孩童可能因為手套受傷，而不是手套可以防止孩童受傷。論文提出了自1960年代以來的二十個手套造成傷害的案例。我必須公允的說，這篇論文說明了這類傷害是相當罕見的。我找不到任何報告指出，手套會妨礙孩童學習運用他們的雙手。

　　我還記得，儘管我媽的關切愈來愈強烈，而且手套有導致傷害的疑慮，我和傑西還是決定繼續讓潘妮洛碧戴手套。我媽在我們心中已失去了一些公信力，因為她前一次來訪時，堅持我應該減少上下樓梯的次數（這和醫生給我的建議恰好相反）。

　　在育兒的領域，有太多奇奇怪怪的各種議題會冒出來，這些議題通常超出了本書的範圍（或許也超出任何一本書的範圍）。此外，有些問題是我回答不出來的，例如，有沒有方法可以把白色嬰兒連身衣上的便便汙漬清除乾淨？這是永遠存在的問題，而我不打算回答這個問題。

　　我將在本章討論一些剛生產完的媽媽立刻會遇到的問題，例如：是否應該讓寶寶接觸病菌、液體維生素D、腸絞痛，以及蒐集數據的價值（或者是不蒐集數據的後果是什麼）。這些議題看似無趣且枝微末節，但在新手爸媽眼中，這些問題有可能看起來很大條。

　　我們接下來要談的是一個「囚徒困境」（prisoner's dilemma）：嬰兒包巾。

嬰兒包巾

當你和寶寶待在醫院時，護理師有時會基於某些需要把寶寶抱走。當她把寶寶送回來時，寶寶一定是嚴嚴實實的被包在一塊小布巾裡，像個墨西哥捲餅一樣。醫院等級的包布巾手法，可以讓一塊普通的布變成寶寶的約束衣，沒有任何一個寶寶可以掙脫這塊包巾的束縛。

你和寶寶要出院時，醫院可能會送你幾塊包巾。在你離開之前，護理師會教你怎麼用包巾把寶寶包起來。那些動作看起來很簡單，摺、摺、塞、摺、塞，就像解一道微分方程式習題一樣，接著繼續塞，然後就完成了。

當你回家想要照做，你發現這根本是不可能的任務。你當然可以把寶寶包起來，但是三分鐘之後，寶寶的手就會跑出來，開始四處亂揮。你開始想，到底是摺摺塞，還是摺塞摺，還是塞摺摺塞？等等，是不是有個方程式之類的東西？還是那是自己想像出來的？

讓我給你一個過來人的忠告，假如你想要把寶寶包起來，你不能用普通的布巾來包。醫院的護理師可以，但你不行。所幸，市場解決了這個難題。市面上有各種包巾可以幫助你成功的把寶寶包好。關鍵在於，這些產品能讓你免除摺布巾的痛苦，就把寶寶包在裡面。例如，使用很大塊的布巾，或是魔鬼氈。我們家用的叫作「神奇包巾」。

你可能想問，為什麼要用包巾？有任何理由支持這個做法嗎？還是純粹只是看起來很可愛而已？

大家普遍認為，使用包巾有助於嬰兒入睡和減少哭鬧。若這

個看法是正確的，那我們就有很好的理由要使用包巾，因為小嬰兒最喜歡做的兩件事，就是哭鬧和不睡覺。幸好，要研究這個議題並不會太困難，因為研究睡覺不需要花太長時間。研究者可以觀察同一個寶寶有用包巾和沒用包巾時的睡眠情形。這可以消除不同父母用不同手法包寶寶，以致於影響研究結果的疑慮。

　　舉例來說：有一個研究追蹤了二十六個不到三個月大的嬰兒。[2] 研究者把這些嬰兒帶到睡眠實驗室，然後觀察他們有用包巾和沒用包巾時的睡眠情形。他們使用一種可以偵測嬰兒動作的特殊包巾。說穿了，就是一個有拉鍊的布套。因為他們也不會用包巾。除了動作感應器之外，他們也會把嬰兒的睡眠過程錄影下來，以便了解這些嬰兒睡覺時都在做些什麼。

　　研究結果顯示，使用包巾對寶寶的睡眠情況非常有幫助。整體來說，使用包巾的寶寶睡眠時間比較長，快速動眼期（REM）的占比也更高。這個研究也發現了包巾發揮作用的機制：使用包巾之所以可以改善睡眠品質，是因為它能抑制「警醒」（arousal）。[3] 與未使用包巾的寶寶相較，使用包巾的寶寶也會出現第一階段的警醒（利用某些「信號」來衡量），但比較不容易進入第二階段（「驚嚇」）或第三階段（「完全醒過來」）。也就是說，包巾可以抑制第二和第三階段的發生，而且效果很顯著。研究發現，若沒有使用包巾，警醒信號演變成驚嚇的機率為50%，若有使用包巾，機率就降到 20%。這個在實驗室裡發現的結果，同時獲得了觀察性資料和描述性研究的證實。

　　使用包巾也能夠抑制哭鬧，尤其是早產兒或是有神經性疾病的新生兒。有好幾個小型研究以有腦部損傷或新生兒戒斷症候群的嬰兒為對象，結果發現，使用包巾可以減少這些寶寶的哭鬧情

況。[4] 我們無法確定這個結果是否適用於經常哭鬧的健康嬰兒，但適用的可能性確實存在。

包巾的使用有一些值得我們留意、甚至是提高警覺的部分。首先，某些族群根據傳統習俗，會把嬰兒一直緊緊的包起來（例如，有些原住民會把嬰兒綁在搖籃板〔cradleboard〕上），結果可能使嬰兒的髖關節脫位，若不加以治療，會導致長期疼痛和行動不良。[5] 雖然髖關節脫位可以用吊帶或石膏固定來治療，但這不能算是小問題。當寶寶的大腿無法自由活動，就可能產生這種風險，因此在把寶寶包起來的時候，要留意他的兩條腿是否能夠活動。市面上大多數包巾的設計都有考慮到這個部分。

你有時也會聽說，使用包巾可能提高嬰兒猝死症的風險。根據我們搜集到的資料，這種說法並不成立，只要你讓寶寶躺著睡覺（這是唯一正確的睡姿），就不會有這種風險。[6] 比起趴睡的嬰兒，使用包巾又趴著睡的寶寶有比較高的風險發生嬰兒猝死症。不過，關鍵在於避免讓寶寶趴睡，而不是使用包巾。

最後，有些人擔心使用包巾會使寶寶熱過頭。理論上這是有可能的，例如，當寶寶生病時，你用非常厚的布巾把他包起來，還把他的頭部包住，而且把他放在室溫很高的房間裡。不過在一般情況下，熱過頭的風險並不高。

很顯然，包巾的使用是有期限的。當寶寶會翻身之後，就不可以再使用包巾了，因為你不希望寶寶在包著包巾的時候，自己翻身趴睡。即使你的孩子沒有翻身的問題，當孩子愈長愈大，他會開始抵抗包巾的束縛。然後有一天，當你在早晨去查看寶寶時，發現他已經掙脫了包巾。即使包巾製造商的廣告再三保證，寶寶絕對無法掙脫他們家的包巾。

這個時候，你大概就必須捨棄包巾了，並且在寶寶適應沒有包巾的那段期間，忍受他的哭鬧。不過以我的情況來說，在我家停電那天，芬恩對於沒有用包巾這件事，只是發出了一些小小的聲音，然後就睡著了。因此，我個人是站在支持包巾的立場。

腸絞痛和哭鬧

大多數的父母會認為自己的孩子經常在哭，尤其是新手父母。我當然是其中之一。潘妮洛碧出生後的幾個月，曾經有一段時間在傍晚五點到八點之間很難安撫。我會抱著她在家裡的走道走來走去，抱著她搖上搖下，有時候，無計可施的我只能跟著她一起哭。我曾經抱著哭得聲嘶力竭的潘妮洛碧，在飯店的走廊上走來走去、走來走去，我只希望當時沒有其他人住在那層樓。

記憶中，那是個很累人的經驗（因為抱著寶寶搖上搖下而肌肉痠痛），而且令人心情沮喪。為什麼我解決不了這個問題？旁人提出了各式各樣的建議：「給她餵奶就好了！」（但這只會讓潘妮洛碧哭得更厲害。）「搖快一點。」「搖慢一點。」「搖大力一點。」「不要搖。」「邊跳邊搖。」

我媽和我婆婆都說，傑西和我小時候也是這樣。我婆婆說，她生完傑西離開醫院時，護理師對她說，「祝你好運」。所以這有可能是遺傳，或是兩代的相欠債。

我三十一歲生潘妮洛碧。在那之前，我的人生中沒有努力解決不了的問題。我有時會想到「一般均衡理論」，但我幾乎沒遇過「努力無法讓問題稍微改善」的情況。

　　但嬰兒哭鬧是無法靠努力解決的。或許你可以做一些事改善當下的狀況，但基本上，嬰兒就是會哭鬧（有些嬰兒比其他嬰兒更會哭鬧），而你通常無計可施。在某種意義上，最重要的是明白你並不孤單，而你的寶寶也沒有任何問題。你怎麼知道你並不孤單？這就是資料發揮作用的時候。

　　經常哭鬧的寶寶常被形容成「腸絞痛」。嬰兒腸絞痛並不是一種生理學的診斷（例如喉炎），而是泛指原因不明的嬰兒啼哭。腸絞痛的一個常見的定義是「3-3-3 原則」（但這不是唯一的定義）：一天超過三個小時，一週超過三天，為期超過三週的無法解釋原因的哭鬧。

　　符合這個定義的腸絞痛相當少見。有一個研究以三千三百名嬰兒為對象，研究者發現，一個月大的嬰兒中，有 2.2% 符合「3-3-3 原則」，三個月大的嬰兒，也差不多是這個比例。[7] 當你放寬定義之後，符合定義的人數會增加。例如，如果把定義改成一天超過三個小時，一週超過三天，為期超過一週的哭鬧（也就是「3-3-1 原則」），一個月大的嬰兒中，有 9% 符合這個原則。假如你詢問父母，是否覺得自己的孩子「經常哭鬧」，約有 20%的父母有這種感覺。這可能不是一個很好的判斷標準，但至少讓你有個概念，知道有多少人和你一樣，家中有寶寶哭鬧的狀況。

　　對新手爸媽來說，不論是否完全符合「3-3-3 原則」，寶寶腸絞痛式的哭鬧都令他們感到心力交瘁且心情沮喪。腸絞痛指的是無法安撫的哭鬧，也就是寶寶不是因為肚子餓了、尿布濕了或是想睡覺而哭鬧。這些寶寶通常會哭得弓起背、緊握拳頭，看起來好像很痛苦。

　　不論你的孩子是不是因為腸絞痛而經常啼哭，最重要的是，

不要忘了照顧好你自己。嬰兒哭鬧與產後憂鬱症和焦慮有關聯，而新生兒的父母都需要偶爾放個風，喘口氣。去沖個澡，試著給自己喘息的機會，就算寶寶在嬰兒床裡哭個幾分鐘也沒關係。他不會有事的，我是說真的，他不會有任何事的。去沖個澡。如果你真的放不下，那就打電話請你的好朋友來，幫你抱一下哭個不停的寶寶。或是打電話給任何一個孩子稍微大一點的媽媽朋友，她一定願意來幫忙。

另一個重要的事情是，腸絞痛是一種「自限性」（self-limiting）狀況：它會自己消失，通常在三個月之後。它不會突然消失，但情況會逐漸好轉。

有一些方法或許可以改善腸絞痛。但由於我們對於腸絞痛的原因了解不多，因此很難發展出解決方法。許多理論涉及了消化問題——腸道菌叢發展不良，或是對乳蛋白不耐。這些只是理論而已。不過，由於它們是最主要的理論，因此大多數的解決方法都和這些理論有關。

網路上常看到的建議，是使用可以緩解脹氣的藥 simethicone（嘉寶公司〔Gerber〕有出一系列的滴劑）。沒有證據顯示這種做法有效。相關的試驗非常少，有兩個小型試驗進行這種療法和安慰劑的比較，結果顯示，這種藥物對嬰兒啼哭沒有影響。同樣的，各種草藥偏方和所謂的「腸痛水」（gripe water），也不具有真正的療效。[8]

有兩種方法對於緩解腸絞痛有一些公認的效果。一個方法是補充益生菌。有一些研究顯示，補充益生菌可以減少嬰兒的哭鬧頻率，不過這似乎只適用於喝母奶的寶寶。[9]這種療法執行起來很簡單，因為市面上可以找到嬰兒益生菌滴劑。嘉寶公司和其他

廠商都有生產不需要處方箋就能買的滴劑。就我們所知，益生菌不會造成任何害處，所以值得一試。

　　另一個方法是管理寶寶的飲食，也就是幫寶寶換個奶粉配方，如果是餵母奶的寶寶，就要改變媽媽的飲食。換奶粉配方相當簡單，只不過針對腸絞痛設計的配方奶粉通常比較貴。有人建議改用以豆奶配方或水解蛋白配方的奶粉[10]（主要的奶粉大廠牌都有這類產品，像是亞培心美力〔Similac〕和美強生優生系列〔Enfamil〕）。改喝其他奶粉配方的研究主要是由奶粉廠商贊助，你自己決定要不要採信，不過或許值得一試。

　　假如你是哺餵母乳，要改變寶寶的飲食就變得比較複雜了，因為這代表你要改變飲食習慣。有些證據支持媽媽採取「低過敏原」飲食：隨機化試驗顯示，當母親採取這類飲食方法，嬰兒的哭鬧就減少了。[11]「低過敏原」飲食的標準建議是，排除所有的乳製品、小麥製品、雞蛋和堅果，因此這代表大幅度的飲食改變。遺憾的是，我們不知道在這些食物之中，是某些、全部或是某些組合造成了這樣的結果，而且整體來說，這些研究的證據有局限性（而且不是每個媽媽都能接受這種飲食方式）。

　　排除某些食物的做法如果有效，你改變飲食習慣幾天之後就會看到效果，所以不妨試試看。[12]這種做法最顯而易見的缺點是，媽媽會覺得飲食少了許多樂趣，而且可能導致熱量攝取不足。因此，你最好先進行謹慎的評估。此時可能不是你人生中最想嘗試不同飲食方式的時候。不過，在沒有其他選項的情況下，或許你該基於這個理由，讓自己嘗試一下。

　　不論你採取什麼做法，寶寶仍然會哭鬧，有時似乎是沒有理由的哭鬧。這個時期會結束的，雖然在當下，你很難想像它有結

束的一天。隨著孩子逐漸長大，你多多少少會遺忘這個時期的痛苦（這正是父母願意生下一胎的原因）。孩子長大之後仍然會哭鬧，但大多數時候，你知道或明白孩子哭鬧的原因。當你管理寶寶的哭鬧情況時，不要忘了，為自己做好壓力管理也同樣重要。

蒐集數據

我們帶潘妮洛碧離開醫院時，醫護人員建議我們記錄她的排便和排尿量，因為嬰兒停止排尿是脫水的徵兆，所以需要密切觀察。這是個很好的建議，而且執行起來並不難。

但傑西堅持要做一件醫護人員沒有建議我們做的事，那就是建立一個試算表，然後把資料輸入這個表格。傑西想要追蹤潘妮洛碧吃進和排出的所有東西。

下方是潘妮洛碧出生第四天的生活紀錄。

日期	第幾次	時間	左邊乳房	右邊乳房	排便	排尿
4/12/2011	1	01:53:00	10	10	1	1
4/12/2011	2	03:50:00	20	10	1	1
4/12/2011	4	07:45:00		15	1	1
4/12/2011	5	10:00:00		10	1	1
4/12/2011	6	12:10:00	15	18		
4/12/2011	8	16:55:00	8	11	1	1
4/12/2011	9	17:55:00	15	6	1	1
4/12/2011	10	20:04:00	16	31	1	1

　　你會發現，這個表格的有些數據比較精確，有些比較籠統。比較籠統的數據是我輸入的。傑西在這個時期留下的紀錄指出，「爸爸建立了一個很詳盡的資料輸入系統，來記錄喝奶和排便的情況。媽媽不像爸爸一樣，記錄以每分鐘為單位，她喜歡以偶數為單位。」

　　別忘了，我們夫妻都是經濟學家，死性難改。

　　潘妮洛碧出生兩週回診時，我們把這個表格拿給小兒科醫生看。她叫我們不要再記錄了。

　　與其他家長相較，我們的做法只能算是業餘水準。我們的朋友希拉蕊和約翰弄出了一個完整的統計模型，呈現進食和睡眠時間長度的關係，還附帶各種圖表。

　　對於熱愛數據的人來說，白紙黑字的數據有一種難以抗拒的誘惑。你可以從數據中尋找模式：某一天，寶寶睡了七個小時。這是什麼原因造成的？是因為在寶寶睡覺之前讓他喝了二十三分鐘的奶嗎？我是不是應該再試一次，驗證一下？

　　蒐集某種（最低）程度的數據是有必要的。在寶寶剛出生時記錄餵奶時間，是很有用的做法，因為你很容易忘記上一次是什麼時候餵奶。有一些很好用的應用程式可以讓你記錄，你上一次是用哪邊的乳房餵奶。我知道你此刻在想什麼：我怎麼可能會忘記這種事？相信我，你一定會忘記。我當時是用安全別針做記號，我會把安全別針別在上衣的某一邊，代表我下次要用那邊的乳房餵奶。我不推薦這種做法，因為我經常扎到自己。

　　假如你的寶寶有體重難以增加的問題，記錄寶寶的餵奶頻率和食量，是很有價值的做法（在極端的情況下，要在餵奶前和餵奶後幫寶寶秤重）。但是對於大多數的寶寶來說，其實沒有必

要，也沒有什麼用處。

　　等寶寶長大一點，記錄進食時間和食量有助於建立寶寶的飲食時間表。但在寶寶剛出生的那幾週，餵奶時間表有點像是痴心妄想。如果你想蒐集數據，做出漂亮的圖表，請便。但不要忘了，這只是你能掌控狀況的假象，而不是真相。

接觸細菌

　　有一個概括性的理論叫作「衛生假說」（hygiene hypothesis），簡單來說，在童年時期減少接觸細菌的機率，會提高將來過敏和其他自體免疫性疾病的發生率；反之，在童年時期接觸微生物和細菌，有助於孩童的免疫系統正確辨識病原體，並且不會過度反應。[13]雖然我們無法確證這個理論是正確的，但有一些對特定細胞的實驗室研究，以及多種疾病發生率的跨文化比較，支持這個說法。這意味著當你的孩子逐漸長大（例如，進入學步期之後），你就不太需要經常用乾洗手幫小孩擦手，或是到餐廳吃飯時使用幼兒拋棄式餐桌墊。或許你不該讓孩子在機場用舌頭舔地板（我的孩子有時候會這麼做），但是對細菌抱持稍微開放一點的心態，可能是合理的做法。

　　基於這些理由，許多醫生對於嬰兒期之後的孩童是否該接觸細菌，抱持比較寬鬆的態度。但對於幾個月大的新生兒，所有醫生都會建議你盡量避免讓寶寶接觸病菌。其中一個理由是，孩子的年紀愈小，愈容易產生嚴重的併發症。另一個理由是，對於年幼的嬰兒（尤其是出生不到二十八天的新生兒），對疾病的標準

醫療處置會比較積極。

　　這代表什麼意義？基本上的意思是，假設你六個月大的寶寶發燒了，你帶他去看醫生。如果寶寶看起來很健康，但他發高燒，醫生很可能檢查過寶寶的狀況後，告訴你是病毒感染，然後請你回家讓孩子服用解熱鎮痛劑泰諾（Tylenol），以及多喝水。事實上，許多診所會告訴你，除非你真的很擔心，否則不要把孩子帶到診所去。

　　不過，假如你的寶寶只有兩週大，即使他只是輕微發燒，你都必須帶他到醫院，接受檢測（可能包括腰椎穿刺），並且住院接受抗生素治療。對於剛出生的新生兒，醫生比較難以分辨發燒的風險高低。新生兒比較容易被病菌感染，包括腦膜炎，這是非常嚴重的疾病。一個月以下的新生兒若因為發燒到醫院求診，有3% 到20% 是因為細菌感染，[14] 大多是泌尿道感染，而且必須盡快接受治療。

　　由於風險較高而且難以判定是否遭到感染，所以新生兒的醫療處置大多會非常積極。不過實際上，發燒的新生兒大多沒有太大問題。

　　二十八天到兩、三個月大的新生兒若發燒，處置的原則就不是那麼明確了。有些醫生仍然會按照標準做法，進行腰椎穿刺檢測，雖然支持這麼做的證據比較少。[15] 對於三個月以下的新生兒，管理發燒的處置包括許多步驟和變數。

　　兩個要掌握的重點是：寶寶看起來是不是生病的樣子（這一點似乎莫名其妙，寶寶發燒了，看起來當然是生病的樣子；不過，如果你是小兒科醫生，你就能夠分辨），以及寶寶是不是有機會接觸到病毒。假設一個情況：有一個四十五天大的寶寶感

冒，並輕微發燒，但他的活力看起來還不錯，不過他有一個兩歲大的哥哥在幼兒園被傳染了感冒。另一個情況是，有個四十五天大的寶寶輕微發燒，看起來無精打采，但他沒有其他手足。醫生對於這兩種情況的寶寶可能會採用截然不同的方法處置。

這和接觸細菌的問題到底有什麼關係？

對於年幼的新生兒來說，接觸病菌（說得更明確一點，接觸生病的大孩子）最大的風險在於，醫院可能必須啟動一連串的醫療處置。假如你的孩子真的生了病，進行這些處置是有道理的。然而，假如你的寶寶只是因為被兩歲大的生病手足摸過而感冒，就沒有必要大張旗鼓的進行這些處置。因此，你最好盡量把兩個孩子隔離，以策安全。

當你的孩子超過三個月大，而且打過預防針，發燒的處置就比較接近對大孩子的處置。基本上就是幫他退燒，多給他喝水，等他自己痊癒。在這個時候，寶寶接觸病菌的風險只是感冒生病，不會有一連串的醫療處置。

重點回顧

- 包巾可以減少哭鬧和改善睡眠，重點是要讓寶寶的腿部能夠活動。
- 腸絞痛指的是嬰兒止不住的哭鬧，這種狀況會自然消失。改用其他配方的奶粉或是改變媽媽的飲食，補充益生菌，或是兩者同時採用，可能有助於改善情況。

- 蒐集關於寶寶的數據充滿了樂趣！但不是必要的，也沒有太大用處。
- 接觸病菌可能導致新生兒生病。新生兒如果發燒，醫院會進行積極的醫療處置，通常包括腰椎穿刺。因此，你最好減少新生兒接觸病菌的機會，至少能夠避免那些醫療處置。

03

相信我，把產婦內褲帶回家

　　我懷潘妮洛碧的時候，有一次，傑西和我到醫院去上產前教育課。課程結束前，他們發給我們一個大提袋，裡面是生產後醫院會給產婦的東西，包括冰袋、產褥墊，還有幾件超大的網眼材質內褲。

　　「這些東西最棒了！」講師熱情的說。「你絕對想帶幾件回家。」我仔細研究了一下，那些內褲看起來像是降落傘。我知道我的屁股會在懷孕過程中變大，但我真的用得上那些內褲嗎？這使我開始懷疑，決定要生小孩是不是個正確的決定，不過後悔已經來不及了。

　　我後來發現，那些產婦內褲之所以那麼大件，是因為它必須能夠容納醫院給你的其他東西。首先你穿上內褲，然後塞進一到四片的產褥墊，最後是一層冰袋。簡言之，這是一個有冰鎮功能的尿布。

　　袋子裡還有好幾本育兒書（像是本書），告訴你寶寶接下來會發生哪些情況。也有好幾本關於懷孕的書，詳細告訴你懷孕時會發生什麼事。但是全世界找不到一本書，討論媽媽生了寶寶之

後面臨的身體狀況。在生寶寶之前，你是備受呵護的母體。生了寶寶之後，你是附屬於寶寶的哺乳工具。

這種遺漏會造成一些問題，因為女性無從得知在生完孩子之後，她自己的身體接下來可能會發生什麼事。產後復原的過程有很多部分，就算一切都很順利，還是會有很多麻煩事。所以，你需要有冰鎮功能的尿布。

我將在本章討論，你生完孩子的那幾天和那幾週，身體會出現哪些狀況。我要先聲明，我談的是一般的情況。你有可能遇到本書沒有提到的狀況。因此，如果你有任何疑問或擔憂，一定要向你的醫生反映。由於你不知道生完孩子後你的身體會發生哪些事，你可能會以為自己遇到的情況都很正常，但這不一定是對的。開口問問題不是什麼丟臉的事。

（假如你是過來人，而你不想回顧這段血淋淋的往事，可以直接跳到下一章。你要感謝我的朋友翠西亞，是她叮嚀我要提醒讀者這件事。）

產房裡會發生的事

寶寶出生了，分娩過程結束了，胎盤也排出體外了。如果生產過程一切順利（不論是自然產或剖腹產），醫護人員很可能會讓你抱著寶寶，或許還鼓勵你開始餵奶。

在此同時，醫生會著手進行修復工程。

假如你是剖腹產，醫生會縫合切口，然後包紮傷口。這個過程很單純，而且每位產婦的情況都差不多。假如你是自然產，情

況會比較多樣。自然產的過程常常會導致陰道撕裂，通常是會陰（從陰道到肛門的組織）的部分，但有時會朝陰蒂的方向撕裂。

　　每位產婦的撕裂程度因人而異。有些人完全沒有撕裂傷（不過大多數產婦會有一點撕裂傷，至少在生第一胎的時候）。如果你有撕裂傷，撕裂程度可分為四級。第一級是輕微撕裂，不需要縫合就會自然痊癒。第二級會牽涉到會陰肌，但沒有裂到肛門。第三和第四級會從陰道裂開到肛門，但傷口的深度不同，第四級的撕裂傷會延伸到直腸。第三和第四級的傷口必須縫合，縫線在幾週後會被人體吸收。

　　大多數產婦屬於輕微撕裂，但約有 1% 到 5% 的產婦會有第三或第四級的撕裂傷。[1]比較嚴重的撕裂傷大多是因為用到了分娩輔助工具（也就是用產鉗或真空吸引器輔助分娩）。有些證據顯示，在第二產程對會陰進行熱敷按摩，可以預防嚴重的撕裂傷。

　　傷口縫合的時間會因撕裂程度而異。如果你有接受硬膜外麻醉（也就是無痛分娩），縫合時就不會感到疼痛。如果你沒有接受硬膜外麻醉，醫生通常會幫你做局部麻醉。

　　產房裡還會發生另一件事，而且會持續好幾個小時，那就是腹部按摩。分娩結束後的幾個小時，子宮會開始收縮。如果子宮沒有收縮，出血的風險就會提高。宮底按摩有助於子宮收縮，並降低出血的風險。在子宮收縮的過程中，偶爾會有個壯碩的護理師出現，用力壓你的肚子，使你很不舒服（把這個動作稱為「按摩」，就連技術最爛的按摩師都無法接受）。我生芬恩的時候，幫我按摩的護理師對我說，「大家最不想見到的護理師就是我。」假如你是剖腹產，腹部按摩可能使你痛不欲生。好消息是，在生產後十二至二十四小時之後，你就不需要腹部按摩了。

恢復室裡以及之後會發生的事

傷口縫合完成之後，你就會被送到恢復室，開始展開回復正常的過程（只不過你現在多了一個寶寶）。當然，你已經不完全是從前的那個你了。

出血

不論你用哪種方式生產，剛生完孩子的那幾天，都會大量出血。生潘妮洛碧之前，我以為出血是傷口造成的；其實不然（即使沒有傷口，你也會出血）。事實上，出血來自子宮內膜剝離。

頭一、兩天，這種出血（主要是血塊）可能有點嚇人。當你小便或是下病床時，會在馬桶裡或產褥墊上看到大量的血塊。醫生會告訴你，要留意「比拳頭更大」的血塊（有些醫生會用水果來比喻，像是西洋梨或小顆柳橙大小的血塊），如果發生這種情形，一定要告知他們。反過來說，稍微小一點的血塊（但也不會小太多）是正常的。這種出血並不會痛，但那個畫面挺震撼的。

你有可能會大量出血，產後大出血是可能發生的併發症。你知道自己本來就會出血，但很難判斷怎樣算是大出血。如果不確定，一定要開口問。假如看到某個血塊並心想：「那是拳頭大小？還是比拳頭小一點？」你不必真的去測量大小，直接請教護理師就好。

幾天之後，就會停止排出血塊，但還是會出血，一開始像是大量的經血，然後變成少量的經血，持續好幾個星期。回家之後，出血會一天天逐漸減少。如果突然又大量出血，尤其當血的顏色是鮮紅色的，就要立刻打電話給醫生。

大小便

許多產婦在分娩時會插導尿管。剖腹產的產婦一定會插導尿管，有接受硬膜外麻醉的產婦可能也會插導尿管。導尿管會在分娩後的幾個小時移除，接下來你就必須靠自己排尿和排便了。

接下來我會按照生產方式，分別討論你可能會面對的情況。

如果你是自然產，此時排尿會覺得很痛。即使分娩過程非常順利，陰道仍然會被撐大，所以你在排尿時會感到灼痛。假若有脫水狀況，尿液的濃度會提高，排尿時的疼痛感會更強烈。許多醫院會給你一個塑膠擠壓瓶，讓你在瓶子裡裝水，在排尿時同時噴水稀釋尿液，以減少刺痛感。這種做法的效果還不錯，不過我想給你一個專家級的提醒，絕對不要在瓶子裡裝冷水。

排便時可能也會感到疼痛，這取決於分娩傷口大小。醫院通常會給你軟便劑，以改善產後的腸道蠕動。你有可能在幾天後才第一次排便，這其實是好事，並不如你所想像的那麼糟。總之，這一天遲早會來。

假如是剖腹產，遇到的問題會不同。首先，膀胱可能要等麻醉退掉才能發揮功能，所以導尿管也許會插久一點。排尿時是否會感到疼痛，取決於你的陣痛和分娩過程。如果你在手術前陣痛很長時間，身體的不適和腫脹仍可能導致排尿時不舒服的感覺。如果一開始就打算進行剖腹產，就不會發生這個情況。

剖腹產基本上是重大的腹部手術，因此醫生通常希望產婦在離開醫院之前，有排便或至少排氣的情況，以確認腸道能夠正常蠕動。生產好幾天之後才第一次排便是很正常的事。醫院通常會給你軟便劑，助你一臂之力。由於陰道沒有傷口，排便時可能

不太會不舒服。不過，當你要坐下時，會因為腹部的傷口而感到疼痛。

殘存的影響

幾天之後，你可以回家了。最直接的影響（大量出血、排尿疼痛等等）會結束。

然而，你不會覺得自己已經回復正常。

首先，你的體態仍然像個孕婦，這個體態會持續好幾天或好幾週。此外，還會有鬆垮的肚皮。這個情況最終會消失（可能是在好幾週或好幾個月之後，而不是幾天之後），不過看著自己的肚皮時，心情可能會不大好。即使鬆垮垮的肚皮消失了，許多媽媽會發現小腹已無法回復從前的緊緻。我找不到任何關於這個主題的文獻，但我敢打包票，做再多的皮拉提斯也無法擺脫皺巴巴的小腹（我指的是每週一小時跟著健身教練賴瑞做皮拉提斯，賴瑞的客戶大多是年長女性）。

如果你是自然產，最明顯的殘存影響是陰道的變化。有人說，「生完小孩之後，陰道從此無限寬廣。」[2]

情況會和從前不太一樣。你的陰道可能經過縫合，整個部位都感覺疼痛，而且好像已不屬於你了。它再也不是你過去熟悉的陰道了。

傷口會癒合，只不過需要一點時間。而對大多數女性來說，一切似乎難以回到生產前的狀態（這不一定表示情況變糟了，只是變得不一樣而已）。你的陰道絕對無法在兩個星期之後回復正常。生產兩週之後，身體其他部分可能感覺起來已經恢復（除了皺巴巴的小腹、筋疲力竭的身體和腫脹的乳房）。小腹可能需要

更長時間來復原，你花了四十週的時間不斷把它撐大，自然無法在短時間內回復。

如果是剖腹產，你會面對不同問題。你的陰道不一定會有傷口。一位採取剖腹產的朋友對我說，「誰也別想接近我的陰道。」不過，不是所有人都那麼幸運。假如你在陣痛很久之後才剖腹，陰道恢復所需要的時間和自然產的人沒有兩樣。不論你是不是一開始就打算剖腹產，剖腹產是個重大的腹部手術，這代表手術後，任何拉扯腹部肌肉的動作都會引起疼痛，包括走路、爬樓梯、坐下、撿拾地上的東西、翻身等等。

舉例來說，假設你躺在床上，半夜覺得口渴，此時止痛劑的藥效已經退去，而你伸手想拿床頭櫃上的水杯。這個動作簡直會痛死人。

疼痛和不舒服的感覺會逐漸消失，但一般來說，回復正常所需要的時間，會比自然產的人更久一些。

不論是自然產還是剖腹產，生產完那幾天最好找個人來幫你，尤其是剖腹產的人，因為你需要有人扶你起身，扶你走到洗手間，以及從事日常活動。即使你可以自己一個人照顧寶寶，你還是需要有人來照顧你。在生產完的頭一、兩週，你有可能無法靠一己之力把寶寶從床上抱起來。假如剖腹產（甚至是自然產）的過程比較複雜，有可能需要經過好幾週的復原，才能獨自起床和沖澡。

不論是剖腹產還是自然產，都會有一些共同的小狀況，像是痔瘡和失禁。許多媽媽發現，在生產之後，她們在咳嗽和大笑時會輕微的失禁，有時沒做任何動作也會輕微失禁。這個情況也會隨著時間逐漸改善。

不論採用哪種方式分娩，產婦的復原過程因人而異，沒有定論。我很幸運，生兩個孩子的過程都很順利。生老二的時候，我在產後十二小時就離開醫院了，還有能力提兒童安全座椅，但那不是常態。雖然我的狀況不錯，但也無法應付短期內舉行的馬拉松賽（其實我根本沒跑過馬拉松）。你的遭遇大部分取決於運氣，以及骨盆的結構。或許最重要的是，需要別人幫忙時不要猶豫，只管開口，還有不要期望一切按照你的期待發展。許多文化有坐月子的習俗，產婦在這段期間什麼事也不用做，家族裡的女性長輩會負責照顧她們。這種情況在美國並不常見，不過，坐月子的概念確實反映出，產婦在這段期間是最需要人幫忙的時候。某個主張懷孕不忘運動的部落客生完小孩十天後，就開始回復混合健身運動（CrossFit），這不代表她的復原進度是常態。

嚴重的併發症

某些嚴重的併發症可能在分娩之後發生，雖然這些情況相當罕見，包括過量出血、高血壓和感染。不同的人會有不同的風險，例如，進行剖腹產的人比較容易有感染的問題。你的醫生應該會根據你的分娩過程可能導致的併發症，告訴你應該要注意哪些事情。

下列是你要留意的警訊：

- 發燒
- 強烈腹痛
- 出血量增加，尤其要留意是不是鮮紅色的血
- 陰道分泌物有惡臭
- 胸疼或喘不過氣

此外，還要留意視力變化、嚴重的頭痛，或是出現腫脹（例如膝蓋），尤其當你懷孕時有子癲前症或可能有子癲前症。

當你正為了家庭新成員手忙腳亂、暈頭轉向之際，要記住上述事項確實不容易。總之，只要你覺得有任何不對勁，打電話給醫生就對了。

運動與房事

當你為了在床上翻身喝一杯水而發愁，為了生活中的大小事應接不暇，同時還要照顧一個哭鬧不停的小寶寶，你很可能沒有餘力去想運動和房事。然而在還沒生產之前，運動和房事很可能在你的生活中占有一席之地，或許你會想重拾這兩件事，給自己一種回復往日的感覺。

儘管有重重阻礙，許多女性依然可能暗自猜想，何時是重回跑步機或床上運動的好時機？

關於產後多久可以開始運動的具體說法相當少。美國婦產科醫學會（American College of Obstetricians and Gynecologists）表示，經歷正常的自然產的婦女，在產後幾天開始運動不會有安全上的疑慮。這並不表示你可以在產後一星期開始進行高強度間歇訓練，不過稍微散點步是可以的。

但他們也提醒，假如你是剖腹產或自然產撕裂傷很嚴重，就不建議這麼做。對於剖腹產的女性來說，標準的建議是：產後頭兩週可以散步，第三週可以開始做一些收腹的運動，大約第六週再回復「正常」的運動。[3]再次提醒，每個人的復原速度不同，

這只是一般性的建議。

　　自然產的問題是撕裂傷，產婦應該可以比剖腹產更快回復從前的運動習慣，只要復原情形良好，並覺得狀況不錯，就可以開始運動。幾乎所有人（包括精英運動員、健身運動員，以及透過健走或跑步來運動的一般人）應該可以漸進式的提高運動量，並在產後六週重拾懷孕前的運動量。

　　如果你是精英運動員，即使停止訓練短短幾週的時間，也可能使你覺得中斷訓練很久了。你可以和醫生討論，看看你的狀況是否允許你早點投入訓練。但說實話，除了這個族群以外，通常一般人的狀態是，體力已恢復到可以開始運動，但心理狀態還沒有調適好。

　　當你可以開始運動之後，要騰出運動的時間可能是一大挑戰。但如果運動對你來說很重要，你就應該試著擠出時間。運動有助於對抗產後憂鬱症，而且可以使心情變好。沒錯，你有很多事情要處理，但照顧自己同樣很重要。

　　說到產後的性生活，廣泛被大眾接受的說法是：產後六週再開始，而且要先和醫生討論。我經常聽到這種說法，所以以為這個說法是有根據的；基於某些生理學的理由，你需要等六週，不多也不少。

　　事實上，這個說法完全沒有任何根據。產後多久可以重拾性生活，根本沒有標準答案。六週的說法似乎是醫生想出來的，目的是讓丈夫不會在六週之前向妻子求歡。這個不成文的慣例雖然有點奇怪，卻廣被接受。當我生完芬恩，在產後六週回診時，醫生（不是我的婦產科醫生，只是當天排班看診的醫生）對我說，我的恢復情況相當良好。然後他問我，需不需要他開一張我還沒

有完全復原的診斷證明，讓我可以拿給我先生看。我對這種做法非常不以為然。

　　不過這代表何時重新開始性生活沒有指導原則可遵循。假如你分娩時有肌肉撕裂的情況，就必須等待會陰肌復原。根據撕裂傷的程度，傷口可能在六週之前復原，也可能需要更長時間。醫生會在你產後第一次回診時檢查復原情況（通常是產後六週時），但或許你自己能夠判斷，傷口是否已經完全癒合。

　　另外還有兩點要注意。第一是避孕：即使你哺餵母乳，而且才產後三週，仍然有可能懷孕。大多數人不會規劃十個月後再生一胎，除非你打算這麼做，否則就要做好避孕措施（而且要審慎思考用哪種方式避孕：有些避孕藥可能會妨礙母乳的分泌）。

　　另一個考量是，有醫學原則提到「心情是否準備好」的重要性。你應該是基於「性趣」而重拾性生活。有各式各樣的因素會影響女性（和她們的伴侶）何時覺得心情已經準備好了。你們需要等到雙方都準備好，再展開性生活。

　　生孩子是很辛苦的事，即使分娩過程一切順利，對身體的影響至少會延續好幾個星期。此外，在寶寶剛出生的那三、四週，你和你先生應該累壞了。寶寶每兩、三個小時就要餵一次奶，在餵奶的空檔，你不選擇睡覺、洗澡或吃東西，而是選擇性事，顯然是很荒唐的事。

　　這是一般的情況。然而，除了領養孩子的父母之外，仍然有些人會在孩子出生幾週後就想要開始享受性生活。如果你的身體已經復原，而你想重拾性生活，那就去做吧。

　　以房事來說，數據資料或許不太有幫助，因為真正的問題在於你有沒有「性趣」。大多數夫妻在孩子出生後八週開始有性生

活。重拾性生活的平均值，順利自然產的人為產後五週；剖腹產的人為產後六週；自然產撕裂傷嚴重的人為產後七週。[4] 儘管如此，要回復到懷孕前的性生活頻率，平均需要一年的時間，而且很多夫妻一直沒有回復到從前的頻率。

最後一點是，生完小孩的性生活可能會帶來疼痛感。哺乳會導致陰道乾澀與降低性欲。此外，生產造成的傷口有可能帶來持續性的影響。許多媽媽幾乎整天和寶寶黏在一起，因而不希望和任何人有肢體上的接觸。大多數女性在頭幾次的性行為需要使用潤滑劑，以解決陰道乾澀的問題，而且最好慢慢來。當然，上述指的是陰道插入式性交，口交可能可以早一點開始，而且也可以少一點疼痛。

許多女性在產後性行為的過程會持續感到疼痛與不舒服，你不應該忽視這種狀況，或是強忍痛苦。你可以尋求醫療協助，包括生理上的治療。若性行為帶來疼痛感，你應該要和醫生討論這件事。如果你的醫生不想討論這方面的問題，那就換一個醫生。

心理健康：產後憂鬱症、產後焦慮和產後精神病

到目前為止，我們談的都是生產在生理方面的影響，但生產也會造成嚴重的心理影響。不同程度的產後憂鬱症、產後焦慮，以及產後精神病是常見的產後情緒障礙。有太多女性默默的承受這種痛苦，這個情況必須改變。

孩子出生後的那段期間，你的身體會分泌大量的荷爾蒙。大多數產婦會發現自己的情緒變得非常敏感。因此，這段期間最好

不要看電影「天外奇蹟」（*Up*）前十五分鐘的片段。

　　回想起那段日子，我記得在潘妮洛碧一週大的時候，我們全家人第一次外出，到朋友家吃早午餐。結果我躲在朋友家的客房足足兩個小時，一邊餵奶一邊哭。那天並沒有發生任何事，我只是止不住潰堤的淚水。我想，大概是因為我那天發現，我精心為潘妮洛碧織的毛線帽太大了。等到她大到可以戴那頂帽子時，天氣可能已經變熱了。這件事就足以讓我哭泣好幾個小時。

　　幸好我們那天拜訪的是很要好的朋友，他們用托盤把餐點端到房間來給我。當然，這個舉動讓我更想哭了。

　　這種情況有時被稱作「產後憂鬱症」，會隨著荷爾蒙的消退自然消失。產後那幾天是荷爾蒙分泌的高峰，會隨著時間逐漸減少，在幾個星期之後停止。

　　真正的產後憂鬱症或其他的產後情緒障礙，可能在這段期間冒出來，也可能晚一點才出現，甚至是生產後幾個月才會有。許多女性不把比較晚發生的情緒抑鬱視為產後憂鬱症，她們認為產後憂鬱症是發生在剛生完孩子的時候，其實這個觀念並不正確。

　　即使只聚焦於確診案例，我們發現產後憂鬱症其實非常普遍。約有 10% 至 15% 產婦有這個情況。[5] 大部分產科醫師會特別留意懷孕期間的憂鬱症狀，但有個比較少人注意的數據顯示，約有半數孕婦有情緒憂鬱的情況，這使許多人大感意外。大多數的產後憂鬱症是在生產後的四個月內診斷出來，但仍然有例外。

　　產後憂鬱症有幾個危險因子，基本上可分為兩個類別：先天和後天。到目前為止，產後憂鬱症最大的危險因子是先天因素，或是過去曾經得過憂鬱症。我們對心理健康領域的了解並不多，但有一些明確的遺傳或表觀遺傳學因素會影響產婦會不會有產後

憂鬱症。假如你曾經得到憂鬱症，那麼憂鬱症有可能在懷孕期間或是產後發作。你要隨時留意發病的跡象，並在發現跡象後立刻尋求協助。

其他的危險因子與後天環境有關。其中有些因素是可以緩解的，有些則不能。社會支持資源比較少的人、產後在生活中遇到困難的人，或是孩子在健康或其他方面有問題的人，比較容易陷入憂鬱。寶寶也可能是原因之一；如果寶寶的睡眠狀況不好，媽媽就比較容易陷入憂鬱，這純粹是因為母子都睡眠不足的關係。

產後憂鬱症如何診斷？最理想的狀況是，每位產婦在產後六週回診時，都透過一個簡短問卷接受篩檢。最廣為使用的問卷可能是愛丁堡產後憂鬱量表（Edinburgh Postnatal Depression Scale）。

你可以在網路上找到這個量表，裡頭列了一系列簡單問題──你能看到事情有趣的一面嗎？當事情出錯時，你一定會責怪自己嗎？你會不會感到害怕或恐慌……等等。將每個問題的得分加總，分數愈高，憂鬱的程度也愈高。

有些題目實在太顯而易見，使人覺得根本不需要填問卷，直接問就好：你是不是覺得心情低落，而且對所有事情都不感興趣？但事實上，這個量表的篩檢成效很好。研究者請為數眾多的產婦填寫這份問卷，找出對象並治療產後憂鬱症，結果有 60% 的人在幾個月後不再有抑鬱的情況。[6] 當你產後回診時，你的醫生一定會請你填寫這份量表。不過，你也可以先行自我篩檢，幫助你了解自己現在的情緒狀態。

產後憂鬱症的治療會分為幾個階段進行。對於輕微的憂鬱症，一開始不會進行藥物治療。有證據顯示運動或按摩可以減緩症狀。更重要的是睡眠。睡眠不足可能是造成新手爸媽產生輕微

憂鬱症的主因。這應該不令人意外。即使身邊沒有小寶寶，只要幾個晚上沒睡好覺，就可能讓人心情低落，對許多事情不感興趣。而新手父母面臨的是長期睡不好覺，睡眠總是中斷。這導致情緒耗竭與憂鬱，也沒什麼好奇怪的。

很顯然，當你身邊有個新生兒，就很難解決睡眠不足這個問題。我在本書稍後的章節會提到自行入睡訓練這個主題。大家支持自行入睡訓練的一個理由是，它可以緩和產後憂鬱症。假如你還沒有訓練寶寶自行入睡，或是不打算訓練，或是寶寶還太小，你仍然有方法可以改善你的睡眠品質。請你或你先生的父母或是你們的朋友來幫忙一、兩個晚上（或更多天）。如果你能雇人在夜間來幫忙照顧寶寶也很好。你要和伴侶分工合作，分配輪值時間，讓彼此都能得到一段不受打擾的睡眠時間。此外還要提醒自己：把自己的情緒問題說出來，不只對你有益，對寶寶也有好處，這並不是什麼自私任性的行為。

除了睡眠之外，許多人也會使用某些認知行為治療或是傾談療法。這些方法聚焦於重新架構負面想法以及正向行動。

對於比較嚴重的憂鬱症，服用抗憂鬱藥物是常見的選項。抗憂鬱藥物雖然會透過母乳進入寶寶體內，但沒有證據顯示這會造成不良影響（第五章會進一步詳述）。因此，你不需要在尋求協助和哺乳之間二擇一。

大多數的文獻和大眾討論都聚焦於產後憂鬱症。但產後心理健康議題不只有憂鬱症。產後焦慮症也很普遍。產後焦慮症的許多症狀與產後憂鬱症相似，我們也常用同一個篩檢量表來診斷產後焦慮症。不過，患有產後焦慮症的產婦會不斷想到孩子可能會發生不好的事，以致於就算有時間睡覺也睡不著。她們也可能會

因為對寶寶的安全有所焦慮，而產生某些強迫性行為。這種情況是可以處理的，如果情況嚴重，可能會使用藥物治療。

我們很難知道正常的擔憂和強迫性的擔憂該如何區分。假如焦慮已經使你無法好好享受和寶寶相處的時光，假如焦慮占據了你所有的思緒，使你無法入眠，這就是超出正常界線了。

產後精神病是比較少見、但更加嚴重的狀況。[7] 據估計，發病比例大約是千分之一或二（產後憂鬱症是十分之一），而且有躁鬱症病史的人比較容易發生。產後精神病的症狀包括幻覺、妄想和躁症發作，很可能需要住院治療，而且應該被認真看待。

由於荷爾蒙和照顧新生兒的關係，產婦有比較高的機率產生心理健康方面的狀況。但領養父母也可能有這方面的情形。此外，目前的篩檢大多針對產婦，不涵蓋家庭裡的其他成員，因此這方面的診斷經常被忽略。

如果可以，最好讓全家人都接受憂鬱症篩檢，包括在寶寶出生後幾週時，以及後續的定期追蹤。假如你有任何疑慮，立刻打電話給你的醫生，不必等到產後六週的回診。愈早處理這些問題，就愈早能好好享受和寶寶相處的時光，這對所有人都好。

關於懷孕前、懷孕期和懷孕後的議題，有許多我們其實討論得還不夠。我在寫以懷孕為主題的那本書時，流產的議題特別引起我的關注。有太多女性曾經流產，但她們幾乎不談這件事，直到你經歷了流產，才發現身邊許多女性也曾經流產。

產後的心理和生理健康也很類似。你剛生了寶寶，難道不該感到開心嗎？大家問你好不好的時候，他們期望你說「寶寶很健康！我們超開心的！」，而不是「我覺得憂鬱和焦慮，我在等第三級陰道撕裂傷口慢慢復原」。由於沒有人談這方面的事，使得

許多人覺得只有自己才有這些問題，而且應該靠自己克服。

　　這是不對的。我認為，愈常談論這些議題，對其他女性同胞愈有幫助。我的意思並不是要大家開始用社交軟體大談陰道傷口癒合的過程（雖然我不介意這麼做），我只希望有更多人能開誠布公的談論產後的生理和心理狀況。

重點回顧

- 產後復原需要花一點時間。
  - 出血情況會持續好幾個星期。
  - 可能會有陰道撕裂傷，這些傷口需要幾週時間才能癒合。
  - 剖腹產是重大的腹部手術，需要一段時間才能回復行動能力。
- 何時可以回復從前的運動習慣，取決於分娩過程是否複雜。一般來説，你可以在產後一、兩週開始運動，大多數產婦在產後六週回復懷孕前的運動習慣。
- 重拾性生活的時間點沒有標準答案，但要等到你的心情做好準備的時候（而且要做好避孕措施，如果你不打算緊接著生下一胎的話）。
- 產後憂鬱症（與其他相關症狀）很常見，而且可以治療。如果發現自己有任何症狀，要立刻尋求協助。

第二部

第一年

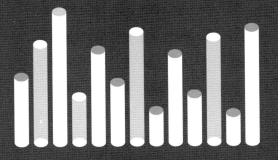

你所做的決定，會大大影響你接下來的生活方式。
然而，養兒育女沒有適用所有父母的完美做法，
你得根據自己的偏好和能力限制來下決定。
至少先握有資料，試著思考怎麼做對全家最好。

　　哺餵母乳。自行入睡訓練。母嬰共寢。注射疫苗。要不要回職場。送去幼兒園還是請保母。

　　這些是你當上父母第一年需要做的重大決定，也可能是你為人父母之後才會思考的問題，而這些問題沒有明確的答案。

　　於是，我們上網去找答案。這很棒，因為網友永遠有答案。事實上，這些答案很容易整理與理解，正確答案就是完全按照某個人的方法做就對了。不僅如此，如果你做出其他決定，就相當於把你的孩子丟給狼群。

　　歡迎來到媽媽的戰爭，歡迎你加入戰局。

　　這些議題為何如此令人戰戰兢兢？為什麼我們會覺得這是一場不是輸、就是贏的戰爭？這些議題為何是為人父母的決斷重點？又為何使父母焦慮不已？

　　我也不太確定原因是什麼，但我猜，大概是因為你所做的決定會大大影響你接下來的生活方式。關於哺餵母乳、母嬰同房（或同床）、自行入睡訓練，不論你的選擇是什麼，當你決定了以後，每天都要承擔這些決定的後果。

　　許多決定可能會使你的生活變得比較辛苦，至少會有點麻煩。餵母乳會帶來一些美妙時刻，但我問過數百位媽媽，沒有人告訴我，「帶著擠奶用具趴趴走是女性專屬的愉快經驗！」每天夜裡起來餵奶四次，直到孩子滿一歲（或兩歲、甚至是兩歲半），真的很累，而且會影響你的心情、工作和夫妻關係。

　　不過，選擇不餵母乳，或是決定讓孩子哭到自己睡著，也是相當困難的決定。旁人會因此批評你沒有善盡母親的職責，如果你是個誠實面對自己的人，也可能會對自己有一些批判。讓孩子哭到睡著其實有其效用：大多數孩子（以及父母）從此會有較好

的睡眠品質，而且這不代表你出於自私而犧牲了孩子的幸福。

我想重述我在序言提過的重點：養兒育女並沒有一套適用於所有父母的完美做法，只有最適合你的決定。你根據自己想怎麼做和能力限制做出這些決定。假如你請了六個月的育嬰假，或是決定專心帶小孩、不回去上班，那麼犧牲夜間的睡眠時間，並在白天補眠，對你來說或許行得通。如果你選擇回到職場，你就必須在上班時撥出時間到哺乳室（甚至是洗手間）擠奶；假如你的辦公室大門是不透明的，你可以一邊工作、一邊擠奶，或許你的哺乳期間可以拉長一點。

個人偏好很重要，但考慮到事實也同樣非常重要。若沒有資料的輔助，我們很難有信心為自己做出正確的決定。即使看到相同的資料，你和我做出的決定可能會不同，但至少我們要先握有資料。身為經濟學家，我試著先從資料下手：資料呈現了什麼結果？可信度有多少？然後我會以這些資料為基礎，試著思考怎麼做對我的家庭最好。另一半也是經濟學家確實有些好處，但我認為，每個人都有能力使用資料數據和個人偏好來做決定，不一定要成為經濟學家，才能獲得善用資料的好處。

本章節將檢視和育兒初期的重大決定有關的研究。很多時候，本書的工作其實是將嚴謹的研究和不那麼嚴謹的研究區分開來。做決定的時候，我們希望知道某個變因和另一個變因之間有因果關係，而不只是有關聯而已。光是告訴你餵母奶的孩子和不餵母奶的孩子不同，其實沒有什麼意義，你想知道的是，餵母奶這件事到底重不重要。

你要怎麼判斷一個研究是否嚴謹？這不容易回答。有些事情一目了然。有些方法比其他方法更好，例如，隨機化試驗通常比

用其他方法設計的試驗更有說服力。一般來說，大型研究通常比較可信。獲得許多研究確認的結果可信度通常會比較高，雖然也有例外；有時候，所有研究的結果隱含了相同的偏見。

為了寫這本書，也因為我的工作性質，我讀過很多研究報告。因此，我的一些結論來自經驗的判斷。有時候，你一看某個研究報告就會立刻發現有點不對勁，或許是研究者把不同的群體拿來做比較，或是他們衡量變因的方式有偏誤。我曾遇到很大型的研究，但我發現它有致命的缺陷，到最後，我採用的是研究方法比較可靠的小型研究。

可惜，對熱愛數據的人來說，你找到的數據永遠不完美。

面對問題時，同時也須面對一個事實：我們找到的數據必然有其局限，而且所有數據永遠都有其局限性。完美的研究並不存在，所以研究的結論必然附帶了某些不確定性。除此之外，在許多情況下，我們找到的唯一資料是有問題的：不是非常嚴謹的單一研究。我們只能說，一個研究真的不足以證明變因之間的關係。

這代表我們永遠無法拍胸脯保證，我們很確定某件事對寶寶有好處，或是沒有好處。有時候，我們可以確信的程度很高。我的任務是告訴你，某些資料可以幫助我們看出，某些關係是成立的，而某些資料其實不值得我們深究。

我希望下列章節可以提供一些證據，成為你的後盾，包括我們知道的事情是什麼，以及我們還不知道的事情是什麼，我們之所以不知道答案，是因為資料不夠確定，或是沒有提供值得採信的結果。握有這些證據之後，你就比較容易做決定。我要提醒你，你有可能會改變原本的想法，做出不同的選擇，但這些決定將會是最適合你的。

04

哺乳最好？哺乳比較好？有沒有哺乳其實差不多？

　　我生潘妮洛碧的醫院提供了許多產前教育課程，其中一堂課是關於哺乳。我問一個朋友我該不該去上這堂課（她的孩子比潘妮洛碧稍微大一點），她露出不以為然的表情說，「你要知道，餵奶的真實情況和用娃娃練習是不一樣的。」

　　她說的非常對。我接下來將會告訴你實情。對許多媽媽來說（包括我在內），哺乳真的很辛苦（這不代表上課沒用，只是它無法解答你所有的問題）。

　　潘妮洛碧還在醫院的時候，體重不斷減輕，因此我們必須餵她配方奶。這個舉動可能是不必要的。但更誇張的是，護理師為了避免「乳頭混淆」而建議的複雜餵奶方式。

　　她不是拿奶瓶讓我餵奶，而是把一條管子用膠帶黏在我的胸部，然後把連接在管子上的奶瓶吊在我頭部上方。我們試著用這種方式餵奶，但潘妮洛碧和我都不知道我們到底在幹嘛。

　　醫院建議我把這套工具帶回家，但我拒絕了；如果必須餵潘

妮洛碧配方奶，我們只會用奶瓶。

　　我的乳房後來終於開始分泌奶水，但母奶量通常不太夠。潘妮洛碧晚上睡覺前會喝很多奶，但主要是用奶瓶餵配方奶。我的心情糟到不行。大家都說，「哦，假如她看起來肚子餓了，還是要讓她用你的乳房吸奶，你的奶量遲早會變多！」但潘妮洛碧看起來顯然是餓壞了（至少我是這麼覺得）。

　　在這段期間，我也試著擠奶，試著增加奶量，同時儲存一些備用奶水，以便在我重回職場之後使用。但我應該在什麼時候擠奶？我該在餵完奶之後立刻擠奶嗎？萬一潘妮洛碧等一下還要喝奶，該怎麼辦？我應該在餵完奶一小時後，在她睡覺時擠奶嗎？萬一擠完奶她就醒來，而且想喝奶，又該怎麼辦？

　　更糟的是，潘妮洛碧似乎很討厭從我的乳房吸奶，我每次餵奶她都不斷掙扎。她七週大的時候，我們去參加我弟弟的婚禮。我還記得我們待在餐廳後方的衣櫃裡，那裡熱到爆，而我試著餵她母奶，但她不斷尖叫，不肯喝奶。最後我們只好離開那個衣櫃，在有冷氣的餐廳裡用奶瓶餵她喝奶。

　　我為什麼那麼堅持？現在回想起來，我也不知道為什麼。大約在出生三個月之後，潘妮洛碧終於接受了我不打算放棄的事實，開始乖乖從我的乳房喝奶。

　　每個寶寶哺乳的情況可能不太一樣。給芬恩餵奶就非常順利（但是他在其他方面很麻煩）。我的母奶比較快就開始分泌，量也比較多，而且芬恩馬上就學會喝奶。有些人在餵第一胎時就這麼順利。

　　然而，社會、家族和我個人對於母奶的許多好處的執著，使我和潘妮洛碧的餵奶經驗更加痛苦。

　　舉例來說，下列是眾人宣稱的母奶的好處，這些資料是我從幾個網站找來的[1]（我想說明，本章探討的是在美國和已開發國家哺乳的好處，在這些地方買到的配方奶粉品質相對安全，而且可以用乾淨的水沖泡。在開發中國家，哺乳的好處會更加顯著，因為在那些地方，用來泡奶粉的水通常被汙染了）。

　　這個清單很長，所以我把它分成幾個部分。

對嬰兒的短期好處	對孩子的長遠好處：健康	對孩子的長遠好處：認知	對媽媽的好處	對世界的好處
·降低感冒和感染的發生率 ·降低過敏起疹子的發生率 ·降低腸胃疾病罹患率 ·降低壞死性腸炎（NEC）罹患率 ·降低嬰兒猝死症發生率	·降低糖尿病罹患率 ·降低幼年型關節炎罹患率 ·降低兒童癌症罹患率 ·降低腦膜炎罹患率 ·降低肺炎罹患率 ·降低泌尿道感染率 ·降低克隆氏症罹患率 ·降低過度肥胖發生率 ·降低過敏和氣喘的發生率	·智商比較高	·免費的避孕效果 ·可以減少比較多的體重 ·親子關係比較好 ·省錢 ·抗壓性較高 ·有更多的睡眠時間 ·可以交到閨密 ·降低罹癌風險 ·降低骨質疏鬆症發生率 ·降低產後憂鬱症發生率	·減少牛隻排出的甲烷量

　　你會發現，其中一項好處是「可以交到閨密」，真的嗎？別誤會我的意思，新手媽媽可能會覺得自己很孤獨，而且與世隔

離，結識其他媽媽其實是好事。那正是親子瑜伽（stroller yoga）發明的目的。但我一直想不出，我在熱爆的衣櫃裡給一個不斷尖叫的嬰兒餵奶這件事，增進了我和哪個朋友的友誼。

我確實找不到任何同儕背書的證據（不論是否可信賴），證明哺乳可以增進友誼。不過，上述許多好處的確有一些根據，但並不是全部都非常站得住腳。

尤其如同我在序言提到的，關於哺乳的研究大多有所偏頗，因為選擇餵母乳的人和選擇不餵母乳的人有很大的差異。在美國和大多數的已開發國家，教育程度和社經地位較高的女性，有較高的比例會選擇哺乳。

不過在歷史上，情況並非一直都是如此。過去一百年來，哺乳的風潮有時興盛，有時消退。二十世紀初期，幾乎所有女性（只要生理狀況允許）都哺餵母乳。但從 1930 年代開始，比較「現代」的配方奶粉問世，使得哺乳的比例大幅下滑。之所以會有這個現象，可能是因為哺乳本來就是一件很辛苦的事。在 1970 年代之前，絕大多數的母親都是餵孩子喝配方奶。然而到了 1970 年代之後，公共衛生領域開始大力推廣母乳的好處，削弱了使用配方奶的風氣。為了因應大環境的氛圍，奶粉廠商也開始推廣哺餵母乳，哺乳的比例從此不斷上升。在某些群體裡，比例上升的趨勢顯得比其他群體更加顯著，尤其是教育程度和社經地位較高的女性。[2]

哺乳與教育程度、收入和其他變因的關聯為研究帶來了一些問題。排除哺乳這項因素之後，我們發現母親的教育程度較高和資源較多，與孩子的優異表現有關聯。這使得我們無法推論出，哺乳和孩子的良好狀況之間有因果關係。當然，哺乳和各種好的

結果有關聯，但那不代表某個媽媽餵了母乳之後，她的孩子就會變得比較優秀。

我舉一個具體的例子來說明。1980 年代後期，有一個研究以 345 名五歲的北歐小孩為對象，比較他們的智商。這些孩子被分為兩群，其中一群人喝母奶的時間不到三個月，另一群人喝母奶的時間超過六個月。[3] 研究者發現，喝母奶時間較長的孩子有比較高的智商，差異為七個百分點。然而，哺乳時間較長的母親同時呈現了教育程度、社經地位和智商較高的情況。當研究者把這些變因考慮在內之後，哺乳的影響就降低了許多。

這個研究和其他研究的主持人都表示，當他們對數據進行調整，排除母親的狀況差異後，哺乳的影響依然存在。但他們的假設是，他們進行的調整能夠把母親的所有狀況差異都排除在外，而這幾乎是不可能的事。

例如，在大多數的哺乳研究當中，研究者沒有取得母親的智商資料。比較常見的做法是，他們以母親的教育程度為指標，因為教育程度和智商有關。一般來說，大學畢業女性的智商測驗表現，會比高中肄業的女性更好。但是教育程度無法精確的代表智商。

我們發現，在相同的教育程度類別中，智商較高的母親有較高的比例選擇哺乳，[4] 而且這些母親的孩子通常有比較高的智商（平均而言）。[5] 即使研究者調整數據，排除了母親教育程度的影響，他們仍然得面對一個情況，那就是哺乳行為和其他特性有關聯（例如母親的智商），而這個特性可能會導致孩子有比較好的表現。

我們要如何解決這個問題？有些研究比其他研究更嚴謹，因

此我們要透過比較嚴謹的研究來尋找答案。當我檢視哺乳效果的資料時，我會設法找出比較嚴謹的研究，然後根據這些研究得出結論。就上述的例子來說，能夠調整數據以排除母親智商影響的研究，這些研究的結論會比較有可信度。

你現在可能已經看出來，本書聚焦於建立在資料數據上的證據，以及我們能從這些數據得到什麼結論。但是你可能經常在網路上遇到另一種證據，我把它稱為「我聽說」或是「我的朋友遇過」式的證據。你知道的：「我的朋友不餵母奶，她的孩子還是上了哈佛。」「我的朋友沒讓孩子打疫苗，結果還是超級健康！」

我們從這些說法學到了什麼嗎？什麼也沒有。

請記住統計學的金句：別人的故事不足以構成資料（或許有一天我會把這句話印在 T 恤上）。

由於在探討哺乳這個主題的過程中，會涉及資料數據的議題，所以我想先說明，本書所根據的是哪些類型的研究。

離題插播：研究方法

研究哺乳的主題（或是我在本書探討的其他主題）時，人們想要了解某個變因所造成的影響，同時讓其他變因保持不變。理想的實驗設計是：先觀察某個餵母奶的孩子的表現，然後再看看這個孩子不餵母奶之後，他的表現如何，而其他因素都保持不變，包括相同的時間軸、相同的父母、相同的養育方式、相同的家庭環境。然後，只要比較這個孩子日後的表現，就能得知哺乳

的效果是什麼。

當然，這是不可能辦到的。然而當研究者進行分析時，他們就是想達成這個目標。他們與這個理想狀況相距多遠，主要取決於他們的研究方法有多嚴謹。

隨機對照試驗

研究方法的「黃金標準」是隨機對照試驗（Randomized Controlled Trial）。進行這種研究時，你要先找一些人（最好是一大群人），然後隨機選一群人為「實驗組」，而其他人為「對照組」。以哺乳的隨機化試驗來說，你希望讓「實驗組」餵母乳，而「對照組」不餵母乳。由於兩個群體的成員是隨機挑選的，因此，除了餵母乳這個變因之外，這兩個群體在所有方面應該是相同的。然後，你就可以針對這兩組人的情況做比較。

在現實中，這種研究面臨的挑戰是，你無法強迫人們做任何事，尤其是對他們的孩子。因此，我採用的研究大多是採取「鼓勵式設計」：鼓勵某個群體採取某個行為（像是餵母乳、訓練孩子自行入睡，或是採取某個管教方式），對另一個群體則不鼓勵他們做任何事。舉例來說，鼓勵的方式可能是：告訴他們採取某個行為會帶來哪些好處，或是訓練或教導他們如何做某件事。你的假設是，這些鼓勵會改變他們做某件事的方式，然後你就可以得出因果關係。

隨機化試驗的成本非常高，尤其是大型的試驗。當然，這種試驗在執行上也可能遇到困難。但這種試驗是最接近理想狀況的方法，因此當我找到這種研究時，通常會比較看重它的結論。

觀察性研究

另一個占大宗的研究類別是觀察性研究（Observational Studies）。舉例來說，這類研究在不隨機分派受試者的情況下，把餵母乳和不餵母乳的孩子拿來做比較，或是把接受自行入睡訓練和沒接受訓練的孩子拿來做比較。

這類研究的基本結構很類似。研究者取得（或蒐集）某些資料，可能是孩子短期或長期的發展結果，再加上關於父母行為的一些資料。然後分析不同群體的孩子的表現差異。例如，把餵母乳和不餵母乳的孩子拿來做比較。

在本書使用的資料中，這類研究占了絕大多數，但它們的品質參差不齊。其中一個差異是規模的大小，有些研究的規模比較大，大規模的研究通常比較好。但我們需要留意的一點是，這類研究與理想模式（也就是比較同一個孩子在兩個情境中，只受一個變因的影響下，表現有何不同）的差距，也是大小不一。

當研究者將資料加以比較時，他們必須調整數據，將導致不同的家庭做出不同養育決定的內在因素排除。大多數研究會調整數據，排除家長或孩子的某些特點造成的影響，但他們的調整做得好不好，取決於資料的品質。

品質比較好的研究是手足研究，也就是比較同一個家庭裡的兩個孩子，這兩個孩子在你想研究的變因上，接受不同的處置。例如，其中一個孩子餵母奶，另一個孩子不餵母奶。由於這兩個孩子有相同的父母，而且一起長大，研究者可以很有信心的說，除了餵母奶這項變因之外，這兩個孩子的情況非常相似。這種手足研究並不是完美的，因為你可能會問，為何讓這個孩子喝母

奶，卻不讓另一個孩子喝母奶？不過，這種研究的價值在於，它可以解決觀察性研究的一些重大問題。哺餵方式的選擇有時可能隱含一些隨機因素，每個寶寶對於喝母奶的接受度，或許會影響父母的選擇（我想到的是我那兩個孩子的情況）。

其他的研究不拿手足來做比較，而是蒐集父母的資料：教育程度、智商分數、收入水準、種族、家庭環境的其他方面、寶寶出生時的特質等等。當研究者把這些因素的差異排除之後，進行的比較就會接近理想狀況。我通常把這些變因稱作控制項目。控制的項目愈多（也就是找到在愈多變因上有相同條件的孩子和家庭），我們就愈有信心說，我們發現了哺乳發揮的效果。

品質比較不好的研究是，研究者只控制一、兩個項目，例如，只排除出生時的體重造成的影響。這種研究的結果就比較令人質疑。

案例對照研究

最後一類研究是案例對照研究（Case-Control Studies）。這種方法通常用來研究特殊的情況。假設你想了解，讀故事書給孩子聽和孩子在三歲前學會識字之間的關係。三歲前會識字是非常特殊的情況。即使在非常大量的資料集中，你也可能只找到幾個例子，這樣的資料量不足以判定什麼原因造成這樣的結果。

進行案例對照研究時，研究者先找出案例，也就是符合某些特殊狀況的人。在上述例子中，研究者要去找出三歲前就能識字的孩子，然後蒐集關於他們的資料。接下來，研究者要尋找對照組（也就是在其他方面很相似，但是三歲前還不識字的孩子），然後把這兩組孩子加以比較。他們會問的問題是，某些行為（例

如，父母讀故事書給孩子聽）是否在三歲前能識字的孩子身上比較常見。

　　一般來說，比起前兩類的研究，案例對照研究的可信度比較低，理由有好幾個。第一，這類研究同樣有觀察性研究面臨的問題：實驗組與對照組的人可能在許多方面不同，而他們之間的差異很難控制。在案例對照研究中，這個問題會變得更加嚴重，因為對照組和實驗組的成員通常是透過不同的管道找到的。

　　案例對照研究還有其他問題。這些研究通常要詢問孩子的父母很久以前的行為，這些父母很可能已經記不清楚了，此外，後來發生在孩子身上的事也可能會影響他們的記憶。

　　最後一點，這類研究通常規模很小，而且研究者往往將許多可能的變因納入其中，這會使結論的可信度大打折扣。

　　有時我們只能找到這類研究，但又很想透過這些資料了解一些事情。此時，我會用非常謹慎的態度來看待這些資料。

重回哺乳議題

　　稍後探討哺乳的議題時，會遇到上述所有類型的研究。白俄羅斯在 1990 年代有一個大型的隨機對照試驗，以哺乳為主題。[6]這個研究只鼓勵某些女性哺餵母奶，結果發現，不同群體的哺乳率呈現出差異。我們可以透過這個研究得知，哺乳對孩子健康的一些短期和長遠影響（像是孩子的身高和智商）。

　　我們找到一些非常嚴謹的觀察性研究。有些研究對手足進行比較，另一些研究無法拿手足做比較，但研究者取得了很大的樣

本數，檢視關於孩子與父母的許多資料。

對於少數罕見或不幸的情況（兒童癌症、嬰兒猝死症），我們會參考案例對照研究，並試著獲得更多的了解。

我將在本章接下來的部分，深入探討哺乳對孩子與媽媽的短期和長遠益處。我不會討論甲烷的議題，我只能說，牛隻會排出甲烷，配方奶粉通常含有牛奶的成分。因此，哺乳對地球的好處是成立的。

哦，我還想說，即使你已經決定要餵母乳，不代表這條路一定很好走。我將在下一章詳述哺餵母乳的步驟（記得要離熱爆的衣櫃遠一點！）。

哺乳的益處

哺乳與新生兒健康

哺乳與新生兒健康的關係是研究得最詳盡的領域。我剛提到的大型隨機對照試驗，就是聚焦於這個議題。這個研究也提出最有說服力的機制，說明哺乳與新生兒健康的關係。我們知道母乳含有抗體，因此它很可能具有預防某些疾病的作用。

我們先從那個隨機對照試驗談起。這個被稱作 PROBIT 的研究是 1990 年代在白俄羅斯進行的試驗，追蹤一萬七千對母子，範圍橫跨白俄羅斯的許多地區。研究者先找來一群有意哺餵母乳的女性，隨機挑選其中一半的人，給予她們哺乳方面的協助和鼓勵，對其他女性不勸阻她們哺乳，但也不提供任何支援。

他們發現，鼓勵對於哺乳率有很大的影響。三個月後，有

43% 受到鼓勵的媽媽只餵寶寶母乳，沒有受到鼓勵的媽媽中，只有 6% 只餵母乳。到此時為止，兩組寶寶喝過母乳的比例，也呈現出差異。一年後，這兩組人的哺乳率分別為 20% 和 11%，這說明鼓勵哺乳的效果持續存在。[7]

你會注意到，研究者的鼓勵不代表所有受到鼓勵的媽媽都決定哺乳，也不代表沒受到鼓勵的媽媽全都不哺乳。如果兩組的哺乳結果有更大的差異，鼓勵的影響可能會變得更小。[8]

這份研究發現了哺乳的兩個重大影響：在出生後的第一年，餵母乳的寶寶罹患腸胃疾病（也就是拉肚子）的機率較低，長濕疹或其他疹子的機率也比較低。就數據來說，非鼓勵哺乳組有13% 的寶寶至少罹患過一次腸胃疾病；鼓勵哺乳組的罹病率只有9%。此外，鼓勵哺乳組的寶寶長濕疹或其他疹子的機率，比非鼓勵哺乳組更低，前者與後者的罹病比例為 3% 和 6%。

這些效果相當顯著，換算成整體比例來看會更有感覺。例如，長濕疹或其他疹子的機率少了一半。此外，比例的數字本身也值得留意：即使在哺乳率較低的群體，也只有 6% 寶寶有起疹子。而起疹子只能算是小狀況。

有一個與消化有關的新生兒重大疾病會受哺乳影響，那就是壞死性腸炎（NEC）。這是一種早產兒容易發生的嚴重腸道併發症（出生體重少於 1,600 公克的寶寶罹病風險最高）。在上述的隨機對照試驗中，哺餵母乳（不論是親生母親或是其他母親捐贈的母乳）能降低罹患這種疾病的機率。[9] 這可以強化我們對於母乳有助於減少寶寶消化問題的信心。不過，足月（或將近足月）出生的寶寶，幾乎不會有罹患壞死性腸炎的風險。

PROBIT 研究也發現，許多疾病不受哺乳影響，包括呼吸道

感染、耳道感染、哮吼和喘鳴。在兩組孩童中，罹患這些疾病的比例幾乎完全相同。很重要的一點是，我們要弄清楚這樣的結果代表什麼意義。這不代表我們確定哺乳對於呼吸道問題完全沒影響。這些估計值附帶有統計誤差，也就是所謂的「信賴區間」，這些數值讓我們知道，可以對估計值有多少信心。在上述例子中，我們無法排除哺乳對呼吸道感染的影響，這個影響有可能是提高、也可能是降低罹病機率。

唯一可以肯定的是，研究數據不支持「哺乳可以降低呼吸道感染機率」的說法。

既然如此，為何還是會看見有人提出「哺乳有助於降低感冒和耳道感染的機率」這種「實證」說法？主要原因在於，有許多觀察性研究顯示，哺乳會對這些疾病產生影響。這些觀察性研究把餵母乳和不餵母乳的孩子分成兩組加以比較，而不是隨機分派。有一個非常大型的研究指出，是否餵母乳會影響孩子耳道感染的發生機率。[10]

既然我們已經有一個隨機對照試驗，為何還要理會觀察性研究的結果？

這是相當複雜的問題。一方面，當所有條件維持不變時，隨機化試驗顯然比較可信。我們知道，哺乳不是父母心血來潮做出的決定，我們也知道，選擇哺乳的女性在許多方面和不選擇哺乳的女性不同。這些原因使我們傾向於採信隨機化試驗的結果。

另一方面，我們找到的隨機化試驗只有一個，而且樣本數不是非常非常大。假如哺乳有一些微小的好處，它不會在隨機化試驗中呈現顯著的效果，但我們仍然想知道那些好處是什麼。因此我認為，採信非隨機化試驗的數據仍然是合理的做法，尤其是耳

道感染這個議題。有非常多人研究耳道感染,而有些證據來自非常龐大且品質良好的資料集。

　　例如,有一份以七萬名荷蘭女性為對象的研究報告在 2016 年出版。研究發現,哺乳六個月可以降低耳道感染的風險,在那六個月當中,孩子的罹病率從 7% 降到 5%。[11] 這個研究的執行非常謹慎且完善,搜集的資料非常完整,使研究者可以排除母親和孩子的差異造成的影響。

　　但這個效果並非在所有研究都可以看到。英國有一個類似的研究顯示,哺乳對於耳道感染沒有影響。[12] 但在我看來,整體證據仍然指向影響可能存在。

　　相反的,荷蘭那個耳道感染研究對於感冒和咳嗽的研究成果無人能及。針對這些症狀的其他研究,規模都比較小,得出的統計數字不是那麼有說服力,立論基礎也不太穩固。因此那些研究不太值得參考。

　　那最後結論是什麼?我們可以合理的認為,哺乳可以降低寶寶得到濕疹和腸胃疾病的機率。至於其他疾病,最有說服力的證據顯示,餵母奶的孩子發生耳道感染的機率會稍微低一點。

哺乳與嬰兒猝死症

　　若要探討哺乳與新生兒健康的關係,就一定要討論哺乳與嬰兒猝死症的關係。嬰兒猝死症指的是,嬰兒躺在床上時沒有原因的死亡。許多人討論過哺乳與嬰兒猝死症的關係,但此二者的關係其實很難梳理清楚。

　　嬰兒的死亡是天底下最大的悲劇,尤其是對父母來說。本書會涉及許多沉重的議題,但嬰兒猝死症是最令人不忍的悲劇。就

連指出哺乳和嬰兒猝死之間可能有關係，都足以使人情緒激動。

嬰兒猝死症很罕見；耳道感染和感冒很常見。你的孩子不論是否哺餵母乳，都一定會感冒。相反的，嬰兒猝死症的發生率是一千八百分之一。排除風險因子（沒有早產、沒有趴睡）之後，發生率是一萬分之一。[13]

這個數據應該可以讓焦慮的父母稍微寬心一些，但也使哺乳與嬰兒猝死症的關係更加難以研究，因為你需要大量樣本，才能獲得一些可以造福其他孩子的知識。

這個議題通常是透過案例對照法進行研究：研究者找出嬰兒猝死症的一些案例，與這些孩子的父母進行訪談，然後再找一群健康的寶寶，並和他們的父母訪談。最後再將這兩組父母和寶寶做比較。

這類研究很多。[14] 平均來說，這些研究發現，與猝死的寶寶相較，有比較多健康寶寶是喝母奶。於是研究者得出一個結論：沒有餵母乳提高了嬰兒猝死症的發生機率。最新分析指出，這個影響對於哺乳超過兩個月的寶寶最為顯著。[15]

然而，仔細研究這些資料之後，我認為這個結論並不是那麼顯然。有沒有猝死的嬰兒之間有一些根本上的差異，而這些差異可能與哺乳無關，卻可能造成許多影響。當研究者把父母是否吸菸、寶寶是否早產，以及其他風險因子考慮在內（這些因素都與哺乳相關，也和嬰兒猝死症有關聯），哺乳對嬰兒猝死的影響就大幅減少，甚至是消失。

除此之外，指出哺乳對嬰兒猝死症有巨大影響的一些研究報告，在對照組的選擇上有很嚴重的問題。案例對照研究的實驗設計有一個重點，就是要盡量挑選具有可比較性的對照組，而這些

研究往往沒有做到這一點。

舉例來說，常見的做法是，研究者把某個地區所有猝死嬰兒的資料搜集起來，把他們當成實驗組，然後以信件或電話徵求孩子健康的父母，把他們當作對照組。但這代表對照組的挑選方式與實驗組不同。我們知道，願意參與研究的人與不願意參與研究的人，有一些本質上的差異，而這些差異有一部分是我們可以覺察的，但有另一些部分是無法察覺的。[16]

對照組挑選得比較好的研究，就沒有顯示出不餵母乳會提高嬰兒猝死症的風險。例如，有一個英國的研究在尋找對照組時，是找出猝死嬰兒的居家訪視護理師，然後以這個護理師拜訪的其他家庭為對照組。[17]

所幸，嬰兒猝死症相當罕見。由於數量太少，所以我們無法完全排除一個可能性，那就是哺乳有可能稍微降低嬰兒猝死症的風險。不過，我不認為最值得採信的資料指出，哺乳可以降低嬰兒猝死症的風險。

哺乳與孩童的健康

大多數學者對哺乳的研究都聚焦於新生兒的狀況（像是疾病感染率），也就是聚焦於哺乳階段。然而，大眾討論大多把焦點放在哺乳的長遠好處，罪惡感於是開始登場。

你很少聽到別人說，「餵母奶真的很棒，因為可以降低寶寶在未來六個月拉肚子的機率！」你比較常聽到的是，「餵母奶真的很棒，因為這樣可以給孩子一個好的開始；他長大後會更聰明、長得更高、身材更苗條！」說這種話的人不只是你在路上遇到的路人甲。有一位媽媽告訴我，她的醫生對她說，如果不餵母

乳，孩子的智商分數會降低三分。

　　不哺乳可能導致孩子有較高機率發生耳道感染，和不哺乳可能會害了孩子的一生，後者對父母造成的壓力顯然更大。

　　我想告訴那些充滿罪惡感的媽媽一個好消息：我沒看過任何有說服力的證據支持哺乳會影響智商的說法。

　　重回先前提過的 PROBIT 研究。研究者持續追蹤這群孩子的發展直到七歲，他們沒發現任何證據可以支持哺乳對長遠健康的影響，包括過敏、氣喘、蛀牙、身高、血壓、體重，或是體重過重或肥胖的跡象。[18]

　　「哺乳可以降低肥胖發生率」這個說法獲得許多人的關注，因此值得我們加以深入探究（我懷芬恩時，我的助產士的辦公室裡貼了一張很大的海報，上面寫著哺乳可以降低肥胖發生率。海報上的圖案是兩球冰淇淋，上面各放了一顆櫻桃，呈現出乳房的意象。這個畫面很酷，雖然我看不太出來它想傳達的重點是什麼。我猜它是在說，如果你是喝母奶長大的，就可以多吃一點冰淇淋吧）。

　　肥胖和哺乳確實有關聯，喝母奶的孩子長大後比較不容易有肥胖症。但這種關聯性並不是因果關係，它無法證明孩子長大後之所以有肥胖症，是因為他小時候不是喝母奶。PROBIT 的資料指出，哺乳對於孩子到七歲時是否有肥胖症沒有影響，最新的追蹤研究指出，到十一歲時也一樣。[19] 另外，哺乳的手足研究（一個孩子餵母乳，另一個孩子不餵母乳）也顯示，哺乳對於日後肥胖沒有影響。這些研究呈現出，比較不同家庭的孩子時，哺乳似乎會造成影響，但比較同一個家庭的孩子時，就沒有影響。這意味著影響日後肥胖與否的是家庭因素，而不是哺乳。[20] 事實上，

有人把許多關於肥胖和哺乳的研究放在一起看，看見了一個更完整的面貌。他們發現，把母親的社經地位、母親是否吸菸，以及母親的體重等因素排除之後（即使無法做手足比較），哺乳和肥胖的關聯性就不存在了。[21]

這些研究都含有統計誤差。我們能否斬釘截鐵的說，哺乳對肥胖沒有影響？不能。但我們可以說，從資料無法看出兩者之間有明顯的關係。

PROBIT 沒有研究長遠的影響（像是幼年型關節炎和泌尿道感染），但至少有一、兩個研究顯示出這些狀況和哺乳有關聯。大多數研究為這種關聯提出的證據其實並不多。[22] 只有一個研究呈現出顯著的關係，有些研究的設計不夠嚴謹，或是樣本非常獨特。基本上，我們無法根據這些資料判斷，罹患疾病和哺乳之間是否有關係。

有兩個嚴重的疾病也有很多人研究：第一型糖尿病和兒童癌症。但是基於資料的局限性，我無法從那些研究中得出有意義的結論。[23] *

很多議題就像哺乳議題一樣，有時候即使是非常不完善和執行不當的研究，都能得到大量關注。不論文獻品質是優是劣，媒體往往會斷章取義。我們一再看到媒體把研究報告的結論誇大，做出聳動的標題。

為何會如此？

一個原因是，大眾似乎喜歡嚇人或驚悚的說詞。比起「設計完善的大型研究顯示，哺乳對腹瀉疾病的影響不大」，「報告：喝配方奶的孩子比較可能在高中輟學」這個標題更容易吸引大眾點閱。喜歡震撼與驚奇的習性，再加上一般大眾欠缺統

計學知識，使情況雪上加霜。媒體不需要報導「最優質」的研究，因為大眾無法分辨研究的優劣。媒體可以說「一項最新研究顯示……」，而不說「一項結論可能有偏誤的最新研究顯示……」，也沒有人會究責。除了少數學者會在推特上砲轟這種做法，一般民眾大多還是不明就裡。

　　我們難以從媒體報導判斷研究品質的好壞，不過，進入網路時代之後，情況似乎得到了改善。現在有許多媒體報導會放上他們引述的原始研究的連結。假如「喝配方奶的孩子比較可能在高

＊第一型糖尿病（又稱作青少年糖尿病）發病於兒童時期，需要靠注射胰島素來治療。北歐有幾位研究者利用來自兩個國家的豐富研究資料，在 2017 年發表了一篇論文，指出沒有哺餵母乳的孩子比較可能罹患這種疾病。這個研究是受到幾個小型案例對照研究的啟發。說得更精準一點，研究者指出，比起曾被哺餵母乳的孩子（即使只是少量），完全不曾被哺餵母乳的孩子比較可能罹患第一型糖尿病。

雖然這個研究的資料品質相當好，樣本規模也很大，但我對這個研究的結論抱持保留態度。主要原因在於，母親完全不曾嘗試哺餵母乳在北歐地區是非常罕見的情況（僅有 1% 到 2% 的母親決定完全不餵母乳）。這些母親在許多方面與願意嘗試哺餵母乳的母親不同（其中一個不同點是，她們可能罹患糖尿病）。如此不尋常的決定通常會使我們對其動機產生疑慮。

這個研究的結論有可能是正確的，但我們需要更多資料來佐證（最好來自不餵母乳的做法更普遍的地區）。

白血病是最常見的兒童癌症，有人假設它與沒有哺餵母乳有關聯。就和嬰兒猝死症一樣，白血病的發生率很低，因此研究者通常透過案例對照方式進行研究：募集罹患白血病孩童的案例，然後與對照組做比較。2015 年的一個大型文獻回顧綜合多個小型研究的資料後指出，哺餵母乳的孩童的罹病風險顯然比較低。

然而有人指出，這個論點並不穩固。研究者在進行主要分析（也是主要結論的基礎）時，並沒有將案例組和對照組的其他不同點列入考量。而事實上，這兩組兒童在其他方面有許多差異。光是把兩組孩童的母親的年齡差異列入考量，就使得哺餵母乳的影響銳減，不再具有統計顯著性。若再將其他因素考慮在內，影響可能會降得更低。

中輟學」所根據的研究，樣本數只有四十五個寶寶，而這些寶寶現在已經是二十歲的成人，你大概可以不必理會這篇報導。

讓孩子變聰明的乳房：哺乳與智商

母乳是對腦部發展最有利的選擇，對吧？用哺乳造就優秀的孩子！大家都這麼說。但真的是這樣嗎？母乳會使你的孩子變得更聰明嗎？

讓我們先從神奇的母乳世界回到現實世界。即使從最積極的觀點來看，哺乳對智商的影響也非常小。哺乳不會讓孩子的智商提高二十分。怎麼知道？因為如果這個說法屬實，我們應該很容易從研究資料或是周遭看出來。

真正該問的問題是，哺乳能否對孩子的智力稍微有點幫助。有些研究只是把餵母奶和不餵母奶的孩子拿來做比較，假如你相信那些研究的結果，那麼你會發現，哺乳確實可以提高孩子的智商。我稍早曾討論過這類研究的一個例子，這種研究其實很多。這些研究都透露出明顯的相關性：喝母奶的孩子似乎有比較高的智商。

但這不代表哺乳可以導致智商提升。在現實世界裡，這種因果關係非常薄弱。若仔細檢視一些研究手足的報告，這些研究把餵母乳和不餵母乳的手足加以比較，結果往往發現哺乳和智商沒有關係；與不餵母乳的手足相較，餵母乳的孩子的智商測驗成績並沒有比較好。

這個結論與非手足研究的結果有很大的差異。有一個嚴謹的研究告訴我們為何會有這樣的差異：[24] 關鍵在於研究者用多種不同的方式分析同一群孩子的資料。首先，他們做了一些簡單的變

因控制，然後把餵母乳和不餵母乳的孩子做比較，結果發現這兩組孩子的智商有很大的差異。在第二階段，他們調整數據，把母親的智商因素排除在外，結果發現哺乳的效果大幅下降，但依然存在（這表示第一次分析的差異來自母親智商的差異，而不是哺乳的效果）。

接下來研究者再進行第三次分析，他們把餵母乳和不餵母乳的手足加以比較。這個比較非常有意義，因為它把不同的母親造成的差異都排除了。結果研究者發現，哺乳對於智商沒有顯著的影響。這個結果說明，第一次分析得出的智商差異，主要是母親（或是雙親）的差異造成的，而不是母奶造成的。

PROBIT 也檢視哺乳與智商的關係。在這些研究中，為孩子測量智商的研究者知道哪些孩子來自鼓勵哺乳組。結果發現，哺乳對於總體智商或老師為孩子打的成績沒有顯著的影響。在某些測驗中，研究者發現哺乳似乎對語文智商有些影響。但進一步的分析指出，這個結果可能是測量者造成的，因為他們知道哪些孩子是餵母乳長大的，而這可能影響了他們的評分。[25] 因此整體而言，這個研究沒有提供強而有力的證據，支持哺乳可以提高智商的看法。[26]

我們的結論是，沒有任何有說服力的證據可以支持，讓孩子變聰明的乳房確實存在。

對母親的好處

有些女性覺得，哺乳使她們非常快樂，而且賦予她們一種權力感。母乳隨時隨地可以取用，方便極了，而且她們在哺乳時會覺得心情平靜和放鬆。這真的很棒！

　　不過也有一些女性認為，哺乳使她們覺得自己像頭母牛。她們討厭出門時還要帶擠奶用具；也很難判斷寶寶是不是喜歡從乳頭吸奶，或是有沒有喝飽；而且乳頭會痛，哺乳的過程基本上非常麻煩。

　　我想表達的是，哺乳對媽媽的好處其實很主觀。親自哺乳和餵配方奶我都採用過，我大多數朋友也是如此。有時候，我確實覺得哺乳是個超級便利的好選擇（尤其是帶芬恩的時候）。但其他時候，我又覺得哺乳簡直是一齣鬧劇（我想到的是，有一次我在拉瓜迪亞機場洗手間擠奶的經驗）。

　　說到哺乳的好處，幾乎所有人都會提到「省錢」。其實，省不省錢真的很難說。是的，配方奶粉很貴，但哺乳衣、乳頭修護霜、防溢乳墊也是要花錢的。此外，你還需要買十四個不同的哺乳枕，才能找到最合用的款式。更重要的是你的時間，你的時間非常寶貴。

　　另一個經常聽到的優點是「提高抗壓性」。哺乳可以提高你的抗壓性嗎？這件事還是非常主觀。壓力經常與睡眠障礙有關聯。哺乳會讓你有多一點的睡眠時間嗎？影響睡眠的因素不只是哺乳而已。

　　「找到閨密」也被列為哺乳的好處。你的友誼是否會因為哺乳而升溫，只有你知道（或許也和你交的朋友有關係）。

　　有一些所謂的「好處」根本沒有任何根據。不過，有些優點可能有一些事實根據。首先是哺乳可以「免費避孕」。告訴你事實吧：哺乳期間，受孕率可能會降低，但我要強調，這不是可靠的避孕方法，尤其當孩子長大一點，哺乳或擠奶的間隔時間拉長時。我認識的人當中，在哺乳期懷孕的人不計其數（我的醫學編

輯亞當的老婆和第二個孩子就是一個例子）。如果你完全不想懷孕，就要使用真正的避孕方法。

另一個有些根據的優點是「減少比較多的體重」。不過我必須很遺憾的說，影響的效果非常有限。北卡羅來納州一項大型研究指出，產後三個月時，不論有沒有哺乳，產婦減少的體重都差不多。產後六個月時，哺乳的媽媽減少的體重多了 0.6 公斤。[27] 這篇報告說明，哺乳對減重的效果可能被誇大了，就算有效果，也非常有限。

你可能會狐疑：哺乳不是會燃燒熱量嗎？不是有人說，哺乳會讓人每天消耗五百卡的熱量嗎？這是真的，但哺乳的媽媽通常也會吃得比較多。燃燒熱量可以減重的前提是，你不會再把那些熱量吃回來。在哺乳期間，我習慣每天早上十點半吃一份雞蛋起士貝果三明治。這種做法鐵定會把你哺乳消耗的熱量補回來。

關於哺乳對產後憂鬱症的影響，我也找不到有說服力的證據。那些研究沒有呈現一致的結果，而這個問題也難以評估，因為因果關係可能是雙向的。有產後憂鬱症的媽媽比較容易放棄哺乳，但這看起來很像是哺乳緩和了產後憂鬱症，但事實上，因果關係恰好相反。[28] 降低骨質疏鬆的發生率和有助於提升骨骼健康的說法，也難以透過大型資料集看出來。[29] 糖尿病的證據缺乏一致性，而且可能和不同女性造成的差異混在一起。

不過，有一個優點確實有比較強大的證據基礎：哺乳與癌症的關聯，尤其是乳癌。我們從橫跨各種類型與不同地區的研究，似乎可以看出不算小的關聯：哺乳大概可以使乳癌罹患率降低 20% 至 30%。乳癌是常見的癌症，幾乎有八分之一的女性在一生中會罹患某種形式的乳癌。從絕對數值來看，哺乳降低乳癌發

生率的效果相當顯著。

　　可惜，這個數據並不完美，因為研究並沒有控制母親的社經地位這個變因，但有個具體的生理機制可以支持這個因果關係。哺乳會使乳房細胞產生某些變化，變得不容易受致癌物影響。此外，哺乳會減少雌激素分泌，因此可以降低罹患乳癌的風險。

　　雖然大家關注的是哺乳對孩子的好處，但哺乳最重要的長遠影響，或許是對母親健康的助益。

裁決

　　現在，我們終於可以談論哺乳真正有意義的效益，同時把缺乏有效證據支持的說法拋在腦後。

　　有些說法因為沒有數據可以支持，所以被直接排除，像是「交到閨密」。排除的原因不是因為我們握有強大的證據反對它，只是因為沒有人真的對這個主題進行研究。至於肥胖，研究得到的數據不足以支持哺乳和肥胖之間有關聯。

　　我們會排除某些說法，都是因為我們找到的資料無法證明哺乳和那些說法之間有真正的關聯。反過來說，你也可以把哺乳和各種事情連結在一起，像是跑步很快或是善於拉小提琴。這不表示這種連結是錯誤的，只代表沒有資料支持這種說法是正確的。你可以不加以查證的相信某些說法，但是你不應該把那些說法當成證據。

　　經過檢視之後，得到證據支持的說法只剩下少數幾項，但是也沒有全部被刪光光。哺乳似乎對寶寶有一些短期好處，對媽媽可能有少許長遠好處。而且別忘了甲烷！和一開始得到的清單相較，這個清單顯然簡短了許多。

對嬰兒的 短期好處	對孩子的長遠 好處：健康	對孩子的長遠 好處：認知	對媽媽 的好處	對世界 的好處
・降低過敏起疹 　子的發生率 ・降低腸胃疾病 　罹患率 ・降低壞死性腸 　炎罹患率 ・（有可能）降 　低耳道感染的 　機率			・降低乳癌罹 　患率	・減少牛隻排 　出的甲烷量

　　媽媽面臨的哺乳壓力有可能很大。輿論可能會把這個議題弄成：為了孩子將來的成就，你最重要的工作且最需要做的事就是哺餵母乳。哺乳有神奇的效果！母乳是液態黃金！

　　但那樣做是不對的。假如你想哺乳，很好！哺乳雖然對寶寶有些短期功效，但假如你不想哺乳，或是你試過但行不通，那也不會是世界末日，不論是對你或是寶寶都一樣。我幾乎敢斷定，假如你因為決定不哺乳而充滿罪惡感，你那一年一定會過得和世界末日來臨差不多。

　　我在寫這本書時，曾經把我母親和外婆年輕時用的育兒書找來看。我母親很喜歡斯波克醫生的《全方位育兒教養聖經》（*Dr. Spock's Baby and Child Care*）。那本書在 1940 年代出版，每隔一段時間就會再版；我媽那本是 1980 年代中期的版本。

　　斯波克醫生對哺乳的看法是，媽媽可以先嘗試哺乳，看看自己是否想要繼續哺乳。他簡短的提到，哺乳可能可以保護寶寶不受感染。然後他接著說，「哺乳的價值最有說服力的證據，來自曾經哺乳的媽媽。她們說，當她們知道自己給了寶寶世上獨一無

二的東西，心中感到無限的滿足，而那個東西就是母子間的親密情感。」

　　這句話深深引起我的共鳴。我很慶幸我給我的兩個孩子哺餵母乳，我很享受這個過程（除了那次熱爆的衣櫃事件之外）。我從中獲得了許多美好的回憶，包括一起做一件只有我們兩人才能做的事，以及看著他們入睡。這是哺乳的好理由，也是你嘗試哺乳的好理由，同時也是支持其他想要嘗試哺乳的女性的好理由，以及不羞辱在公共場所哺乳的女性。不過，假如你決定不哺乳，你也不需要因為這個理由而自責。

重點回顧

- 哺乳對新生兒有一些健康方面的好處，但坊間流傳的說法，有許多無法獲得研究證據的支持。
- 哺乳可能對母親產生一些長遠的好處，像是降低乳癌的罹患率。
- 研究資料無法提供足夠的證據，證明哺乳可以對孩子產生健康和認知方面的長遠效果。

05

哺餵母乳：該怎麼做

回想起剛開始給潘妮洛碧哺乳的那幾週，只隱約記得充滿了挫折。

我當時覺得，與哺乳有關的所有問題我似乎全都遇上了。母奶不夠。不管我多麼努力嘗試，到了晚上，我只能乖乖的餵潘妮洛碧喝一大瓶配方奶。她一下子就喝光光，彷彿在用行動指責我沒有足夠的母奶（這可能只是我的想像）。還有擠奶：我該在什麼時候擠奶？寶寶剛出生那段時間，我該多久擠一次？重回職場工作之後，我該如何讓自己保持放鬆，以維持母奶量？你可以在電話會議進行時擠奶嗎？如果把麥克風關掉就可以嗎？

很多時候，你會覺得自己是世界上唯一有這些問題的人，尤其在你剛開始哺乳的時候，因為不論怎麼做，都覺得一切很不順利。當你獨自坐在房間裡，努力想讓懷裡的寶寶吸奶，一種與世隔絕的感覺會油然而生。當你看到在農夫市場裡一邊逛市場、一邊哺乳的媽媽，你會格外自卑。那些媽媽可以手裡提著一袋玉米，把三歲大的孩子從餅乾攤位前拉走，同時給胸前的寶寶哺乳。此時你心想，或許你是唯一有問題的人。

但這並不是事實。我寫本書時，曾用推特詢問其他媽媽的經驗：各位媽媽，請告訴我你在哺乳時遇到的難題。

媽媽們的反應非常熱烈。

她們告訴我，她們不斷試著讓寶寶含上乳房，卻無法成功。她們提到自己「沒用的小乳頭」，以及買「乳房冷熱敷管」（booby tube）（自己去用 Google 查那是什麼）的事。還有人談到乳頭疼痛——流血、裂開，甚至有一個血淋淋的例子是，有一部分的乳頭組織掉落下來。

她們還談到奶量的問題。奶量不足：有個媽媽命令老公立刻搭半小時公車去幫她買蕁麻茶，另一個媽媽試圖一天哺乳十二次，然後接著擠奶，希望藉此刺激泌乳量。奶量過剩：溢乳總是把衣物弄髒，地毯聞起來有乳酪的味道，上衣因為乳汁乾掉而變得硬邦邦。有一位媽媽說她有奶量不足的問題，但每當她搭公車時聽到嬰兒的哭聲，乳頭就會噴出乳汁。

還有就是擠奶的問題。「擠奶是最大的問題」這類電郵塞爆了我的信箱。一個媽媽說，每天把消毒過的擠奶器零件拿到乾燥架無數次，把她的指紋都磨掉了。還有：把自己關在辦公室裡擠奶的時刻，使她們感到孤獨，以及工作進度落後；在出差工作時因為提出擠奶的需求而感到尷尬；被迫在洗手間裡擠奶，因為工作場所沒有合適的地方可以擠奶；以及不論再怎麼努力，奶量始終不足的挫折感。

或許有人會說我是空談心理學家，不懂裝懂，但哺乳最令媽媽感到痛苦的是，努力也不見得能得到預期的結果（努力可以獲得回報的原則在其他領域通常是成立的）。你努力找工作，或是申請大學，甚至是努力懷孕，這些通常可以成功；然而面對新生

兒，以及一些生理上的限制時，你的勝算就變得無法預期。或許你必須和我一樣接受現實：不論再怎麼努力，你就是沒有足夠的奶量。

　　許多女性可能會覺得很意外，她們心想，「嘿，世界上有千千萬萬的人都辦到了，這有什麼難的？」許多女性告訴我，她們真希望自己早點知道哺乳是這麼困難，這樣她們就不會如此自卑，也不會有那麼大的壓力一定要堅持下去。關於要不要堅持哺乳，你可以讀一下前一章的內容。我現在只想告訴你：許多媽媽覺得哺乳困難重重，也有許多人做得很辛苦，尤其是照顧第一胎的時候。如果你有同感，你並不孤單，世上有許多人和你一樣。接下來的數據或許可以給你一點幫助。另外，適時放自己一馬，對你也會有好處。

一般的介入手段

　　假如你和許多媽媽一樣，遇到了許多哺乳方面的問題，你很可能聽過各種不同的解決之道，其中有些方法似乎很合理，有些則不太合理。研究資料可以告訴我們什麼？

　　讓哺乳順利進行的原因可分為兩類，但我們要先問一些問題。其中一些是特定性的問題：乳頭保護罩有用嗎？葫蘆巴（fenugreek）可以提高泌乳量嗎？其他是比較一般性的問題：生產前能否先做一些計畫，好讓哺乳更加順利？

　　對於能否先做計畫的問題，答案是「可以」，你可以採取兩個有證據支持的方法。我們先從這個部分談起。

第一，隨機化試驗提供的證據證實，肌膚接觸有助於提高順利哺乳的機率。所謂的肌膚接觸指的是，在產婦分娩之後，立刻把赤裸（或只包尿布）的寶寶放在產婦赤裸的胸口，讓媽媽抱著寶寶。這麼做的理由是，媽媽的氣味和肌膚之親可以促使寶寶立刻想要喝奶。大多數的證據來自開發中國家，這些國家和已開發國家相較，整體的哺乳率不同，分娩的醫療設備可能也不同。儘管如此，哺乳是人類的共通經驗，沒有理由不能向這些國家的婦女學習。印度有一個研究以兩百名女性為對象，研究者把這些女性隨機分為兩組，其中一組人讓她們在產後立即和寶寶有四十五分鐘的肌膚接觸，另一組人的寶寶出生後則放進保溫箱。[1] 在產後六週時，有肌膚接觸那組的媽媽比另一組的媽媽有更高的哺乳率（72%：57%），分娩後傷口縫合時的疼痛感，前者也比後者來得低。

有大量小型研究也印證同樣的結果。[2] 把這些研究放在一起看會發現，有肌膚接觸那組的媽媽決定哺乳且順利哺乳的比例較高，包括剖腹產的產婦在內。

第二，有一些證據（數量較少）指出，（醫生、護理師或哺乳衛教師提供的）哺乳輔導可以提高媽媽決定哺乳且持續哺乳的可能性。[3] 但這些證據源自各式各樣的研究，而這些研究採取了不同類型的介入手段。介入方法的不一致使得我們難以確定，是哪種方法造成這樣的結果。基本原則是，哺乳需要花時間學習才能上軌道，如果有過來人從旁協助，或許可以幫助你克服一些比較大的問題。最好的情況是，你有對象可以商量，這個人在你生產後的那幾天一直在你身邊幫忙，而且可以幫你出主意（這個人也可以幫你決定許多與寶寶有關的事情）。

　　有一些小型研究聚焦於醫院與居家哺乳輔導的差別，並且找到了一些從醫院回家後立刻找幫手帶來的其他益處。[4] 醫院的環境不比家裡，找人到家裡來幫忙你穩住陣腳，可能可以發揮非常大的作用。

　　根據某些媽媽的說法，醫院提供的哺乳輔導可能大好或大壞。有些產婦說，她們遇到的哺乳衛教師有勢利眼而且態度很差。其他人則認為她們遇到的衛教師很棒。假如你沒有得到需要的協助，可以詢問有沒有其他哺乳衛教師可以幫忙。你也可以找認識且信任的人，或許是陪產員，或是在你生產前和你有共識的哺乳衛教師，這或許是對你最有益的方法。

　　最後一個值得一提的介入手段，是在醫院的時候母嬰同室。如同我們先前討論過的，沒有證據顯示母嬰同室可以提高順利哺乳的機率。[5]

含乳

　　如果你打算哺餵母乳，首先面臨的挑戰是讓寶寶含上你的乳房。為了要有效的吸奶，寶寶必須把嘴巴張得很大，把你的乳頭完全含在嘴裡，然後運用舌頭和嘴唇吸吮。這和我一開始的想像不同，我以為寶寶是從乳頭的末端輕輕的吸奶。借用我朋友珍的說法，「你必須把乳房塞進寶寶的嘴裡。」

　　下頁圖精確說明了寶寶需要把嘴巴張得很大來含住乳頭，不過這不表示你需要用塞的。當你看到真正的寶寶時就會懂了，這件事很難透過想像來明白。

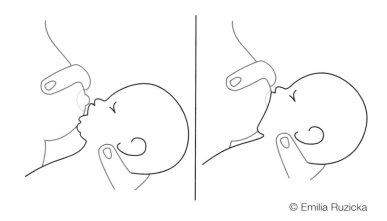

© Emilia Ruzicka

　　許多新生兒無法正確的含乳。若無法正確的含乳，寶寶就喝不到足夠的母奶，這會讓媽媽非常心疼。你怎麼知道寶寶的含乳方式是否正確？只要哺乳一段時間，你自然就會知道。你也會發現，當寶寶做對時，他們通常會表現出某種奇特的反應。在那之前，最好找人來幫你看一下，讓你知道你做得對不對。網友會告訴你，如果你做對了，哺乳時就不會覺得疼痛。這個部分我稍後會詳述。我現在只想說，一開始哺乳時，這種說法通常是不正確的。對許多媽媽來說，不論寶寶含乳方式是否正確，剛開始哺乳的那幾週一定會痛，所以你不能把會不會痛當作指標。

　　寶寶為何無法正確含乳？早產、生病或分娩時受傷都可能是原因。有時也和媽媽的乳頭有關；有些媽媽有乳頭凹陷的狀況，使得寶寶難以順利含乳。另一個原因是，有些寶寶的嘴巴有些生理結構上的問題，尤其是舌繫帶或唇繫帶過短的狀況，使得寶寶難以正確的含乳。

　　又或者是因為你的寶寶不喜歡你！哈，開玩笑的，不過你有可能會有這種感覺。

　　一個解決（或部分解決）的方法是，在別人協助下不斷嘗試。這就是我剛才提到的陪產員或者幫手發揮作用的地方。大多數媽媽會逐漸抓到訣竅，但是對自己多一點耐心也有助於讓情況更順利。

　　假如含乳的問題一直存在，你可以採取兩個比較常見的做法：使用乳頭保護罩，以及利用（簡單的）手術來解決舌繫帶過短的問題。

　　許多媽媽非常相信乳頭保護罩的效用，至少在一開始哺乳的時候。這個東西的名稱非常傳神：它的形狀很像乳房，上面有個小洞，通常是矽膠材質。你把乳頭保護罩蓋在乳房上，寶寶透過這個保護罩吸奶。原則上，這個保護罩可以幫助寶寶更容易吸奶，也可以使媽媽哺乳時不會覺得那麼痛。

　　除了清洗很麻煩之外，乳頭保護罩的主要缺點是，它可能會影響泌乳。保護罩會降低刺激感，使你的身體減少泌乳量。[6] 這個說法有生理學的根據，同時獲得隨機化試驗的證實。

　　不過，這並沒有回答乳頭保護罩是否有用的問題。我們現在討論的重點不是泌乳的問題，而是讓寶寶正確的含乳。遺憾的是，我們找不到有效的證據，說明乳頭保護罩到底沒有用。一個最值得參考的研究以三十四名早產兒為對象，研究者記錄了寶寶在使用和不使用乳頭保護罩的情況之下，分別喝了多少母奶。結果發現，在使用乳頭保護罩的情況下，寶寶的喝奶量多了四倍，遠比不使用的情況多更多。這是非常令人振奮的結果。然而，這個研究並不是隨機化試驗，樣本數很少，而且聚焦於某個特定族群。[7]

　　我們找到的證據來自大量的質性研究。研究者透過訪談，了

解母親使用乳頭保護罩的經驗。受訪媽媽表示，乳頭保護罩確實提高了她們繼續哺乳的意願，而且有助於解決疼痛和含乳的問題。[8] 這些研究有個隱含的反事實思維：若沒有乳頭保護罩，她們可能會放棄哺乳。不過，我們很難得知這是否為真。

　　使用乳頭保護罩的缺點是它可能很難戒掉，當你和寶寶都習慣了乳頭保護罩之後，要停止使用可能會變得很困難。如果你樂於使用乳頭保護罩，或是寶寶因此喝到了足夠的奶量，那麼這個問題可能不存在。但是使用乳頭保護罩是哺乳的額外步驟，因此或許不該成為首選做法。也就是說，並不是所有媽媽都需要嘗試使用。反過來說，如果你哺乳的過程不太順利，那麼試用看看也無妨。

　　另一個介入手段是透過手術解決寶寶舌繫帶或唇繫帶過短的問題。唯有當寶寶確實有舌繫帶或唇繫帶過短的情況，才會需要用到這個方法。人的舌頭透過舌繫帶與嘴巴的底部相連，有些人的舌繫帶過短，可能因此導致舌頭的活動受限。這個情形或許會影響新生兒的吸奶能力，因為吸奶的動作主要是倚賴舌頭的作用。舌繫帶過短的情況其實還算常見，情況嚴重時可能會影響孩子日後的說話能力。唇繫帶過短指的是，上唇和牙齦之間的繫帶太短或是位置太低，以致於限制了上唇的活動能力。這種情況比較少見。

　　不論是舌繫帶或者是唇繫帶過短，都可以透過簡單的手術來解決，那就是剪開繫帶，使舌頭或上唇能夠更自由的活動。這種手術很普遍而且安全，而且就運動機制來看，應該可以有效的解決問題。[9]

　　不過，我們能找到的支持證據相當有限。有四個隨機化試驗

研究這種手術的效益。這些研究的樣本都很少，而且只有三個研究有評估手術對哺乳的影響。[10] 在這三個研究中，兩個研究的結果沒有顯示手術使哺乳變得比較順利，另一個研究則呈現少許的改善。四個研究都顯示，母親在哺乳時的疼痛感獲得改善。然而，這些研究都是以自陳式問卷進行。有限的證據顯示，這種手術不該成為媽媽的首選做法（比乳頭保護罩更不建議積極採用），即使寶寶有舌繫帶過短的情況，也不一定要進行手術。

對大多數媽媽來說，即使寶寶的含乳正確，開始哺乳時多多少少都會感到疼痛。疼痛感大多只在開始哺乳的一、兩分鐘時產生，不應該持續存在。某些情況可能導致疼痛持續存在（像是念珠菌感染），但這種疼痛是可以治療的，最好不要放任不管。如果你哺乳時一直覺得疼痛，最好就醫。

哺乳媽媽的乳頭可能會裂開與疼痛，甚至是流血。這些情況沒有任何神奇的方法可以解決。許多媽媽很愛用綿羊霜或各種冷熱敷袋，但沒有任何隨機式試驗證實這些做法的效果。[11] 唯一有隨機式試驗支持的做法是，經常用你的母乳按摩你的乳頭。不過我要提醒你，這只是一個研究的結果，而且樣本很少。[12]

當然，你沒有理由不試著以綿羊霜和母乳來按摩乳頭，如果你覺得好像有用，或者是想要嘗試看看，這都很好。我曾經問我的朋友希拉蕾的看法，她的回答是：「每次餵完奶，一定要擦乳液。」

好消息是，對大多數媽媽來說，不論採用什麼緩解方法，乳頭的疼痛感在哺乳幾週之後都會逐漸消失，至少會減輕到可以忍受的程度。這個說法所根據的研究，是以乳頭嚴重受傷（流血、有瘡口）的女性為對象。因此，即使情況看起來很可怕，請你記

得，在大多數情況下，哺乳的傷口會自然癒合。[13]

　　研究證據也指出，哺乳兩週之後仍然感到強烈疼痛是不正常的情況，你不該心想「哦，只要過一段時間就會改善」而輕忽。假如你有這種情況，請立刻就醫。美國有許多州設有哺乳熱線。如果你不想接受當面輔導，國際母乳會（La Leche League）通常可以請哺乳衛教師透過電話給你一些協助。

　　乳頭疼痛和感染乳腺炎不同。在哺乳期間，你可能隨時會感染乳腺炎。有些情況會提高感染乳腺炎的風險，包括每次餵奶後沒有把乳房裡的母奶完全排空，奶量過剩，或是沒有經常把乳房裡的母奶排空，不過感染大多是隨機發生的。乳腺炎很容易診斷，症狀是乳房紅腫、乳房疼痛和發高燒，可能需要用抗生素來治療。乳腺炎有可能引發強烈疼痛，不該輕忽。

乳頭混淆

　　如果你考慮要哺乳，那麼你應該聽說過一個令人擔心的說法，叫作乳頭混淆。各種消息來源會告訴你，對於人造乳頭產品（奶瓶奶嘴或安撫奶嘴）的使用要非常小心，因為寶寶會覺得很混淆，而不再從你的乳房喝奶。

　　這類討論還認為，要把奶瓶奶嘴和安撫奶嘴加以區分，因為寶寶吸吮前者可以獲得食物，吸吮後者則不會。

　　儘管這類警告言之鑿鑿，但沒有任何證據證明，使用安撫奶嘴會影響哺乳率。有不只一個隨機化試驗顯示這樣的結果。[14] 其中有些試驗在孩子一出生時，就給他們吃奶嘴。至少有一個試驗

的結果可以說明，為何有些人會（錯誤的）認為，是否使用奶嘴對哺乳有很大的影響。這個研究找來 281 位媽媽，將她們分為兩組。研究者鼓勵其中一組使用奶嘴，並建議另一組不要使用奶嘴。結果顯示，被勸阻的那組使用奶嘴的比例比較低。[15] 這份報告主要是比較兩組媽媽在寶寶出生三個月時的哺乳率（如下頁圖表左邊那兩個長條所表示）。分析結果顯示，不論鼓勵或不鼓勵使用奶嘴，都不影響哺乳率。兩組皆約有 80% 的人哺餵母乳，雖然其中一組人比較可能會讓寶寶吃奶嘴。

　　研究者接下來採取一個巧妙的做法，把選擇使用奶嘴和選擇不使用奶嘴的媽媽拿來做比較，比較她們的哺乳率。基本上，他們把剛剛提到的隨機化試驗當作不存在，只看哺乳率和奶嘴使用率的數據。

　　分析結果如下頁圖表右邊那組長條所示。我們發現，使用奶嘴的媽媽的哺乳率比較低。比較這兩組數據後，研究者做出的結論是，某個因素同時導致使用奶嘴和早早停止哺乳的行為。基於民眾對於使用奶嘴的一般看法，我們很容易會認為，選擇使用奶嘴的人可能比較沒有哺乳的意願。

　　我們應該看的是隨機化試驗的結果，也就是使用奶嘴對於哺乳率沒有影響。然而，由於這篇論文大部分的論據，是根據後來的觀察得到的相關性，所以大家很容易會採信使用奶嘴會導致乳頭混淆的迷思。

　　若要評估使用奶瓶是否會導致乳頭混淆，情況會變得比較複雜，因為這涉及兩個因素：餵配方奶與乳頭混淆。假設補充配方奶有助於順利哺乳，因為哺乳不順利的媽媽比較可能為寶寶補充配方奶。你會發現，媽媽如果很早就餵寶寶喝配方奶，長期哺乳

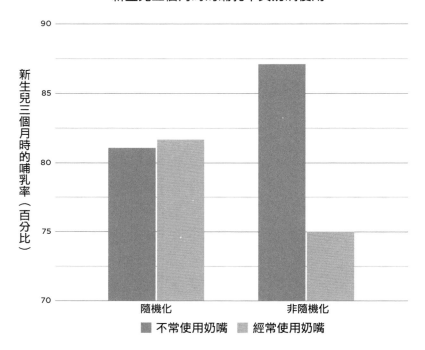

新生兒三個月時的哺乳率與奶嘴使用

的機率就會比較低。而這可能和乳頭沒有任何關係。

　　有一個隨機化試驗利用簡單的設計嘗試解決這個問題。[16] 研究者找來一群需要補充配方奶的寶寶，並將他們隨機分為兩組，一組用奶瓶餵配方奶，另一組用杯子餵配方奶，研究者不把乳頭混淆視為一個議題。[17] 結果發現，整體來說，補充配方奶的方式沒有產生任何影響。這兩組寶寶的哺乳期都長達四個月左右，而且有兩、三週的時間只喝母乳。不論是用奶瓶或杯子餵奶都有相同結果，顯示乳頭混淆根本不是議題。

奶量

　　我母親的育兒靠山是 1980 年代出版的《全方位育兒教養聖經》。我外婆也有她自己的寶典：一套六本的袖珍書，名為《母親的百科全書》（*The Mother's Encyclopedia*），最早在 1933 年出版。這套書讀起來非常有趣，從麻疹、闌尾炎到夏令營無所不包。更棒的是，它是按照字母順序排列，所以剖腹產之後講的是競技運動。

　　這套書談哺乳時，花了很多篇幅討論奶量的問題，而且特別提到，許多「現代」女性有奶量不足的問題。這套書把這個問題歸咎於，有人建議媽媽每隔四小時餵一次奶，而且每次只用一邊乳房哺乳。我覺得作者最有意思的說法是，「古早」（作者的用詞）的母親「只要孩子一哭就餵奶，不論何時何地！」

　　作者提到，「古早」的方法對於刺激泌乳量非常有幫助，但他們也提醒，不建議現代的父母這麼做。我不禁感嘆真的是風水輪流轉，因為現在的哺乳建議是寶寶一有需求就餵奶，至少在寶寶剛出生的時候，因為這麼做可以激發豐沛的奶水。等到泌乳量衝上來之後，再考慮定時餵奶的問題。

　　母體有一個生物學機制，會把餵奶頻率和泌乳量相連結。這個系統內含一個反饋迴路，寶寶喝得愈多，母親就會製造愈多母奶。基於這個迴路機制，有些媽媽為了提升泌乳量，有時會在哺乳結束時接著擠奶，讓身體以為需求量比目前的供應量更大。

　　這雖然是基本上合理的演化設計，但不代表一切會按照計畫進行。第一，你可能在產後需要等很久才會開始泌乳。第二，就算你開始分泌乳汁，也可能有奶量不足的問題。第三，有時情況

恰好相反,你可能有奶量過剩的問題。

當你生第一胎時,你會製造少量的初乳,裡面富含抗體(在懷孕後期,你的身體就會開始製造初乳)。寶寶出生後那幾天,當你不斷嘗試哺乳,你的身體最後(理論上)會從製造少量初乳,轉變成製造比較大量的母乳。一般來說,這種轉變成製造更多母乳的狀態(學名為乳汁生成第二階段,有時俗稱奶水「進帳」),會在分娩後七十二小時內發生。如果這個情況沒發生,你會被視為「乳汁生成遲緩」的案例。

事實上,許多媽媽還要等更久。下面圖表顯示,從寶寶出生到乳汁生成所需天數的分布情形(以 2,500 名媽媽為樣本)。有將近四分之一的媽媽有乳汁生成遲緩的狀況,她們到第四天之後才開始泌乳。對於生第一胎的媽媽,這個比例會更高(35%)。[18]

根據研究數據,乳汁生成遲緩可能導致媽媽較早停止哺乳。[19]這或許是因為乳汁生成遲緩會導致新生兒體重大幅減輕,使得媽

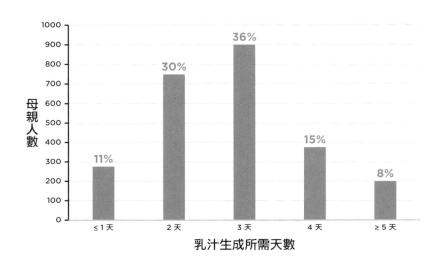

媽的哺乳難度提高。也可能是因為，假若你不是特別熱中哺乳，這個挫折足以使你放棄哺乳。

不論和哺乳率是否有因果關係，乳汁生成遲緩是令人極度沮喪的挫敗。它可能和幾個因素有關聯。[20]

懷孕時吸菸會減緩乳汁生成，肥胖也是。剖腹產與進行無痛分娩的媽媽比較可能發生乳汁生成遲緩的情況。關於產後的行為調整，寶寶餓了就餵和寶寶出生後一小時內哺乳，可能可以減少乳汁生成遲緩的情況。我要強調，我剛剛說的是相關性，不一定是因果關係。進行無痛分娩的媽媽更需要採取上述行為。即使你按照建議做了，你的乳汁生成依然可能會遲來。

乳汁開始產生後，你可能會供應不足，也可能供應過剩。

對於供應量不足的媽媽，一般會建議她們先嘗試啟動「需求導向」的反饋迴路，來增加泌乳量。醫生可能會建議你每次哺乳後要擠奶，如果不是每次餵奶都這麼做，至少要偶爾這麼做。藉此讓身體知道，你需要製造更多母奶。

一般性的哺乳生物學知識指出，這麼做可能會有幫助。不過我找不到任何研究可以提供有用的指導原則，告訴我們怎麼做最有成效。

你也會在網路上找到各式各樣的建議，教你怎麼提高泌乳量，包括草茶療法（葫蘆巴最為普遍，蕁麻茶也有很多人愛用），攝取特定食物（例如黑啤酒），以及建議你多喝水。

多喝水永遠是個好主意，但沒有可信的證據足資證明多喝水能促進乳汁分泌。[21] 啤酒其實會使情況更糟（稍後會再討論）。

我們所得到的關於草茶療效的證據，並沒有指向一致的結論。[22] 以葫蘆巴為例，有一篇 2016 年的文獻回顧涵蓋了兩個小

型的隨機化研究，主題為葫蘆巴的攝取量對母乳的影響。在其中一個研究中泌乳量有增加，在另一個研究中則沒有。其他的草茶（蘆筍草〔shatavari〕和辣木〔malunggay〕）也呈現類似的不一致結果。這些草茶只要按照建議量使用，並不會造成任何副作用，因此嘗試看看也無妨，但不要把它們當作萬靈丹。

　　在藥物治療上，可以看見比較明顯的效果。有多種隨機化研究指出，多潘立酮（domperidone）可以增加泌乳量[23]（遺憾的是，在美國無法取得這種藥物，不過在英國和加拿大可以找得到。譯注：台灣也可以取得）。

　　你有可能不論再怎麼努力，泌乳量就是很少，甚至是沒有。這個情況並不常見，但確實存在，但很少被討論，所以常被視為特殊情況。這個情況通常被診斷為「腺狀組織不足」（insufficient glandular tissue, IGT），意思是缺乏足夠的乳腺。這有時是先天性的狀況。如果你有這個情況，很可能需要為寶寶補充（某種程度的）配方奶。

　　曾經進行縮胸手術的女性也可能有奶量不足的情形，實際情況取決於手術方法。因此，在某種程度上為寶寶補充配方奶也是必要的。[24]

　　另一方面，你也可能奶量過剩。這有可能是自然現象，也可能是因為擔心奶量不足而過度刺激身體的結果。在哺乳初期，每次哺乳後緊接著擠奶以增加泌乳量的做法，有可能導致補償過度。我認識一些在哺乳初期積極擠奶的媽媽，後來發現奶量過剩，胸部還因為脹奶而很不舒服。

　　奶量過剩主要的問題在於，它會使人很不舒服，而且會提高感染乳腺炎的風險。你的乳房脹滿乳汁，變得又硬又熱，而且會

痛。擠奶可以解除不適，但同時會刺激反饋迴路，把問題拖得愈久。如果你想使泌乳緩和一點，必須先解決脹奶的問題。

有助於解決這個問題的方法有很多種：針灸、指壓、特殊的按摩、冷敷袋、熱敷袋、乳房造型的熱敷袋、高麗菜葉等等。[25] 這些做法的支持證據相當零星，我找到一些隨機化試驗，其中大多是小型研究，而且可能有偏誤。冷敷和熱敷似乎都可以緩和不適，冷藏或室溫的高麗菜葉也是（是的，你沒看錯：高麗菜葉。把高麗菜葉冰在冰箱裡，然後用它包住乳房。當媽媽很難有迷人的時刻）。

有一個試驗指出，刮痧可能會產生一些效果，這種療法是用某個東西刮皮膚，使皮膚產生輕微的瘀傷。葛妮絲‧派特洛非常相信刮痧的效用。你可以挑一些方法嘗試看看。

奶量過剩除了會引發疼痛，寶寶喝奶時也可能因為母奶來得太多太快，造成吸奶上的問題。那有點像是你試著從消防水龍帶喝水的感覺。在哺乳之前先擠奶幾分鐘，可以改善這個情況。此外，隨著寶寶逐漸長大，以及奶量過剩逐漸緩和，母奶噴發的情況也會獲得改善。

哺乳期的飲食

「嗨，艾蜜莉！」漢弗萊寫道，「寶寶的狀況很好，但瑪姬的父母說她不能吃白花椰菜或是喝自來水，因為她正在哺乳。他們說，這樣寶寶會更愛哭。這種說法正確嗎？」

經過九個月小心翼翼的忌口之後，假如哺乳期還有各種飲食

禁忌，那真的會讓人崩潰。你能開始吃一分熟牛排嗎？你很想吃的未滅菌起士仍然在封殺名單中嗎？那能不能來一杯紅酒呢？多喝幾杯可以嗎？

告訴你一個好消息：基本上，正處於哺乳期的媽媽沒有任何的飲食禁忌。

我們先討論食物的部分。醫生唯一建議哺乳期女性避免的食物，是汞含量高的魚類。如此而已！不要吃劍魚、大耳馬鮫和鮪魚。[26] 但其他魚類都沒問題，未滅菌起士、生魚片、一分熟牛排和各式火腿也沒問題。

假如寶寶有腸絞痛（止不住的嬰兒哭鬧），有一些證據顯示，避免常見的食物過敏原可能有幫助。請參考前面討論腸絞痛的章節。

那白花椰菜呢？

有個廣為流傳但沒有根據的說法是，容易引起脹氣的食物（青、白花椰菜，豆類）可能容易使寶寶脹氣，使腸絞痛更嚴重。我只找到一篇論文提到這一點，那個研究透過郵寄問卷調查，詢問父母的飲食情況，然後根據寶寶有沒有腸絞痛分組，比較兩組媽媽所攝取的食物。[27] 這個研究宣稱，有少量證據指出，媽媽吃青、白花椰菜比較容易導致寶寶腸絞痛，但這個研究在資料蒐集和分析上有非常嚴重的問題（用郵寄問卷調查的回覆率很低，對於哺乳期飲食過度關切的父母，往往提供了極端的意見，還有統計精確度的問題），所以我認為它的結論不值得參考。

想吃什麼，就去吃吧。

那麼酒精類飲料呢？許多媽媽（從網路上，而不是從醫生那裡）聽說，她們應該完全避開酒精類飲料，如果喝了酒精類飲

料，就要把母奶「擠出來倒掉」。另一方面，有些人會告訴你，酒精類飲料（尤其是啤酒）有助於增加泌乳量，所以應該多喝一點。有哪種說法是正確的嗎？

兩者都不正確。[28]

當你喝了酒，母乳中的酒精含量與血液中的酒精含量其實差不多。寶寶喝的是母乳，而不是直接攝取酒精，所以他們接觸到的酒精量其實非常非常少。有一篇論文經過仔細的計算發現，即使你在很短的時間內喝下四杯酒，並且在血液酒精含量最高的時候哺乳，寶寶只會接觸到濃度極低的酒精，而這種濃度的酒精極度不可能產生任何負面影響。[29] 這是「最糟情況」的假設。這篇論文提醒，在短時間內喝下四杯酒會影響你照顧孩子的能力，而且對健康有害，應該避免。所以問題不在於母乳中的酒精含量。因此，媽媽不需要將母乳擠出來倒掉。母乳的酒精濃度和你的血液酒精濃度是相同的。當血液中的酒精濃度下降了，母乳的酒精濃度也會跟著下降。酒精不會儲存在母乳裡。

我們沒有找到太多證據指出，母親攝取酒精類飲料會對孩子造成影響。有些報告指出，媽媽酒後哺乳會使寶寶的睡眠時間縮短。但這樣的結果並沒有獲得所有研究的支持。此外，也沒有任何人發現媽媽喝酒會對寶寶造成長遠的影響。

假如你超級小心，不希望寶寶接觸到任何酒精，有可能嗎？沒問題。你可以喝一杯酒，但你必須等到兩小時，等酒精代謝掉之後再哺乳。如果你喝了兩杯酒，就要等四個小時。[30]

所有研究都提出警告，我們其實還不了解狂喝濫飲或是經常性豪飲（每天喝兩、三杯酒）可能造成的影響。經常狂喝濫飲的媽媽其實在懷孕期通常也是如此，她們和不喝酒的媽媽有很多不

同之處。即使你沒有懷孕或是哺乳，狂飲對健康都沒有好處。在懷孕期狂飲會對寶寶造成很大的危害，如果是在孩子出生後狂飲，會對照顧寶寶的能力產生負面影響。

另一方面，我必須很遺憾的告訴你，喝酒無法提升泌乳量，甚至可能稍微減少泌乳量。所以假如你在哺乳初期有奶量不足的問題，千萬別把酒精類飲料視為催奶幫手。[31]

除了酒精類飲料，許多媽媽擔心哺乳期服藥會對寶寶產生影響。藥物的交互影響不在本書的討論範圍內，但一般而言，醫生開給你的藥物大多不會有這方面的問題，如果你有任何疑慮，可以向你的醫生諮詢。你也可以上美國國家圖書館資料庫 LactMed 網站查詢，那裡找得到幾乎所有藥物的資料。[32]

有兩種藥物常被使用，值得稍作討論：止痛劑（分娩後服用）和抗憂鬱劑。

分娩的過程很難受，而且你在產後可能會感受到強烈的疼痛，持續好幾天，甚至更久。止痛的一線用藥是泰諾或是布洛芬（ibuprofen），而且使用的劑量很高（尤其是布洛芬）。這些藥物具有良好的耐受性，即使在哺乳期使用也沒問題。

然而，有時候光靠布洛芬不足以完全止痛，尤其對剖腹產的媽媽。以前的醫生常用可待因（codeine）做進一步的止痛，但比較新的研究資料指出，哺乳期服用可待因會對寶寶的神經系統造成很大影響，使寶寶變得非常嗜睡，在某些例子中甚至造成嚴重後果。[33] 因此，現在的醫界通常反對可待因或是其他類鴉片藥物像是羥考酮（oxycodone）的使用。[34]

然而，這使得產後的復原（尤其是剖腹產）變成極大的挑戰，所以醫生可能會在斟酌之後，開類鴉片藥物給你。這類藥物

一般採取最低劑量短期服用。你可以和醫生好好商量，來決定如何在止痛和哺乳之間做權衡取捨。

　　抗憂鬱劑的使用情況就相對單純許多。所有的抗憂鬱劑都會潛藏在母乳中，但幾乎沒有證據證明這對寶寶有任何負面影響。產後憂鬱症是非常需要正視的問題，而且應該要接受治療。不同的抗憂鬱劑在母乳中會有不同程度的殘存，但一般來說，讓媽媽服用對自己有效的抗憂鬱劑仍然是最重要的事。假如你曾經服用過抗憂鬱劑，而且知道哪一種抗憂鬱劑對你最有效，那麼你就該服用那種藥。[35] 假如你不曾服用過任何抗憂鬱劑，開給哺乳中母親的選擇性血清素回收抑制劑（SSRI）一線用藥是克憂果（paroxetine）和樂復得（sertraline），這些藥物殘存在母乳中的含量是最低的。

　　我最後要提的是咖啡因。大多數人覺得哺乳期可以攝取咖啡因，而且沒有任何文獻提到咖啡因對寶寶的風險。不過，有些寶寶對咖啡因比較敏感，可能會變得比較煩躁。如果你發現這個情況，或許就該避免攝取含咖啡因的食物。

　　那自來水呢？放心喝吧。補充水分對每個人都很重要，不論有沒有哺乳。有需要喝水時，哪裡的水都可以喝。

擠奶

　　幾年前，麻省理工學院舉辦了一個黑客松，目標是設計出一款更理想的吸奶器。目前還沒有人設計出可以上市的產品，但我們非常期待這一天的到來，因為市面上的吸奶器都很糟。

　　我列出媽媽常抱怨的問題：用起來很痛、很難操作、需要經常清洗、發出很大的聲音、拿起來很重、效果不好。這些只是吸奶器本身的問題！還不包括在職場或差旅時實際使用遇到的問題：壓縮工作時間，以及在機場的洗手間裡擠奶時會遇到的無數問題。更別提機場的安檢了；他們會用手持爆裂物探測器仔細檢查你悉心打包好的每一瓶母乳。

　　我很清楚的記得，有一次我抵達密爾瓦基機場，驚喜的發現那裡有一間集乳室：一個小小的空間，有可以上鎖的門，附帶排氣口和座位。我雀躍不已，忍不住打電話告訴傑西這件事，密爾瓦基機場從此成了我的最愛（我為它想了一句口號：密爾瓦基具有名副其實的美國精神）。

　　過去幾年，吸奶器發展出一些創新的設計。有一種新產品叫作 Freemie，這套電動吸奶器的集奶杯可以塞進哺乳胸罩裡，關鍵在於，電動幫浦的尺寸很小，可以放進口袋或是夾在衣服上。我早已過了哺乳期，也無法說服我的朋友海蒂基於研究目的替我試用。根據愛用者的說法，你可以在外面一邊走路一邊吸奶。有人對我說，她知道有些醫生可以做手術幫你接上這套裝置，但我認為這只是道聽塗說。

　　基本上，使用吸奶器的理由有三個。我們來回顧一下。

　　第一，如果哺乳初期有奶量不足的問題，醫生可能會建議你嘗試在哺乳後接著擠奶（有時或每次），以刺激泌乳量。先前已經提過，這個說法在理論上是合理的，但我們沒有找到太多支持的證據。假如你只是為了刺激泌乳而使用吸奶器，或許可以考慮跟醫院租借，這樣就可以借到品質比較好的吸奶器，反正你在這個階段大概不太會外出。

　　第二，許多媽媽很早就開始擠奶，以便偶爾使用奶瓶餵母奶。當然，當寶寶用奶瓶喝奶時，你仍然要擠奶。假如你希望先預備好一瓶母奶，讓寶寶出生後立刻有得喝，你就必須事先擠奶。這麼做的另一個理由是，假如你打算產假結束後就回去上班，你需要靠擠奶囤積庫存量。

　　在我的記憶裡，那個過程非常複雜，尤其當我生潘妮洛碧時，我的泌乳量少得可憐。有些書告訴你，餵完奶兩小時之後要擠奶，即使寶寶沒醒來，因為你那時應該已經製造一些母乳了。但是潘妮洛碧有時一醒來就要喝奶，而我卻沒有母乳可以餵她！回顧過往，擠奶是我在哺乳初期壓力最大的時刻之一。

　　其實沒有任何科學上的說法，建議你該在什麼時候擠奶。所以減輕壓力最好的方法，是做好具體的計畫。許多媽媽說，她們一天只親自哺乳一次（可能是早晨，因為那時是奶量最多的時候），其他時候都是用擠出來的母乳餵寶寶。你每次擠奶時多少都可以擠出一些奶，假如你很早就開始擠奶，一、兩週之後，就可以累積出一餐的奶量。當寶寶用奶瓶喝你預先擠出來的母乳時，你要同時擠下一餐的奶。

　　最後一個擠奶的理由是，在重回職場後用擠奶取代哺乳。也就是說，每次到了該哺乳的時間，你就擠奶，而寶寶明天喝的就是你今天擠的奶。假如奶量夠多，你還可以把剩餘的庫存冰在冷凍庫裡。

　　擠奶沒有其他更好的做法，大多數的媽媽都覺得擠奶很困難，而且不是什麼愉快的事。你的工作場所應該要提供你擠奶的時間，但不是所有職場都願意遵守規定。假如你有自己的辦公室，那是最好的，如果沒有，往往要到一個不是那麼理想的地方

擠奶。有一位女醫生告訴我，她是在男女混用的醫生休息室，在眾目睽睽之下擠奶（當然有用一條大毛巾遮住）。有一定規模的公司必須提供集乳室，但有些公司未必會照做，而且沒人規定這間集乳室一定要弄得很美觀舒適。

即使有了理想的擠奶環境，你還得在每次擠奶後清洗吸奶器的所有配件，這個動作其實很花時間（濕紙巾或許可以讓你稍微省事一點）。假如你每天要擠奶三次，每次花三十分鐘（這是很普遍的情況），你就失去了九十分鐘可以用來做其他事情的時間。

有些人或許可以一邊工作、一邊擠奶，我強烈建議你使用可以讓你騰出雙手的擠奶用胸罩，至少還可以用手機看點東西。許多人建議在這段時間裡盡量讓自己放鬆，看看寶寶的照片，基本上就是在擠奶期間讓自己放空一下，因為放鬆有助於增加奶量。沒有直接證據支持這個看法。有個研究以寶寶待在新生兒加護病房的媽媽為對象，調查她們的擠奶情況。結果發現，在接近寶寶的地方擠奶可以提高媽媽的泌乳量。不過，這個結果的適用性令人存疑。[36]

哦，我還要提醒你一件事，擠奶的效率不如讓寶寶吸奶來得有效。即使是性能卓越的吸奶器，也比不上寶寶的吸奶力。不過，實際狀況因人而異，有些媽媽哺乳時完全沒問題，但是用吸奶器完全吸不出乳汁；而有些媽媽可以用吸奶器順利的吸取足夠的乳汁。

完美的解決方案並不存在。我有個好朋友似乎實現了她的夢想：她的工作很有彈性，孩子的托嬰中心就在她家隔壁，每當孩子喝奶時間到了，她就跑到隔壁去給孩子餵奶。這似乎完美無比，直到有一天她必須出門一整天，才發現她兒子不肯用奶瓶喝奶。

　　麻省理工學院，我們對那個夢幻吸奶科技充滿期待，加油！

　　最後的注記：對於寶寶的含乳問題難以解決的少數媽媽，擠奶似乎是在問題解決之前的唯一選擇。這種只能透過擠奶、無法親自哺乳的哺育方式，叫作全泵（exclusive pumping）。假如你遇到這種情況，我目前找不到任何研究可以幫你，但網路上永遠有許多媽媽可以給你出主意。

重點回顧

- 哺乳有可能非常困難！
- 初期介入手段：
  - 出生後立刻有肌膚接觸或許可以使哺乳較為順利。
- 含乳：
  - 乳頭保護罩對某些媽媽可能有幫助，但很難戒掉。
  - 處理舌繫帶或唇繫帶過短可以讓哺乳變得比較順利的說法，沒有得到太多研究證據的支持。
- 疼痛：
  - 處理寶寶舌繫帶過短的狀況可能可以改善媽媽的疼痛問題。
  - 沒有太多研究證據告訴我們，該如何解決乳頭疼痛的問題，但從寶寶的含乳方式著手或許有幫助。
  - 哺乳的疼痛應該只有頭幾分鐘，如果你的疼痛在哺乳時一直存在，或是在開始哺乳幾週之後依然存在，請

盡快就醫。有可能是乳腺感染或其他問題，這些疼痛是可以治療的。

- 乳頭混淆：
  - 沒有資料支持這個説法。
- 奶量：
  - 大多數媽媽在寶寶出生三天內會開始泌乳，但約有四分之一的媽媽需要等上更長的時間。
  - 生物學的反饋迴路相當有説服力：寶寶喝得愈多應該會使泌乳量增加。
  - 非藥物療法（例如葫蘆巴）對於增加泌乳量的功效，沒有得到太多證據支持。
- 擠奶：
  - 煩死了。

06

睡覺的姿勢和地點

　　我的孩子有一本很舊的二手硬頁書，叫作《韋肯、布拉肯和諾特》（*Wynken, Blynken, and Nod*）。在書的最後一頁，插圖裡畫了一個睡在嬰兒床的小嬰兒。我每次看到這一頁心裡都會想：這個嬰兒床裡放了好多東西啊，有填充玩具、毯子、防撞床圍和枕頭。我的孩子的嬰兒床裡，永遠只有一條安撫毯和一個水瓶，即使到了一、兩歲依然如此。潘妮洛碧三歲時，我們改讓她睡兒童床，她花了好幾個月時間才弄明白棉被是做什麼用的。

　　養兒育女的觀念總是會隨著時代而改變，但是從我們小時候到現在，改變最大的莫過於對於睡眠的建議。在我們那一代，小時候通常是被放在嬰兒床裡趴睡，然後蓋上毛茸茸的毯子，嬰兒床四周則有一圈防撞床圍。父母這樣安排的心思其實很容易懂：寶寶很小一隻，而且嬰兒床硬邦邦的，看起來實在不太舒適，讓小小的嬰兒獨自睡在巨大的嬰兒床裡，那個冷清的畫面讓人看了很不安心。

　　美國兒科學會的最新建議，和那種放滿了玩具和毯子的嬰兒床大相逕庭。美國兒科學會說，嬰兒應該單獨睡在嬰兒床（或嬰

兒搖籃）裡，而且應該仰睡。嬰兒床裡不可以放任何東西。防止寶寶的手腳卡在嬰兒床欄杆的防撞床圍也不建議使用。寶寶應該睡在自己的嬰兒床或嬰兒搖籃裡，而不是睡在爸爸媽媽的床上，但嬰兒床或嬰兒搖籃要放在爸媽的房間裡。

　　這些建議是安全睡眠主張的一部分，安全睡眠主張的出發點是降低發生嬰兒猝死症的風險。嬰兒猝死症現在被正名為「嬰兒突發非預期死亡」（sudden unexpected infant death, SUID），不過由於大多數人比較熟悉嬰兒猝死症的說法，所以我仍然沿用這個名稱。

　　安全睡眠主張最先提出的觀念是「仰睡」，強調永遠要讓寶寶躺著睡覺。最新的版本還加入了母嬰共寢（co-sleeping）和母嬰同室（room sharing）的觀念。

　　美國兒科學會的睡眠建議簡單易懂，但許多人覺得很難做到，尤其是新手父母。新手父母因為新生兒的加入忙得手忙腳亂，筋疲力竭，如果能多爭取兩個小時不受打擾的睡眠時間，要他們花再多錢都願意。許多嬰兒趴著睡會睡得比較安穩，當其他的睡姿無法讓寶寶安睡的情況下，父母真的會很想讓寶寶趴睡。同樣的，媽媽也可能很想讓寶寶同床共寢，尤其是哺乳的媽媽。當寶寶喝母奶時睡著了，而你知道只要把他放在你的身邊，他就會乖乖繼續睡，此時你真的很難把他抱去嬰兒床裡。

　　此外，把寶寶的嬰兒床放在你的房間裡，或許也同樣難以執行。傑西如果和孩子睡在同一個房間，就會無法入睡。芬恩出生後的那幾週，我們把他的嬰兒床放在我們的房間裡，而傑西必須跑到裝修尚未完成的閣樓，睡在充氣床墊上。這個方式顯然不是長久之計。

這些都是非常重要但難以做決定的事情。我們在考慮這些議題時，要仔細考量風險的問題。

嬰兒猝死症與風險考量

在美國，足月出生的嬰兒，第一年最普遍的死因是嬰兒猝死症（排除因為先天缺陷死亡的嬰兒）。嬰兒猝死症指的是，一歲以下的健康嬰兒出於無法解釋的原因死亡，其中90%的案例發生在出生後的四個月內。

我們對嬰兒猝死症的發生原因並不是非常了解，似乎是寶寶自然停止呼吸，而且沒有再次呼吸的結果，在狀況比較脆弱的嬰兒（例如早產）和男嬰身上比較常見。

父母最揮之不去的恐懼是，你在世上最珍愛的事物不在你的掌控之中。我所認識的父母，每個人多少都曾希望把孩子永遠留在家裡，不讓孩子離開自己的視線，永遠不放手。

然而，我們其實經常在冒險。我們讓孩子學騎腳踏車，雖然知道他們的膝蓋一定會擦破皮。我們讓孩子和其他孩子玩在一起，雖然知道他們偶爾會在學校被傳染感冒或腸胃炎。在這些情況中，要衡量利弊得失並不是那麼困難。一方面，腸胃炎很討厭，另一方面，和其他孩子一起玩是很快樂的事，而且對孩子的發展很重要。於是加以權衡，然後決定讓孩子們一起玩，但如果某個孩子生病了，就要暫時禁止他們一起玩。

然而在面對災難性結果（重病或死亡）時，風險的考量就會變得格外困難。

　　睡眠風險考量的第一步，是衡量睡眠的風險與我們每天默默承受的風險的相對嚴重性。我們會開車載孩子出門，但這其實並不是絕對安全的事。我們不太會去想可能會發生什麼危險，但危險確實存在。和每天默默承受的潛在風險相較，接下來要討論的某些風險雖然真實存在，但其實很小。

　　第二，我們必須意識到，睡眠對生活品質產生的實質影響。假如只有在母嬰共寢的情況下，你才能真正的睡一點覺，那麼你可能還是必須這麼做，以維護你的心理健康、開車能力和整體的生活能力，因為這些事對孩子也有好處。而這些重大選擇的重要性，可能高過一個非常小的風險，即使這個微小風險和某件可怕的事有關。對於別人提醒要你好好照顧自己的話，你或許把它當作耳邊風，但好好照顧自己也是你的責任之一。

　　要考慮養育兒女的相關決定可能附帶的風險，已經是很困難的事，若要你真的去冒險，恐怕會更困難。在有些情況中，風險很明確而且並非小到微乎其微，在這個時候，要做決定是很容易的事。在其他情況中，我們似乎可以清楚看出，真正的風險並不存在。但有些情況（尤其是母嬰共寢）涉及更多複雜的考量，所以需要加以正視。

　　我撰寫本書時，曾和朋友蘇菲聊過，她和最小的孩子曾經母嬰共寢好幾個月。蘇菲是一位受過嚴格訓練的醫生，她顯然很清楚母嬰共寢的風險。她對我說，這個決定不是隨便做出來的，她也不駁斥美國兒科學會的指導原則。但她的孩子只有在她的陪伴下才能入睡，於是她採取行動，把所有的潛在風險降到最低：她和她的伴侶不吸菸或喝酒，而且床上不放任何棉被和毯子。即使做了種種預防措施，她仍然承認，或許還是有很小的風險存在。

　　到最後，父母必須做出決定，而且最好在掌握充分的資訊之後再做決定。醫學界建議防止嬰兒猝死症的方法有四個。嬰兒應該 (1) 仰睡，(2) 獨自睡在嬰兒床裡，(3) 母嬰同室，(4) 四周不可以有任何柔軟的物品。

建議一：仰睡

　　1990 年代之前，嬰兒最普遍的睡姿是趴睡（包括美國和其他地區）。這很可能是因為許多嬰兒趴睡會睡得比較安穩，睡到一半醒來的次數會比較少。[1] 然而，早在 1970 年代就有一些線索指出，趴睡和較高機率的嬰兒猝死症有關聯。[2] 這些研究把不同睡姿的嬰兒加以比較，結果發現趴睡嬰兒發生問題的機率比較高。

　　那些早期的研究大多遭到忽視。一直到 1980 年代中期，大多數的小兒科醫師都建議讓嬰兒趴睡。我父母使用的《全方位育兒教養聖經》寫道，「我認為讓寶寶一開始就習慣趴睡會比較好。」[3]

　　情況在 1990 年代初期開始出現變化。有一系列研究顯示，趴睡和嬰兒猝死症發生率的大幅上升有更直接的關聯。

　　要透過研究資料了解這個問題是很大的挑戰。嬰兒猝死症的案例很少（值得慶幸），所以要執行比較標準的研究方法相當困難。即使是非常大規模的隨機化試驗或是觀察性研究，也不容易得到足夠的觀察案例，來得出統計上有意義的結論。[4] 因此，研究者通常採用案例對照研究。

　　《英國醫學期刊》（*British Medical Journal*）在 1990 年刊

登了一份研究，[5] 研究者鎖定英國亞芬地區（Avon），他們找出六十七個死於嬰兒猝死症的案例，接著針對每個案例找到兩名做為對照的嬰兒，也就是和案例年紀相仿，或是年紀和體重相仿的嬰兒，然後向案例組和對照組的父母進行意見調查。

這個研究最引人矚目的結果，和趴睡有關。幾乎所有死於嬰兒猝死症的嬰兒都是趴睡（六十七名嬰兒當中的六十二人，相當於 92%）。對照組中只有 56% 是趴睡。根據這些比較結果，研究者主張，趴睡嬰兒發生嬰兒猝死症的機率是仰睡嬰兒的八倍。這篇論文同時指出，過熱也是危險因子之一。死亡的嬰兒有較高比例穿著厚重衣物睡覺、身上覆蓋多層棉被，或是睡覺的房間室溫偏高。

採用類似方法的研究也呈現相同的結果。[6] 我們掌握的不只有這種類型的證據。趴睡和猝死的關聯也可以用生物學的機制解釋：趴睡的嬰兒往往睡得比較沉，而嬰兒猝死症的發生風險會因為睡得比較沉而提高。此外，我們也可以從荷蘭對於不同睡姿的研究，找到支持的證據。

在 1970 年代，荷蘭很流行讓嬰兒趴睡。到了 1988 年，主流的觀念改變了，轉而建議父母讓孩子仰睡。我們發現，嬰兒猝死症的發生率隨著睡姿的改變而起了變化。趴睡的觀念開始流行之後，嬰兒猝死症的發生率就提高了，當仰睡的觀念成為主流，嬰兒猝死症的發生率就降低了。[7] 這個現象本身無法證明嬰兒猝死症與睡姿之間有因果關係。但綜合其他的證據之後，就可以看出因果關係。

到了 1990 年代初期，趴睡的風險似乎已經廣為人知。《美國醫學會雜誌》（*Journal of the American Medical Association*）

刊登了一篇文獻回顧，這篇文章檢視所有的證據之後做出結論，儘管沒有隨機化試驗，所有的資料一致強烈建議父母應該避免讓孩子趴睡。[8]

　　美國從 1992 年開始推廣仰睡的觀念，而且成效顯著。一項 1992 年做的調查發現，約有 70% 的嬰兒是趴睡。[9] 到了 1996 年，這個比例掉到了 20%。伴隨睡姿的改變，嬰兒猝死症的發生率也降低了。這個現象進一步指出，睡姿和嬰兒猝死症是有關聯的。

　　仰睡倡導運動強調要讓嬰兒躺著睡覺，而且不側睡、也不趴睡。證據大都指向趴睡有高風險。側睡的疑慮主要在於嬰兒有可能不小心翻身，變成趴睡。因此，推廣仰睡的目的，其實是為了盡可能避免趴睡帶來的風險。

　　最後的注記：假如寶寶會自己翻身趴睡，你不需要把他翻過來。當寶寶有能力自己翻身時，通常已過了嬰兒猝死症的高風險期。可能是因為寶寶此時已經有足夠的力量轉頭，維持呼吸順暢。

副作用：頭型異常

　　仰睡有一個明顯的副作用，那就是頭型異常，或是俗稱的扁頭。仰睡的嬰兒有比較高的機率有平扁的後腦杓。隨著仰睡運動的推廣，這個情況也變得比較常見。[10]

　　若嬰兒仰睡時總是把頭偏向某一邊，會比較容易發生頭型異常的情況。有一些文獻指出，如果嬰兒出生時頭部因為某種程度的擠壓而變得比較扁，再加上仰睡時固定偏向某一邊，扁頭的情況就會更嚴重。[11] 頭型異常在雙胞胎和早產兒身上也比較常見。這不會對腦部成長或功能造成任何影響，純粹是美觀的問題。在寶寶清醒時讓他趴著玩一下（tummy time），不要整天躺著，有

助於避免頭型變得更扁。

扁頭可以稍加修正。標準的矯正方法是戴頭盔，不分日夜整天戴著。但這麼做到底有沒有效果，引發了一些爭論。如果你遇到這個問題，可以和你的小兒科醫生討論解決方法。[12]

建議二：獨自睡在嬰兒床裡

美國兒科學會的第二個建議是，讓寶寶獨自睡在嬰兒床裡。換句話說，不要讓寶寶和大人一起睡。

家長對這個建議的反應相當兩極。

有些人強力支持母嬰共寢。這群人提出的主張是，自古以來，嬰兒都是和父母同睡。這是真的：穴居時代並沒有嬰兒床，即使到了現在，仍有許多文化的常態是大人和小孩一起睡，持續好幾年。不過，這個主張在安全方面是站不住腳的。維護嬰兒安全的做法已經隨著時代改變了很多。

不支持母嬰共寢的人主張，有些嬰兒因為被睡著的父母壓住而窒息死亡。這也是事實。然而，可能性存在不代表風險很高，風險的大小取決於你怎麼和寶寶一起睡。

因此真正的問題在於，母嬰共寢是否明顯提高了嬰兒猝死症的發生率。如果有，提高的程度是多少？我找到的證據同樣來自案例對照研究，這些研究採用的方法和前述探討嬰兒睡姿的研究相似。在這個研究中，研究者先蒐集猝死嬰兒的資料，聚焦於嬰兒平常的睡覺地點、死亡時睡在哪裡、是媽媽哺乳還是用奶瓶喝奶，以及父母的特點，包括他們是否有飲酒和吸菸習慣。接下

來，再去尋找對照組：年紀和其他特點相仿的嬰兒。然後詢問這些嬰兒的父母同樣的問題，最後比較兩組父母的答案。

許多研究規模很小，所以需要透過統合分析（meta-analyses），來整合多個類似研究的數據。2013 年在《英國醫學期刊》發表的一篇文章是個很好的例子。[13] 這篇文章綜合來自蘇格蘭、紐西蘭、德國和其他國家（但不包含美國）的研究數據。這個分析最有參考價值的部分是，作者試圖評估不同行為群體的超額風險值（excess risk），聚焦於父母是否吸菸或飲酒（一天喝超過兩杯酒），以及寶寶是不是讓媽媽哺乳。

下圖呈現的是這個研究的結果，顯示共寢和不共寢的嬰兒的死亡率差異。絕對風險的基準是一個體重正常、足月出生的嬰兒。各個長條顯示不同風險因子的組合。

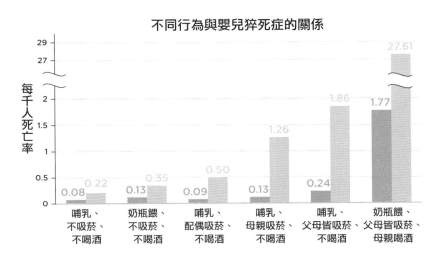

不同行為與嬰兒猝死症的關係

　　這個圖表清楚呈現了一件事：在其他風險因子存在的情況下（尤其是父母有吸菸和喝酒的習慣），嬰兒猝死症的整體發生率和母嬰共寢的死亡風險會大幅提高。在最極端的例子中，用奶瓶餵、父母皆吸菸、母親每天喝酒超過兩杯的寶寶，死亡率是千分之二十七，比對照組的不共寢寶寶整整高出十六倍。

　　有許多文獻同樣提到，父母吸菸會提高母嬰共寢的嬰兒死亡率。[14] 使嬰兒猝死症與吸菸發生關聯的機制是什麼，我們還不是非常清楚，似乎和二手菸含有的化學物質有關，這些化學物質似乎會干擾嬰兒的呼吸功能。當寶寶與吸菸者比較親近時（即使父母不是經常吸菸），問題會變得更加明顯。[15]

　　這個圖表也回答了許多家庭最關切的問題：假如你採取了所有的安全措施（也就是父母吸菸喝酒的情況不嚴重，寶寶是媽媽哺乳），母嬰共寢仍有風險嗎？

　　資料顯示，風險依然存在。不共寢寶寶發生嬰兒猝死症的最低機率為千分之 0.08。共寢寶寶的機率為千分之 0.22。儘管如此，我們仍然要從更廣的脈絡下，理解這些風險代表的意義。在美國，整體嬰兒死亡率約為千分之 5。相形之下，共寢對死亡率的影響其實很小。用更有感覺的方式來說，在沒有其他危險因子的家庭中，大約要 7,100 個家庭不採取母嬰共寢，才能防止一個嬰兒死亡案例。

　　即使做足了預防措施，母嬰共寢仍帶有微小的風險，許多研究都呼應這樣的結果。雖然每份報告提出的風險值不盡相同，但都在相近的範圍內。[16] 這樣的風險在嬰兒出生後的兩個月最為顯著。三個月之後，如果父母都不吸菸也不喝酒，死亡風險就沒有太大變化。

　　綜合所有的風險分析之後，我們得到的結論是：假如你打算和寶寶一起睡，你和你的配偶一定不能喝太多酒，也不要吸菸。節制這些行為可以讓你在最安全的情況下和寶寶一起睡，雖然並不是完全沒有風險。不過，母嬰共寢其實有一些好處。

　　最主要的好處，也是最多媽媽提到的好處，是母嬰共寢非常省事。寶寶睡著後再移動他，很容易會把他弄醒。至少有一些寶寶是如此，你可以評估看看自己的情況。寶寶被吵醒的次數減少，意味著爸媽可以多睡一點。

　　對我的朋友蘇菲以及許多其他醫生朋友而言，他們採取母嬰共寢的目的，主要是為了能多睡一點。蘇菲和她的先生都在工作，他們家總共有三個孩子，要她在半夜不斷起床照顧睡嬰兒床裡的寶寶，其實不太可行。此外，她兒子和她一起睡時，會睡得比較安穩。對蘇菲而言，如果不共寢，她就別想睡覺。因此，蘇菲和先生最後決定讓寶寶和他們一起睡，這是最適合他們全家人的決定。

　　第二個可能的好處是，從資料看出，母嬰共寢或許可以讓哺乳更順利。兩者的相關性無庸置疑：母嬰共寢的媽媽有比較高的長期哺乳機率。[17] 但這個相關性不一定代表因果關係。我們從資料得知，在孩子出生前就有強烈哺乳意願的媽媽，採取母嬰共寢的機率比較高。[18] 這有可能是哺乳的意願促使她們想要共寢，而不是共寢使她們想要哺乳。有一個隨機化試驗研究哺乳和母嬰共寢的關係，但研究對象是使用和媽媽的床連接在一起的嬰兒床，而不是獨立的嬰兒床，結果發現，共寢和哺乳之間沒有關聯。[19]

　　這並不表示共寢對你的家庭沒有好處，只代表共寢無法提升順利哺乳的機率。

建議三：「母嬰同室」

各種與睡眠有關的建議大多禁止母嬰共寢，但鼓勵母嬰同室。美國兒科學會建議父母讓寶寶睡在他們的房間裡，為期至少六個月，最好是一年，以防止嬰兒猝死症發生。理由很簡單：父母如果和寶寶睡在同一個房間裡，就更能注意到寶寶的狀況。

與共寢的研究證據相較，關於母嬰同室和嬰兒猝死症的證據相對少很多。這些研究採取同樣的基本結構，但規模較小，數量也比較少。此外，也比較少人關注可能影響兩者關係的其他因素。例如，在寶寶的房間裡安裝監視器，這樣的安全性夠嗎？本書無法提供這方面的證據。

儘管如此，我們可以審視能取得的研究。

舉一個具體例子，《英國醫學期刊》在 1999 年發表了一篇論文，研究者以 320 個嬰兒死亡案例和 1,300 名對照嬰兒為樣本，最後提出的主張是，嬰兒獨自睡在自己的房間與較高的死亡率有關。[20] 然而，研究結果卻缺乏一致性。例如，研究者是否針對死亡嬰兒平常的睡覺地點或是最後的睡覺地點加以分析，是很重要的事。當他們分析嬰兒平常的睡覺地點時，發現沒有死亡風險，但是當他們分析嬰兒最後的睡覺地點時，卻發現死亡風險提高了。我們不清楚為何會有這個情況，而且會很想知道，嬰兒在死亡的前一晚是否發生了某些不尋常的事。

美國兒科學會根據這個研究和另外三個研究，做出了母嬰同室的建議。[21] 另外那三個研究也顯示，當寶寶獨自睡在自己的房間時，嬰兒猝死症的發生率會稍微提高，但數值不是很有說服力。因為當研究者為了排除某個變因調整數據時，這些數值會發

生很大的變化。更重要的是，這些研究大多不是為了研究母嬰同室而設計的。雖然這些研究的規模太小，無法分析緩解因素，在嬰兒採取趴睡姿勢的情況下，母嬰同室的效益似乎會提升，[22] 父母是否偶爾採取母嬰共寢，也會影響結果。[23]

雖然我認為母嬰同室的好處是可以討論的，但根據資料，我認為美國兒科學會建議在寶寶一歲以前最好採取母嬰同室，這個說法是有問題的。

我為什麼這麼說？

嬰兒猝死症絕大多數（高達 90%）的案例，發生在不到四個月大的嬰兒身上。因此，四個月以後的睡眠方式與嬰兒猝死症其實沒有太大關係。研究資料顯示，以（父母沒有吸菸習慣的）三、四個月大的寶寶來說，母嬰同室（甚至是母嬰共寢）不會影響嬰兒猝死症的發生率。[24]

這表示拉長母嬰同室的時間並不會帶來任何效益，然而卻會增加成本：孩子的睡眠品質。2017 年，有一個研究評估母嬰同室是否讓孩子的睡眠品質變差，結果發現確實如此。以四個月大的嬰兒來說，不論是睡在父母的房間，還是睡在自己的房間，總睡眠時數是相同的，但是當孩子睡在自己房間裡，他們的睡眠時間比較集中（也就是被吵醒的次數比較少）。這其實很有道理，因為他們的房間比較安靜。

九個月大的寶寶如果獨自睡在自己的房間，可以睡比較久；這個效果在四個月大之後就自己睡的寶寶，或是四到九個月大之間改成在自己房間睡的寶寶身上，最為顯著。最特別的是，這種差異在孩子兩歲半時仍然存在：比起九個月大時仍睡在父母房間的寶寶，九個月大之後就自己睡的寶寶，晚上的睡眠時間多了四

十五分鐘。睡眠對孩子的腦部發展至關重要，所以讓孩子自己睡，是對孩子有益的決定，而不是父母的自私行為。當然，因果關係有可能是恰好相反，也就是父母因為孩子的睡眠狀況改善了，才讓孩子睡在自己的房間裡。不論如何，自己睡導致睡眠品質變好仍然可能是成立的。

假如你打算訓練孩子自行入睡，那麼讓孩子睡在你的房間，可能會使這個計畫破功。此外，房間裡沒有小孩時，大多數的大人會睡得比較好，而父母得到充分的休息也是很重要的事。

綜合而論，我認為美國兒科學會建議母嬰同室到孩子一歲大的說法，有點太過頭。如果你想要和孩子睡在同一個房間，當然很好。研究資料或許（我是說或許）稍微傾向於支持，在早期階段母嬰同室。然而告訴所有家長他們必須和孩子睡在同一個房間直到孩子一歲大，其實是犧牲了彼此的短期和長期睡眠品質，而且沒有得到明顯的好處。因此我認為這或許不是個好的建議。

沙發

關於睡眠地點的研究，所有研究一致指出一個巨大的風險，那就是寶寶和大人一起睡在沙發上。這種行為造成的死亡率，比基準線高出二十至六十倍。理由並不難理解：累壞了的大人抱著嬰兒在擺滿抱枕的沙發上睡著了，而沙發的抱枕有可能造成嬰兒窒息。在這些不幸事件當中，最令人遺憾的部分是，有些父母是因為想要避免共寢導致的風險，而把寶寶抱到沙發上。他們以為如果自己把身體坐直，就會保持清醒，沒想到卻不小心睡著了。因此，即使共寢會有些微的風險，也遠比抱著小孩在沙發上一起睡著好多了。

建議四：「不放柔軟物品」

美國兒科學會的最後一項睡眠建議是，嬰兒床裡應該要保持淨空，除了寶寶之外什麼也不放，不放玩具、防撞床圍、毯子或是枕頭。

一乾二淨。

這可能是家長最容易遵守的建議。除了看起來可愛之外，我們其實沒有理由在嬰兒床裡放玩具或枕頭（防撞床圍是另一回事）。假如你曾經帶寶寶出門，你就更能體會這麼做的優點。當你帶寶寶回外公外婆家時，你不希望必須連同小羊、小熊和恐龍一起帶走。如果能減少孩子睡覺的必備物品，行李會輕便許多。

就風險而言，嬰兒床裡不放東西的建議有兩個重點。第一，嬰兒身上不應該蓋被子或毯子。這個結論源自一些我們稍早提過的研究。比起對照組，有比較多死於嬰兒猝死症的寶寶被發現他們頭上蓋著毯子。嬰兒用品業已經想出了對策，叫作「防踢睡袋」，就是一個可以把寶寶包在裡面的拉鍊睡袋。由於家長實在沒理由再為寶寶加蓋其他毯子，這個建議似乎很合理。

第二個重點是禁止使用防撞床圍。事實上，有些城市（例如芝加哥）禁止防撞床圍的銷售。理由就是防撞床圍可能會導致嬰兒窒息。

這個建議稍微複雜一點，因為事實上，防撞床圍有它的存在目的：防止孩子的手腳伸出嬰兒床，被欄杆卡住。這不會有致命的危險，但會讓寶寶受傷。

從風險影響的規模角度來思考，或許有一點幫助。2016 年，有一篇刊登在《小兒科醫學期刊》（*Journal of Pediatrics*）的文

章統計了 1985 年到 2012 年之間，發生在美國的防撞床圍致死的
案件數，[25] 結果總共找到了四十八個案例。我們從實際情況來理
解這個數據。在這段期間，美國約有一億零八百萬名嬰兒出生，
約有六十五萬名嬰兒死亡。若排除防撞床圍的影響，可以使死
亡率下降 0.007%，相當於一萬三千五百分之一。相反的，據估
計，仰睡運動使嬰兒死亡率下降了 8%，相當於十三分之一。換
句話說，排除防撞床圍這個因素的效果非常非常小。

　　這代表你應該使用防撞床圍嗎？倒也未必。孩子長大一點之
後，可能會利用防撞床圍爬出嬰兒床，跌落到地上，所以防撞床
圍仍然會造成危險。只不過整體而言，使用防撞床圍的風險是非
常小的。

做出選擇

　　掌握所有資料之後，我們現在再回到本章一開始所說的：考
量風險，包括害怕去思考的壞事的發生機率。我們必須思考這些
風險，而且要從實際波及的人數來思考，以及什麼是最適合全家
人的選項。

　　回顧上述的討論，可以得到幾個清楚的重點。第一，讓寶寶
仰睡，以及不在嬰兒床裡放置毯子、枕頭和其他柔軟的物品是很
好的做法，避免在沙發上睡覺也很重要。這些建議有非常具說服
力的證據，而且最容易執行。

　　另一個很清楚的重點是，吸菸會提高嬰兒猝死症的發生率，
尤其當你選擇和寶寶睡在同一張床上。

　　最後，根據資料得到的結論是，就嬰兒猝死症來說，睡眠地點的選擇（在你的床上、在你的房間裡）在寶寶出生後的頭四個月非常重要。

　　我們的選項有：頭幾個月母嬰共寢、母嬰同室但不共寢，或是兩者皆不選。由於資料指出，共寢會有一些風險，讓孩子睡在自己的房間裡也有風險，所以可以得到一個結論：最安全的做法是，在寶寶出生後的頭幾個月，讓他睡在嬰兒床裡，而且和你睡在同一個房間裡。

　　但這個建議在你家或許行不通。想像一下，假設你想和寶寶睡在同一張床上，或許是因為你認為這樣哺乳比較方便，或是你單純就是想讓寶寶隨時在你身邊。

　　在這種情況下，你會很想把提出風險的證據當作沒看到。你很容易就找到有人根據某一個研究說，共寢沒有造成顯著的影響，因此證明這麼做沒有風險。這是不理性的思考方式。假如你想採取正確的做法，就要正視風險這件事，思考如何盡可能降低風險，然後思考是否願意冒這樣的（最低）風險。

　　如果你打算共寢，那就必須要求自己不吸菸、不喝酒，而且床上不放一大堆被子和枕頭。然後思考一下寶寶的狀況：假如寶寶是早產或出生體重很輕，嬰兒猝死症的發生率會比較高，共寢的危險性也會比較高。

　　最後，你要想一下實際的數字。

　　假如你看一下本章提供的圖表，想像你有一個足月出生的寶寶，你親自給寶寶哺乳，而且不吸菸也不喝酒（你的配偶也是）。證據顯示，共寢會讓死亡風險提高千分之 0.14。嬰兒在一歲前的車禍死亡率大約是千分之 0.2。相較之下，共寢的風險確

實存在，但比一些你經常默默承受的風險來得低。

　　以我為例，母嬰共寢和母嬰同室都不吸引我。潘妮洛碧出生後就睡在她自己的房間裡，芬恩則是在出生幾週之後開始自己睡。我們盡一切努力讓風險降到最低：嬰兒床裡不放任何東西，安裝寶寶監視器。我們夫妻倆很清楚，我們沒辦法和寶寶睡在同一個房間，也願意接受事實：這樣的選擇可能會稍微提高寶寶承擔的風險。

　　你的選擇不必和我一樣，但你必須意識到，這是可以選擇的。假如你真的很想母嬰共寢，或是不希望母嬰同室，只要你衡量過這個決定對你們全家人的益處和風險，即使有風險存在，你依然可以決定這麼做。

重點回顧

- 有可靠的證據顯示，仰睡可以降低嬰兒猝死症發生率。
- 有某些證據顯示，母嬰共寢會有致死風險。
  - 如果你或你的配偶有吸菸或喝酒的習慣，風險會大幅提高。
- 有一些不是非常可靠的證據顯示，母嬰共寢可以帶來好處。
  - 寶寶出生幾個月後，母嬰同室的好處就不存在了。
  - 寶寶出生幾個月後，讓寶寶自己睡，睡眠品質會比較好。

- 嬰兒床裡：
  - 建議使用防踢睡袋！
  - 防撞床圍：風險非常小，雖然好處也不大。
- 和嬰兒一起在沙發上睡覺是極度危險的做法。

07

安排寶寶的作息表

　　當你剛懷孕時，尤其是懷第一胎的時候，大家會給你各式各樣的建議。我還清楚記得，有一位經濟學教授熱心的向我解釋，孩子出生回到家之後，立刻讓他按照時間表作息是非常重要的。你要決定他什麼時候該吃、什麼時候該睡，然後按表操課。寶寶很喜歡這樣！（他說的。）

　　我那位同事並不是唯一有這種想法的人。有一大堆書和理念（《從零歲開始》〔On Becoming Babywise〕或許是最廣為人知的著作）教你，要立刻讓寶寶按時間表作息。他們的想法是，寶寶剛出生時，你很難預測他什麼時候會睡覺。當你試著讓他按照時間表吃睡，他會慢慢適應並接受這樣的生活結構。對於不知道該怎麼了解寶寶的新手爸媽來說，這個想法可能很有吸引力。再加上這些人都說，有了這個時間表，爸媽就比較能夠預估自己什麼時候可以睡覺，這個承諾總是會讓新手爸媽心動不已。

　　我和傑西並沒有聽從那位同事的建議。我們完全沒有按照時間表帶潘妮洛碧。我剛懷芬恩時，傑西傳了 Messenger 的對話截圖給我，那是我們在潘妮洛碧四週大時的對話。

艾蜜莉・奧斯特（23:41:00〔UTC〕）：你想不想做點什麼事？

艾蜜莉・奧斯特（23:41:02〔UTC〕）：我也不知道要做什麼。

艾蜜莉・奧斯特（23:41:06〔UTC〕）：還有，或許我們改天一
　　起吃個晚飯？

艾蜜莉・奧斯特（23:42:08〔UTC〕）：你在嗎？

請注意，這些訊息是在半夜發的。不只是潘妮洛碧沒有按照時間表作息，我們這兩個大人似乎也是。

當然，潘妮洛碧到後來還是有按照時間表作息。她的作息表和其他孩子大同小異：晚上睡覺，白天小睡一開始是三次，大一點時變成兩次，接下來是一次，到最後白天完全不需要小睡。但時間表每次發生變動時，執行起來都很辛苦，就連找出變動的時機都很困難。你要怎麼知道孩子何時準備好要減少一次小睡？在我們決定讓潘妮洛碧減少一次小睡的那段時間，有一天，我們的保母在午餐時間到隔壁房間待了三分鐘，她回來時，發現潘妮洛碧睡著了，臉就壓在她的午餐上。

建立作息表不只是關乎大人的便利或是日程規劃，睡眠其實是非常重要的事！睡眠對孩子的發育很重要，對父母也同樣重要。孩子如果有睡飽，心情會比較好。以一歲的孩子來說，白天睡太多晚上就會睡不著，這會連帶使父母無法睡覺。如果孩子白天睡太少，到了晚上有可能因為太累而睡不著，這同樣會讓父母沒辦法睡。

睡眠時間多少才算夠，以及要在什麼時間睡？這似乎是個簡單的問題，但不同人給的答案可能有很大出入。以兩本教科書等級的嬰幼兒睡眠寶典為例：法伯（Ferber）的《如何順利解決

孩子的睡眠問題》（*Solve Your Child's Sleep Problems*）和魏斯布魯斯（Weissbluth）的《寶寶睡好，媽媽好睡》（*Healthy Sleep Habits, Happy Child*）。這兩本書都針對孩子該有的睡眠時間提出見解。

問題是，兩本書說法不同。

例如，法伯說，六個月大的寶寶一天總睡眠時間應該是十三小時：晚上睡 9.25 小時，白天小睡兩次，各睡一到二小時。魏斯布魯斯則建議，六個月大的寶寶一天總睡眠時間應該為十四小時，但夜間的睡眠時間比較長一點：晚上睡十二小時，白天小睡兩次，各睡一小時。兩人建議的夜間睡眠時間差了三小時。

魏斯布魯斯進一步表示，如果孩子睡眠時數不夠多，例如，晚上只睡九小時，會是嚴重的問題。他說：「睡眠時數較少的孩子往往更黏人、愛搗蛋、愛哭鬧，且有點過動。我稍後會解釋，這些累壞了、愛哭鬧的搗蛋鬼，長大以後為何比較容易變成胖小孩。」[1]聽了這話之後不要覺得有壓力喔！

然而，夜間睡眠九小時是法伯建議的理想睡眠時間，所以九小時到底是最佳時數，還是邁向肥胖之路？

此外，改變白天小睡次數的年紀也有很大的差異，而且相當模糊。兩本書提到，大約六週大的嬰兒會開始在夜間睡得比較久；三、四個月大時，白天的小睡開始整併；大約九個月大時，第三次的小睡消失；一歲到二十一個月大之間，第二次小睡消失；三到四歲時，白天就不再需要小睡了。後面兩次轉變的發生時間範圍很大。一歲到二十一個月大是很長一段時間！

粗略的說，這些說法是根據全國人口的平均值產生的。我們可以透過多個睡眠時間長度研究的統合分析，看出端倪。[2]下頁

兩個圖表顯示，最長睡眠時間長度的期望值（幾乎總是在夜晚）和小睡的次數，與年紀的相對關係。

　　你可以看出一般的模式。大約兩個月大時，平均最長睡眠時間長度突然出現大躍進 —— 這是夜間睡眠時間的整併，接下來就隨著年紀慢慢增加。

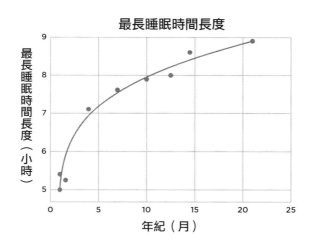

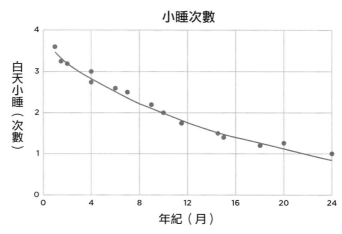

　　小睡次數的圖表包含了更多資訊。九到十個月大時，平均小睡次數是兩次；在十八到二十三個月大時，就變成了一次。

　　這篇文章也概述了總睡眠時數；新生兒一天平均睡十六小時，到了一歲時，減少為十三或十四小時。

　　這些數據讓你有個概念，知道一般小孩的狀況。當然，你孩子的情況可能不會和平均值完全相同，這兩個圖表也沒有概述不同孩子的差異。

　　過去幾年來，數據蒐集領域最大的創新是，透過手機應用程式蒐集資料。智慧型手機替許多父母把育兒資料上傳雲端，睡眠資料也不例外。因此，研究者紛紛開始對這些珍貴的數據進行探勘。擁有大量資料的好處是，你可以看出不同族群的差異。

　　2016 年，有五位作者共同在《睡眠研究期刊》（*Journal of Sleep Research*）發表了一篇論文，他們使用的資料來自嬌生公司贊助的應用程式，這個應用程式可以讓父母記錄寶寶的睡眠模式。[3] 研究者把焦點放在紀錄資料比較可靠的人，並且抽出 841 個孩子的 156,989 次睡眠紀錄（這代表使用這個應用程式的每位家長，平均記錄了近兩百次的睡眠資料。他們對於記錄資料相當投入）。數據細緻度（granularity of the data）使研究者得以做出有趣的分析，最重要的是，讓我們看見孩子睡眠情況的差異性。

　　差異性其實很大。

　　例如，關於夜間睡眠時間長度的問題。我們從資料看出，六個月大的嬰兒平均夜間睡眠時間為十小時。很好 —— 這和我們在前面的研究中看到的數據差不多。第二十五百分位數的寶寶（睡眠時間比較少的寶寶）的夜間睡眠時間是多少？九小時。第七十五百分位數呢？十一小時。

　　六個月大寶寶的睡眠時數的總體範圍呢？最少時數為六小時，最多時數為十五小時。

　　這些數據使情況變得比較明朗：至少可以解釋那兩本書提出的數字為何不夠清楚，因為答案不只一個。

　　白天小睡次數的數據也呈現類似的差異性。寶寶從出生到兩歲，最長小睡時間長度平均值從一小時提高到大約兩小時，但個別差異很大：有些孩子白天完全不需要小睡，有些孩子一次可以睡三小時。

　　同樣的，從兩次小睡變成一次小睡的年紀也有很大差異。大約十一個月大時，大多數孩子會小睡兩次，十九至二十個月大時，大多數孩子會小睡一次。不過，過度期間相當長，孩子轉變成小睡一次的時間範圍相當大。

　　總結來說，作息表的許多方面會因人而異，所以你為寶寶規劃的時間表可能會和平均值不同。但並不是所有的部分都有差異。有一件事呈現的差異相當小，那就是起床時間。即使在五、六個月大時，絕大多數的孩子在上午六點到八點之間起床。兩歲時，範圍變得更小：早上六點半到七點半。

　　把夜間睡眠總時數的巨大差異，和起床時間的微小差異放在一起看，你可以自然的做出結論：孩子上床睡覺的時間會有很大的差異。事實的確如此。假如你認為孩子需要比較長的睡眠時間，你可能需要讓他早點上床睡覺，因為你很難讓他晚一點起床。若想試著讓孩子晚睡晚起，大概不會成功。

　　生第二胎時，有些事情會變得比較辛苦，主要是因為你還有第一個孩子要照顧。但有些事會變得比較輕鬆（至少根據我的經驗），作息表是其中之一。在生小孩之前，你按照大人的時間表

作息：為了上班而起床、晚餐吃得很晚，或許還熬夜看電視；週末用來補眠，有時早一點上床，有時晚一點上床。

　　有了孩子之後，你就按照他們的時間表作息。早上六點半到七點半之間起床，然後吃早餐、小睡、午餐、小睡、晚餐、晚上七點半上床睡覺（理想狀況）。生了第二胎之後，兩個孩子不會立刻按照這個時間表作息，但你知道他們遲早會回歸這個時間表。傑西傳那個 Messenger 對話是在提醒我，我們可能會遇到的狀況，但這個預期並沒有發生。芬恩會在半夜醒來，但我就睡在他旁邊（或者說，他睡在我旁邊的連接式嬰兒床裡），從芬恩回家的第一天就如此。我們按照潘妮洛碧的時間表作息，芬恩很快就適應了，適應速度比潘妮洛碧更快。

　　生第二胎另一件比較輕鬆的事情是，你知道頭一年的混亂作息遲早會結束。寶寶最後一定會按照一個比較能夠預測的時間表作息。或許不是馬上、或許不會和你預想的一樣，但他遲早會有一個固定的作息表。這可能是最令人安心的一件事。

重點回顧

- 睡眠時間表有一些大原則。
  - 寶寶兩個月大時，夜間睡眠時間會開始拉長。
  - 約四個月大時，開始在白天固定小睡三次。
  - 約九個月大時，開始在白天固定小睡兩次。
  - 約十五到十八個月大時，開始在白天固定小睡一次。

- 三歲左右白天就不用小睡了。
- 每個孩子的狀況可能有很大差異，情況大多不在你的掌控之內。
- 最一致的時間是起床時間，大約是在早上六點到八點之間。
- 早點上床＝較長的睡眠時間。

08

疫苗：要接種

　　1950 年代，美國每年大約有三、四百萬人感染麻疹，約有五百人死於麻疹（大多為孩童）。2016 年，美國約有八十六人感染麻疹，但沒有任何一個孩子死於麻疹。[1]

　　人數銳減的原因很簡單：麻疹疫苗的問世。

　　過去一百年來，疫苗是公共健康領域的一個最大勝利（公共衛生是另一個成就，但爭議比較小）。簡而言之，全世界有數百萬條性命因為疫苗的問世而保住，包括百日咳、麻疹、天花和小兒麻痺症疫苗。水痘疫苗也使無數人免於受到各種不適症狀和發癢之苦，甚至是死亡。B 型肝炎疫苗則減少了肝癌的病例。比較新的疫苗也很重要：人類乳突病毒疫苗可能使子宮頸癌罹病率大幅下降。

　　儘管如此，疫苗仍是媽媽戰爭中的攻防焦點之一。有些家長不想讓孩子接種疫苗，擔心孩子會因此受到傷害、引發自閉症，或是產生其他問題。有些家長希望推遲接種時間，因為他們覺得，把接種疫苗的間隔拉長可以降低風險。

　　這些隨著時間逐漸擴散的關切，導致了疾病的爆發。例如在

2017 年 5 月，明尼蘇達州出現了至少五十例的麻疹感染案例。案例集中在一個索馬利亞移民社群。有一群反疫苗運動支持者曾經造訪此地，告訴當地居民麻疹疫苗和自閉症有關聯。許多家庭不打算接種疫苗，或是想要等孩子大一點時再接種，結果感染就爆發了。

反疫苗浪潮有一個令人意外的現象，那就是在教育程度較高的社群裡，反疫苗意識比較強烈。在大多數的健康議題上（心臟病、肥胖症、糖尿病），教育程度較高的人通常比較健康。但在接種疫苗方面，相關性恰好相反。平均來說，在教育程度較高的社群中，疫苗接種率反而比較低。[2] 這表示民眾不接種疫苗並不是因為缺乏資訊。

科學界對疫苗的看法有非常明確的共識：安全而且有效。這個結論有非常廣大的支持者，包括醫師和醫療組織，以及政府和非政府組織。儘管如此，仍有家長決定不讓孩子接種疫苗，其中有許多人受過高等教育，而且思考過這個問題。因此，我們有必要審視一下相關證據。

背景

不信任疫苗的人一直都存在。我的布朗大學同事辛英（Prerna Singh）在中國和印度剛開始有天花疫苗時，在當地研究反疫苗浪潮。當時，民眾的擔憂聚焦於疫苗可能造成的傷害，此外，他們也覺得疫苗可能無法預防疾病發生。

當時眾人對疫苗最大的疑慮，是擔心疫苗可能和自閉症有關

聯。但在更早一點，自 1970 年代以來，有另一波對疫苗危險性的疑慮。那段期間，有一連串的案例報告指出，百日咳疫苗（通常以 DTaP 疫苗〔白喉、破傷風、百日咳疫苗〕的方式接種）可能和嬰兒的腦部損傷有關聯。後來證實，這個說法沒有科學證據支持。但這樣的傳聞引發一大群人向疫苗製造廠商提告。

訴訟的威脅使藥廠幾乎全面停止生產疫苗。疫苗的價格飆漲，而且嚴重缺貨。疫苗缺貨會造成公共健康的巨大風險。因此，美國國會在 1986 年通過了「全國兒童疫苗傷害法案」（National Childhood Vaccine Injury Act），保護藥廠不會因為生產法定疫苗而遭受訴訟的威脅。聲稱因為接種疫苗遭到傷害的民眾，可以向聯邦政府尋求賠償，但他們不可以向疫苗藥廠求償。

這個（合情合理）的政策產生了一個令人遺憾的副作用：它似乎暗示接種疫苗真的會造成傷害，而且有巨大風險（更改法案的名稱或許能讓情況好轉一些）。事實上，這個法案的通過，是因為民眾基於有瑕疵的研究向藥廠提出訴訟，而不是因為接種疫苗可能有風險。這個法案至今仍然有效，而且陰錯陽差的讓宣稱疫苗有風險的人找到了支持的說詞。

最近一次反疫苗浪潮由一位曾經是醫生的安德魯‧威克菲爾德（Andrew Wakefield）引起（說他「曾經是」醫生，是因為他後來被吊銷醫師執照）。[3] 在 1998 年，威克菲爾德在權威醫學期刊《刺胳針》（Lancet）發表了一篇論文，指稱自閉症的發生和接種疫苗有關聯。[4] 這篇論文是十二個個案研究的概述。威克菲爾德以十二名自閉症兒童為研究對象，論文宣稱，在這十二名個案當中，至少有八名兒童（可能更多）在接種麻疹、腮腺炎和德國麻疹混合疫苗（measles, mumps and rubella, MMR）不久之

後，就出現自閉症的症狀。

威克菲爾德提出一個和消化道健康有關的假設機制，將自閉症與疫苗連結。

第一點：這篇論文的結論是錯誤的。在這篇論文之前和之後發表的其他證據，更值得採信，而且駁斥了這個連結。我稍後會檢視其中的一些證據。威克菲爾德含糊不清的個案研究只以十二名孩童為對象，使其提出的證據不太有說服力，它的結論站不住腳也不令人意外。

眾人後來發現，威克菲爾德的論文根本是一篇偽論文。他採用的樣本並不是他說的那些孩子。他刻意挑選支持他結論的孩子。此外，許多資料是偽造，有些細節遭到竄改，使自閉症的症狀發生時間更接近接種疫苗的時間。事實上，症狀發生的時間是接種疫苗之後六個月以上，但那篇論文卻說是接種疫苗後一、兩週之內。

威克菲爾德為何要做這種事？原來他打算向疫苗製造廠商提告，並且要把這篇論文當作證據的一部分。他的出發點是人類最原始的動機：金錢。

《刺胳針》在 2010 年撤銷這篇論文，威克菲爾德也被吊銷醫生執照。但傷害已經造成，而且威克菲爾德從來沒有承認那篇論文是偽造的，也不曾道歉。他現在依然在全世界用那些不值得採信的理論招搖撞騙。那個爆發麻疹的索馬利亞移民社群？威克菲爾德曾在幾年前拜訪過他們兩次。

這個事件最壞的潛在影響是，大家再度懷疑疫苗的安全性。有些人不相信疫苗和自閉症有關，但是他們覺得疫苗有可能會造成其他傷害。例如，反疫苗運動網站提出了疫苗可能含鋁的疑

慮，同時煽動民眾一種普遍的感覺，覺得激發免疫系統可能導致腦部損傷。

　　反疫苗運動網站提出的說法似乎有所根據，他們舉出論文和研究來支持自己的立場。另一方面，一些組織像是疾病管制中心（Centers for Disease Control）和美國兒科學會再三向民眾保證，接種疫苗其實非常安全。不過，他們的做法有個缺點，就是很少正面質疑反疫苗運動網站提出的文獻，也沒有花太多力氣解釋，反疫苗運動網站舉出的論文是有問題的。結果情勢就演變成，反疫苗陣營的態度認真，還舉出證據，而支持疫苗的陣營只是一味的要民眾相信他們的說法。

　　但實情並非如此。美國兒科學會其實曾經對接種疫苗的所有可能風險，進行過嚴謹且完整的評估，然後才做出那些建議。

疫苗的安全性

　　美國醫學研究所（Institute of Medicine, IOM）出版了一本九百頁的巨著《疫苗的副作用：證據與因果關係》（*Adverse Effects of Vaccines: Evidence and Causality*）[5]（我知道你在想什麼：這本書太適合海邊度假時閱讀了！）。

　　這本書是一大群學者和醫師多年的心血結晶。他們被賦予一個艱巨的任務：針對普遍性疫苗與一長串可能的「不利事件」的關聯，評估其支持證據是否成立。

　　這群研究者透過一萬兩千多篇論文，針對 158 項疫苗和不利事件的關聯，評估相關證據。這代表什麼意思？這代表他們要針

對每一種疫苗與每一項人們宣稱的風險，尋找兩者之間相關聯的證據。他們把這種風險稱作「不利事件」。例如，他們會尋找是否有證據證明，麻疹、腮腺炎和德國麻疹混合疫苗，和癲癇發作有關聯。[6]

他們尋找的是哪一種證據？

首先是不利事件報告：疾病管制中心彙整民眾（家長、醫生等等）歸因為疫苗導致的所有不利事件報告。你可以上網搜尋看看：如果你搜尋麻疹、腮腺炎和德國麻疹混合疫苗與自閉症的關聯，會找到一大堆家長的報告，他們聲稱孩子在接種疫苗後不久，就開始出現自閉症的症狀。你根據直覺可能會覺得，這些報告至少足以證明，接種疫苗和自閉症的症狀有某些關聯。但事實上，這類證據充其量也只有非常微弱的證據力。

思考一下：假設我們認為幫嬰兒剪指甲會造成醫學上的危險，像是導致生病或其他併發症。再假設我們為剪指甲設立了一個不利事件報告系統。

你可能會收到各式各樣的報告。有些家長說，他們幫孩子剪指甲的隔天，孩子就開始發高燒。另一些家長則說，寶寶出現拉肚子的狀況。還有人說，孩子在剪指甲之後，有好幾天睡不好覺，或是寶寶哭鬧了好幾個小時無法安撫。

這些狀況確實發生了，但和剪指甲沒有因果關係！寶寶有時候會發燒，有時會拉肚子。大多數的寶寶不愛睡覺，還有一些寶寶很愛哭。要了解事件之間有沒有真正的關聯，你需要知道這些事件的一般基準比例，也就是寶寶在沒有剪指甲的情況下，發生這些狀況的比例是多少。但我們並沒有這樣的報告系統，也沒有網站可以讓你在每次孩子拉肚子時登錄報告。

你必須試著拼湊出，這些不利事件是否真的在剪過指甲的寶寶身上比較常見。對於經常會發生的狀況（像是「嬰兒哭鬧」），就更難找出關聯了。

透過這個剪指甲報告系統，你可能可以得知一些訊息。你會得到很多手指割傷的報告（需要用 OK 繃包紮的傷口）。這種情況不是一天到晚發生，而且剪指甲和指頭受傷的連結有顯而易見的機制。因此你很可能會做出一個結論：剪指甲和手指意外割傷有關聯，這是事實（潘妮洛碧至少可以貢獻一則案例報告）。

但我們要怎麼知道，手指割傷是剪指甲真正造成的影響，而發燒不是？我們要怎麼利用證據？

美國醫學研究所的報告，是由研究者根據家長的報告，尋找是否有可以解釋關聯性的機制，然後做出結論。是否有生物學的理由支持這種關聯確實存在？在有些案例中，生物學的關聯可能性極高，此時研究者會僅僅根據不利事件報告就做出結論。在欠缺解釋機制的案例中，他們就需要倚賴更多證據來做出結論。

第二種主要證據來自「流行病學研究」，也就是把有接種疫苗和沒有接種疫苗的孩子加以比較。這種研究通常不是隨機化研究，但數量可能很多。不利事件如果有總體人口因素的支持，關聯性也可能成立，即使生物學機制並不明確。

研究者將這 158 個可能的關聯分為四類：強力支持（疫苗和事件之間有令人信服的因果關係）；傾向於接受（因果關係可能存在）；傾向於否決（根據既有證據，因果關係不太可能存在）；證據不足。

民眾提出的關聯絕大多數屬於證據不足，包括麻疹、腮腺炎和德國麻疹混合疫苗和多發性硬化症的關聯，或是白喉、破傷

風、百日咳疫苗和嬰兒猝死症的關聯。在這些案例中，研究者找不到可信的證據支持這個連結，但也找不到證據大力駁斥這個連結。不過，這未必表示這些連結沒有證據。大多數案例可以在不利事件報告系統裡找到類似的報告。但是當研究者加以檢視後，會發現兩者不太可能有關聯。

　　這樣的結論令人有點洩氣。基本上，在你看過證據之後，你原本的信念（統計學的說法是「先前信念」）並不會改變。如果人們認為疫苗很安全，美國醫學研究所的報告無法否認這件事。相反的，如果人們認為疫苗不安全，美國醫學研究所的報告也無法駁斥這個看法。很想認為疫苗會造成傷害的人，可能會將這個情況視為支持自己的信念，因為「我們無法排除麻疹、腮腺炎和德國麻疹混合疫苗和多發性硬化症的關聯」。根據這個標準，你無法排除剪指甲和多發性硬化症的關聯。唯一的差別是，沒有人會相信後者。

　　一般來說，你很難證明兩件事之間沒有關係。如果對某個微弱的關係有疑慮，我們需要取得大量的樣本，才能基於統計學原理駁斥這個關係。但我們通常不會有大量的樣本。有更多證據當然很好，但美國醫學研究所只能根據他們手上的資料做事。

　　美國醫學研究所對十七個案例做出了結論，其中十四個被歸類為強力支持或是傾向於接受其關聯性。這個結果好像很可怕，但我們需要仔細檢視其中的風險是什麼。

　　首先，許多疫苗（除了白喉、破傷風、百日咳疫苗以外的所有疫苗）都有過敏反應的風險，但機率很低（大約十萬分之0.22），而且可以用苯海拉明（Benadryl）治療，在特別嚴重的情況下，可以用注射型腎上腺素（EpiPen）治療。美國醫學研究

所的報告提出的風險，有半數屬於過敏反應。

第二，有些人在接種疫苗後會暈倒，大多是青少年。疫苗導致暈倒的生物學機制不明，但暈倒不會有長遠的不良後果。被認定為強力支持關聯性的案例中，有兩個案例指的是暈倒的風險。

還有幾個案例和比較重大的風險有關，但風險極低。一個例子是麻疹、腮腺炎和德國麻疹混合疫苗和「麻疹包含性腦炎」（measles inclusions body encephalitis）的關聯。麻疹包含性腦炎是感染麻疹可能造成的嚴重併發症，可能發生在免疫功能低下的人身上。這個情況非常罕見，死亡率極高，而且是實際感染麻疹後造成的併發症。美國醫學研究所需要評估的是，接種麻疹疫苗是否會導致這個併發症。在報告當中，研究者檢視了被診斷為麻疹包含性腦炎的三個案例，後續的檢測顯示，這三個孩子很有可能是因為接種疫苗而接觸到麻疹病毒，而不是被真正的麻疹患者傳染。

我們知道，麻疹包含性腦炎是感染麻疹病毒附帶的風險，這三個案例的孩子並沒有接觸到真正的麻疹病毒，基於這些證據，美國醫學研究所的報告做出結論：在這三個案例中，孩子生病可能是疫苗所導致。

這個關聯性被歸類為「強力支持」。但我們要清楚意識到，這不代表每個人都承受著這樣的風險。受影響的人只有免疫功能低下的孩子，而且風險非常低。在美國的疫苗接種史上，只出現過三個案例報告。如果孩子有免疫力方面的問題，你會知道這個風險的存在，而且需要好好和醫生討論接種疫苗的事。如果孩子很健康，你完全不需要為這個風險而擔心。

還有其他類似的案例，是關於免疫功能低下的孩子接種水痘

疫苗發生的問題。發生併發症的情況非常罕見。它確實和疫苗有關，但發生風險極低，你不需要為此擔憂。真的不必。

最後一個和疫苗有關的風險比較普遍，它不嚴重，但可能看起來很嚇人，那就是熱性痙攣。熱性痙攣和麻疹、腮腺炎和德國麻疹混合疫苗有關聯，它是嬰兒或幼兒因為發高燒而引發的抽搐。它不會造成長遠的不良影響，只是發作當下看起來很嚇人。

熱性痙攣的發生算是滿普通的，所以我們可以利用孩童的大型資料集來研究它與疫苗的關係。美國大約有 2% 到 3% 的孩子，在五歲之前發生過熱性痙攣（大多與疫苗無關）。[7] 有一些研究發現，在接種麻疹、腮腺炎和德國麻疹混合疫苗後的十天之內，發生熱性痙攣的機率比平常高出一倍。[8] 事實上，比別人更晚接種第一次的麻疹、腮腺炎和德國麻疹混合疫苗的孩子（也就是一歲以後才接種），風險會比較高；因此，疫苗最好按時接種，不要延遲。

美國醫學研究所的報告漏掉了一件事，那就是嬰兒在接種疫苗之後會變得暴躁不安。醫生可能會告訴你，許多寶寶在接種疫苗後會有這個現象。我曾經因此吃了一些苦頭。有一天，我和傑西不知為何在家裡辦了一個大型的學生早午餐聚會。潘妮洛碧那天剛好第一次接種疫苗。好巧不巧，我們家裡的嬰兒用泰諾（一種鎮痛解熱劑）恰好沒有任何存貨。到後來，傑西必須自己一個人在我們家的餐廳用茶水和甜點招呼學生。我則慌亂的把歇斯底里大聲尖叫的潘妮洛碧塞進 Baby Bjorn 抱嬰袋，走去 CVS 連鎖藥局買藥。那天下午猶如被暴風雨掃過。隔天早上，一切風平浪靜，彷彿什麼事也沒發生過。

這種暴躁不安通常會伴隨發燒，雖然很麻煩，但你不需為此

擔心。寶寶的身體正在製造病毒的抗體，可能會產生一些副作用，但你不需要特別擔心，只要先確認家裡有嬰兒用泰諾就好。

上述是有資料支持的疫苗相關風險。那沒有資料支持的關聯呢？美國醫學研究所的報告明確否決了幾個關聯，其中之一是麻疹、腮腺炎和德國麻疹混合疫苗和自閉症的關聯，也就是威克菲爾德在《刺胳針》發表的論文中提到的關聯。

有不少大型研究探討此二者的關係。規模最大的研究涵蓋了 537,000 名孩童，丹麥針對 1991 到 1998 年出生的孩子進行調查。研究者將疫苗接種資料和孩子日後被診斷為自閉症或自閉症類群障礙症的資料連結。結果發現，沒有證據證明，接種過疫苗的孩子有較高機率產生自閉症的症狀。若要說關聯性，接種過疫苗的孩子被診斷為自閉症的機率反而比較低。[9]

類似的研究有不少，有些被包含在美國醫學研究所的報告中，有些是在那份報告發表之後才出現。其中一個研究聚焦於哥哥姊姊患有自閉症的孩子，因為這些孩子比較可能有自閉症。但是研究者沒有找到自閉症與麻疹、腮腺炎和德國麻疹混合疫苗的關聯。[10]

沒有任何機制可以解釋此二者的關聯，以猴子進行的對照研究也沒有呈現任何可能的關聯。[11] 說到底，我們根本沒有理由認為自閉症和疫苗相關。[12]

但我們不能說，接種疫苗不具有任何風險。你的孩子或許會發燒，也可能（雖然機率很低）因為發燒而產生痙攣，也有可能（機率非常非常低）產生過敏反應。

但我們可以合理的做出結論：沒有證據指出，接種疫苗會對健康的孩子產生長遠的不良影響。

疫苗的功效

　　美國人很幸運，能夠生活在大多數人接種疫苗的土地上，疫苗可以預防的疾病很少真的發生。

　　受麻疹和腮腺炎之苦的孩子少之又少，得到百日咳的孩子稍微多一點，但實際人數並不多。假如大家不接種疫苗，情況就會大不相同。我們的周遭存在著各種病毒，假若沒有疫苗，被感染就會變成非常普遍的事。

　　接種疫苗可以有效保護我們不受感染，但它並不是完美的。以百日咳來說，我們的免疫力會在一段時間之後消失。儘管如此，研究一再指出，在整體疫苗接種率很高的地方，有接種疫苗的孩子比沒接種的孩子更不容易染病。[13] 2015 年麻疹爆發的源頭是迪士尼樂園，染病的大多是沒有接種疫苗的孩子。

　　儘管我們在本章提出了許多證據，證明疫苗的安全性，但如果你依然對疫苗心存疑慮，很容易會有個想法，那就是倚賴別人的行動來降低你家孩子的生病機率。這個想法叫作「群體免疫」（herd immunity）：假如有夠多的人口接種了疫苗，疾病就找不到立足點，於是所有人（群體）就可以免疫。假如你的孩子是你所在區域裡唯一沒有接種疫苗的孩子，而且你們從來不進入其他未接種疫苗的孩子的活動範圍，那麼你的孩子確實就不會罹患疫苗可以預防的那些疾病。

　　但這個理論的可行性有多高？先提醒你，美國有許多地方的疫苗接種率低於群體免疫要求的接種率：在一些比較偏遠的地區，麻疹、腮腺炎和德國麻疹混合疫苗的接種率約為 80%；要發揮群體免疫的效果，接種率至少要達到 90%。對於百日咳這種更

普遍的疾病，接種率就要更高，才能有群體免疫的效果。因此，美國有一半的郡縣每年至少有一例百日咳的案例。許多地方的案例更多。

不過，即使你只關心自家孩子的風險，你仍然能基於其他的好理由，帶孩子去接種疫苗。

接種疫苗是一種有利社會的行為。假如每個人都採取經濟學家所謂的「不勞而獲」行為，不帶孩子去接種疫苗，那麼就會變成沒有人接種疫苗，於是社會上就會開始出現大量的染病案例。有些孩子因為先天性免疫缺陷、罹患癌症或是其他複雜的病情，而無法接種疫苗；如果健康的孩子都去接種疫苗，就可以保護這些比較脆弱的孩子不受病毒侵襲。

過去四十年是疫苗可預防的疾病發生率最低的時期。或許你曾聽說過一、兩個孩子得到麻疹，但他們後來大概都痊癒了，因為得到麻疹的人基本上都會痊癒。大多數人的周遭都沒有人死於疫苗可預防的疾病。但是當那些疾病成為普遍的疾病之後，死亡的案例就會發生。

不要忘了，即使是不太嚴重的疾病，也可能使人產生非常不良的反應。在我們的印象中，水痘不是什麼大病，得病也只是會發癢而已。但在疫苗問世之前，水痘每年會導致大約一百人死亡，以及九千人住院。即使是現在，每年仍有十至二十人死於百日咳，大多是年紀還不到接種疫苗時間的嬰兒。因此，他們需要靠其他人去接種疫苗來保護他們。

當你不曾目睹或經歷大規模的疾病爆發，可能會覺得接種疫苗是浪費時間，好像是讓孩子白白挨一針。但事實並非如此。疫苗可以使我們免於染病、受罪與死亡。

延遲接種的時間

有些對疫苗感到不安的家長，喜歡讓孩子晚一點打預防針，或是不讓孩子接種混合疫苗，而是把每一種疫苗分開來打，每隔一段時間去注射一種疫苗。

根據我稍早對疫苗的安全性提出的證據，你其實沒有理由這麼做。事實上，如果延遲麻疹、腮腺炎和德國麻疹混合疫苗的接種時間，發生熱性痙攣的風險就會提高。[14] 你不會因為延遲接種，而躲過疫苗導致的少數不利事件。把疫苗分成好幾次接種，反而會讓你花更多時間，而且孩子一定不喜歡這樣。

在我看來，延遲接種疫苗的唯一好處是，它或許可以鼓勵原本不打算讓孩子打預防針的某些家長，願意帶孩子去接種疫苗。晚打總比不打好，雖然有許多疫苗按時接種會比較好（例如輪狀病毒疫苗）。新生兒出生後幾天就要接種第一劑 B 肝疫苗，以防媽媽的 B 肝沒有被診斷出來而傳染給寶寶，B 肝疫苗也可以防止孩子將來罹患肝癌。[15] 因此，按時接種疫苗好處多多。

有些醫生擔心，允許民眾延遲接種疫苗會給大眾一個印象，覺得疫苗好像不太安全，讓人無法放心。這會降低民眾的接種率嗎？這是個有趣的說法，但沒有太多證據支持這個說法。

站在家長的立場，我認為你真的沒有任何理由延遲接種疫苗的時間。

重點回顧

- 接種疫苗很安全。
  - 非常少數的人會有過敏反應,但那是可以治療的。
  - 有極少數的不利事件,大多發生在免疫功能低下的孩子身上。
  - 唯一稍微比較普遍的風險是發燒和熱性痙攣,這些情況很少見,而且不會造成長遠的不良影響。
  - 沒有證據顯示疫苗和自閉症有關聯,有不少證據駁斥這個關聯性。
- 疫苗可以防止孩子生病。

09

全職媽媽？職場媽媽？

是否重返職場是媽媽戰爭中最重量級的爭論。本章名稱是我一個朋友提供的。有一天她兒子在學校被問到，「你媽媽是哪一種媽媽？我媽媽是全職媽媽（stay-at-home mom）。」我朋友的兒子回答說，「哦，我媽媽是職場媽媽（stay-at-work mom）。」

這個議題的壓力可以濃縮成一個句子：「你的媽媽是哪一種媽媽？」許多媽媽在內心深處覺得，我們決定要在白天做什麼事，將會決定我們是哪一種媽媽（或哪一種人）。

除此之外（或是因此），這個議題經常圍繞著使人緊繃和不快樂的氛圍。職場媽媽（一定有人選擇重回職場）告訴我，無法時時刻刻陪在孩子的身邊，讓她們有罪惡感。全職媽媽（一定有人選擇在家帶小孩）對我說，她們經常覺得與世隔絕並且滿腹怨氣。即使我們對自己的決定很滿意，仍然可能感受到來自兩個陣營的批評：

「你為什麼不能參加校外教學活動？哦，我知道了，你要上班。太可惜了。我們家女兒說她很久沒看到你了。」

「你在做什麼？哦，只是在家帶小孩？我就沒辦法。我們公

司的人一直盼著我回去上班。」

　　媽媽們，不要再說這種話了。批評和自己的做法不同的人，對誰都沒有好處，而且只會產生反效果。

　　這個議題的前提只鎖定一種性別，實在不太公平。你們家是否要留一個人在家裡帶孩子，是你們夫妻倆要一起做的決定。為何一定是媽媽？事情不該是如此。將討論限定在全職媽媽，很容易讓人忘了「全職爸爸」也是選項之一。我們應該把這個選項納入考慮。更別說有些家庭裡有兩個媽媽或兩個爸爸，或是單親。

　　因此，首先要做的事，是把問題從「你是哪一種媽媽？」變成「在你家，大人工作時數的最佳配置是什麼？」這句話唸起來沒那麼順口，但或許對於你們做決定比較有幫助。

　　第二，這個討論忽略了一件事：有些家庭其實沒有選擇。在美國，有很多人連勉強度日都辦不到（我所謂的「勉強度日」，指的是有地方住、有東西吃），他們根本不可能有大人在家裡張羅一切。

　　假如你的家庭夠幸運，有選擇的餘地，本章的目標是試著提供你一個思考架構。理想上，我們最好從決策理論和明確的數據，而不是帶著罪惡感和羞愧，來展開討論。

將決定結構化

　　你該如何思考重回職場的選擇？我認為這個決定包含三部分。

1. 怎麼做對孩子最好？（這裡的「最好」指的是，有助於孩子在未來獲得更好的成就和幸福。）

2. 你真正想做的是什麼？

3. 你的決定對家庭的財務狀況會造成什麼影響？

　　一般人談的通常是第 1 點和第 3 點，我稍後會討論這個部分。但我想鼓勵你思考一下第 2 點，也就是你應該想想，你想不想要回到職場工作。很多人說，他們之所以回到職場是「因為我必須這麼做」，或是他們之所以留在家裡是「因為我必須這麼做」。有時候這是事實，但我也認為，並不是所有這麼說的人都真的別無選擇。

　　這是個需要解決的問題。你應該可以理直氣壯的說，你因為想要工作或是想要留在家裡，而決定這麼做。

　　我先說說我的情況：我很幸運，可以選擇要不要工作，我的意思是，如果我們家只有一份收入，傑西和我也能調整我們的生活方式，靠一份薪水過活。我選擇重回職場，是因為我想要工作。我愛我的孩子，他們太可愛了！但如果我必須整天和他們待在一起，我一定會過得不開心。我發現，我的快樂方程式是一天工作八個小時，再加上陪伴孩子三個小時。

　　這並不代表我愛工作更甚於孩子。如果必須二選一，我最愛的一定是我的孩子。但是當我和孩子相處時，時間的「邊際價值」下降得很快。一部分原因是，帶孩子真的很累。和他們相處的第一個小時感覺棒極了，第二個小時感覺起來就沒那麼好了，到了第四個小時，我已經開始想喝紅酒，如果可以，我更想到書房去做研究。

　　我的工作不會給我這種感覺。的確，工作的第八個小時的樂趣，比第七個小時少了一些，但高低起伏的波動沒那麼大。對於

身心的挑戰，陪孩子的挑戰明顯比工作還要大。一般來說，與工作的第八個小時相較，陪孩子的第五個小時還更痛苦一些。這是我選擇重回職場的原因，因為我喜歡工作。

　　我應該可以理直氣壯的做這個選擇，如同你應該可以理直氣壯的因為你想在家裡帶孩子，而決定這麼做。我很清楚，很多人一點也不想每天朝九晚五做經濟學家的工作。我們不該說，留在家裡帶小孩，是為了讓孩子有最好的未來，或至少，那不應該是我們做這個決定的唯一理由。「我比較想過這種生活」或「這對我的家庭最好」都是支持我們做出決定的好理由。因此，在你開始往下閱讀，想知道證據指出什麼對你的孩子「最好」，或是考慮你家的財務狀況之前，你（還有你的配偶，或是以後負責幫你帶孩子的人）應該好好思考，你真正想做的是什麼。

　　然後，你再來考慮數據和你受到的限制。

　　接下來，我會先談重回職場工作的部分。首先是對孩子的影響，其次是你應該如何思考，這對你家的財務狀況可能造成什麼影響。在本章的最後，我想談談育嬰假，以及如果你打算重回職場，請多久的假會比較好。

父母工作對孩子發展的影響

　　我們先討論第一個問題：由夫妻其中一人帶小孩，對孩子的未來發展比較好嗎（還是比較不好）？

　　這個問題極難回答。為什麼？第一，決定自己帶小孩的家庭和決定不自己帶小孩的家庭，在本質上有所不同。而這些差異

（和夫妻之中是否有人留在家裡帶小孩完全無關）可能會影響孩子受到的照顧。

　　第二，你的孩子在你上班時做些什麼，可能會有很大的影響。孩子長大一點之後就會去上學，但在學齡前階段，孩子是否在良好的照顧環境裡長大，會影響他們未來的發展（下一章將會討論，如果你選擇重回職場，要如何思考托育問題）。

　　最後，工作通常代表你會有收入。這份收入或許對你的家庭很有幫助，或是為你和孩子開啟一些機會（若你不工作就不會遇到的機會）。因此，要如何把收入帶來的影響，與你陪孩子的時間對孩子造成的影響分開來看，會是一項挑戰。

　　儘管這個問題不容易回答，我們仍然可以看一下資料數據能告訴我們什麼。

　　先看一些有因果關係的證據：在孩子出生後的頭幾年，父母在家陪伴對孩子產生的影響。我接下來會談產假，以及沒有產假與有六週或三個月產假的差別。還有一些文獻評估的是，父母在家陪孩子一年或六個月，或是十五個月或一年，對孩子有沒有差別。這類文獻來自歐洲和加拿大，因為那裡的法規先後將育嬰假延長到上述的長度（我們暫時先把美國人的憤憤不平放下，美國人連六週產假都要靠極力爭取才能享有，而歐洲和加拿大在爭論的卻是一年還是兩年）。

　　在這份文獻中，研究者探討的是法規改變造成的差異，而不是民眾的不同選擇造成的差異。將育嬰假從六個月延長到一年，讓一些女性可以延長在家陪伴孩子的時間。藉由比較在「六個月育嬰假」和在「一年育嬰假」政策時期出生的孩子的發展，我們可以確知產假的影響，而不必顧慮家長本身的條件造成的差異。

　　我先說結論：延長育嬰假對於孩子的發展沒有影響，[1] 包括孩子的在校測驗成績、長大就業後的收入，或者是其他方面的情況。許多研究追蹤了很長的時間。例如我們可以說，一年或兩年的育嬰假，並不會影響孩子在高中的測驗成績，或是剛就業時的薪資水準。

　　這個證據聚焦於，父母是否在孩子出生後那幾年返回職場工作。假如想了解孩子大一點時，父母是否工作對孩子的影響，我們能找到的研究只能提出關聯性，而不是因果關係。當我們檢視學業表現方面（測驗成績、是否畢業）的證據，發現相關性大多為零。[2] 父母兩人皆從事全職工作對孩子的影響，和父母其中一人從事全職工作的影響差不多。

　　研究結果有時會出現一些比較特殊的情況。我們經常看到，與父母皆從事全職工作，或是父母中有一人不上班相較，父母中一人從事兼職工作、一人從事全職工作的孩子，有最好的學業表現。[3] 這可能是父母工作時間的配置造成的，但我認為，更有可能是家庭本身的差異造成的。[4]

　　第二，研究經常發現，對於經濟狀況較差的家庭，雙親皆工作對孩子有正面的影響（也就是父母去工作對孩子比較好），對於經濟狀況比較好的家庭，雙親皆工作對孩子的影響沒那麼正面（甚至是造成些微的負面影響）。[5] 此處的影響指的是測驗成績、在校表現，甚至是肥胖問題。

　　研究者往往將這樣的結果解讀為，在經濟狀況較差的家庭，工作收入對孩子的發展很重要。而在經濟狀況較好的家庭，父母在家陪伴讓孩子的生活更加「充實」，對孩子的發展比較重要。這個結論可能是成立的，不過它是建立在相關性上，因此不適合

做過度解讀。即使我們承認上述解讀是成立的，它強調的是孩子所從事的活動，而不是父母是否請育嬰假。

值得注意的最後一點是，有些人主張，如果父母都在工作（尤其是媽媽），他們的女兒比較可能長期投身於職場，也比較不會展現強烈的性別刻板印象。[6] 這種說法很有意思。認為孩子會追隨自己的腳步，的確是令人欣慰的想法。但這些資料比較的是美國和歐洲的差異，因此我們難以得知，這些影響是否來自媽媽重回職場或是其他因素。

綜合所有資料，我認為證據指向母親重返職場對孩子未來發展的影響非常小，或趨近於零。這影響可能界於稍微帶來一點好處或稍微帶來一點壞處之間，取決於你家成員的角色安排。假如有任何決定會對孩子的未來成就造成巨大影響，媽媽是否重返職場的決定不會是其中之一。

育嬰假

美國的育嬰假政策在世界平均水準之下。不少歐洲國家給予數個月甚至是一、兩年的有薪（或部分給薪）育嬰假，而且保證在育嬰假結束後仍然有工作。許多美國人完全沒有給薪育嬰假，就連無薪育嬰假（例如根據「家庭醫療休假法案」〔Family Medical Leave Act〕休假）也大多限定在十二週，而且只有 60% 的工作人口涵蓋在受益範圍內。

這個情況逐漸開始改變，美國有些州（加州、紐約州、羅德島〔讚！〕、紐澤西州、華盛頓州和華盛頓特區）開始立法提

供有薪假。這個福利大多為六至十二週，雖然不多，但總比沒有好。聯邦政府也開始討論有薪假的法令，但目前還沒有看到結果。

如果你很幸運，你的公司會給你有薪假，可能長達三、四個月，也可能更短。有些科技公司率先提供最高四個月的有薪假給女性和男性員工。當然，不是所有人都有幸在臉書工作。

育嬰假似乎可以帶來益處。有愈來愈多證據指出，母親休育嬰假對寶寶會比較好。以美國為例，有研究顯示，在施行家庭醫療休假法案的地區，早產兒和嬰兒早夭的數量都減少了。[7] 原因可能是，如果媽媽可以休假照顧出生不久的嬰兒，她們比較能夠在寶寶生病時悉心照料。這項政策也鼓勵懷孕期出現狀況的女性在生產前休假，這可能是早產率下降的原因。

其他研究也呈現類似的結果。研究者綜合所有資料後，做出的結論通常是，在寶寶出生後休育嬰假可以帶來正面效果。[8]

這樣的益處似乎只集中在嬰兒期。[9] 不過，挪威有一項研究顯示，若媽媽可以休四個月的有薪假，可以讓孩子長大後有較高的教育程度，甚至是較高的收入。這種長遠的影響對於經濟狀況較差的家庭最為顯著。[10]

種種證據顯示，假如你的公司可以給你有薪育嬰假，你應該要休。如果公司不提供有薪育嬰假，或許你該考慮是否要請無薪假。根據家庭醫療休假法案，假如你的公司雇用五十名以上的員工，而且你在前一年工作滿一年，你有權利休十二週的無薪假。你在這段期間雖然沒有薪水，但你的雇主必須繼續幫你保險，而且為你保留原有職位（或是差不多的職位），直到你重返職場。

休無薪假雖然可能為許多家庭帶來挑戰，美國聯邦政府目前還沒有訂定育嬰假的法令，但你可以了解一下你所屬的州是否有

提供這項福利。我剛才提到，有些州訂立了有薪假的法規，希望未來有更多的州政府能跟進。有時你可以結合多項州政府計畫，例如短期失能保險再加上有薪家事假（family leave），來創造較長的有薪休假。即使只能東拼西湊的得到幾週休假，為孩子帶來的益處絕對值得你這麼做。

財務規劃

父母重返職場的最後一個考量是家庭預算。這是相當複雜的議題。你要考慮到夫妻兩人的收入，以及托育費用，而且最好將短期和長期財務規劃都納入考量。

嬰幼兒的托育費用很高，父母要以「稅後」收入來支付這筆費用。這代表你的薪資要比托育費用高很多，才能打平收支。

我們用例子來思考這代表的意義。假設有個家庭的全年總收入為 100,000 美元，夫妻的年薪都是 50,000 美元，這個家的稅後所得為 85,000 美元。[11] 如果夫妻都工作，每個月要付 1,500 美元的托育費，這個家剩餘的可支配所得為 67,000 美元。如果夫妻有一人留在家裡帶孩子，這個家的所得就會減少，變成 46,000 美元（稅後），但可以省下托育費用。這個家的可支配所得，有生小孩和沒生小孩的情況差了一半左右。

當托育費更高的時候，計算會變得更複雜。若要雇用一位全職保母（如果你繳全額的稅，而且居住在物價水準較高的地區），一年可能要付 40,000 或 50,000 美元的保母費。在上述例子中，這會完全抵消那個家庭的一份收入。這代表夫妻若有一人

留在家裡不上班，對他們的財務狀況會比較有利。

　　當夫妻有一方的收入比另一方更高時，也是如此。在上述例子中，假設這個家的總收入相同，但是丈夫的所得是 70,000 美元，妻子的所得是 30,000 美元。妻子每年可以替家裡貢獻 25,500 美元，再扣掉托育費，妻子工作或不工作，對這個家的可支配所得的影響只有 7,500 美元。

　　這只是舉例說明，你的財務狀況可能和這些例子有很大的出入。不論如何，考慮家庭預算的第一步是正視實際狀況。家裡一個人工作和兩個人工作的收入分別是多少？實際的托育費用大概是多少？你可能需要使用線上稅務計算工具（或是報稅工具）來幫助你釐清，托育免稅額或其他因素對你的所得造成的影響。

　　這只是你要計算的第一部分，你至少還有兩樣東西要考慮。

　　第一，這個算式會隨著孩子的成長而改變。教養孩子的費用會隨著孩子長大而減少。孩子就讀中小學期間的花費會比較少，因為公立學校是免費的。如果你一直在職場工作，你的收入大概會不斷增加（因每個人的工作而異，但對大多數人是如此）。這代表重回職場後的頭幾年好像賺來的錢都花掉了，但長期來看，仍然對你的家庭有利。當然，你也可以只在孩子年幼的時候暫時不工作，過幾年再回到職場（許多人都這麼做），但重返職場的難易度會因工作而異。沒有人能保證當你回到職場時，薪水不會大幅減少。更別提退休金的縮水。

　　沒有一體適用的原則可以幫助你思考短期和長期的利弊得失；不過，你也不應該只做孩子零到三歲的財務規劃。

　　第二，你還要考慮經濟學家所謂的「金錢的邊際價值」。假設去上班可以使你家的收入變多。你可以算出那個金額的數

值，但那個數值不一定能反映出你的幸福感會提高多少。比較好的做法是，從經濟學家所謂的「效用」（也就是幸福感）角度，思考那些錢可以為你的家庭創造多少價值。你的生活會因為那些錢而發生多大的變化？你要用那些錢買什麼東西？如果它無法讓你更快樂，那些錢就不具有太大價值。

做出選擇

對大多數人來說，要不要讓家裡所有大人都出去工作，是很難做出決定的問題，適用於所有人的建議幾乎不存在。研究資料指出，除了孩子剛出生後的短期育嬰假可以帶來一些顯著的益處之外，夫妻之中有一個人在家帶孩子，不會對孩子的未來發展造成太大的正面或負面影響。

因此問題的癥結在於，怎麼做對你的家庭最好。你要考慮財務規劃的問題，同時要思考你想要的是什麼。夫妻之中有任何人想要留在家裡陪伴孩子嗎？在某種意義上，這或許才是最主要的考量，但這也是最複雜且最難以預測的事。生孩子之前，你很難知道你會不會想要整天和孩子在一起。

有些人喜歡時時刻刻和孩子膩在一起，無法想像離開孩子去上班的日子。

有些人非常期待回去上班，雖然他們也很愛孩子。

這種情況可能會隨著孩子長大而改變。有些人真的很愛小寶寶。我發現當我的孩子長大一點之後，我變得比較喜歡和他們相處。我仍然不想當全職媽媽，但是和孩子的幼兒時期相比，我現

在比較沒有那麼排斥全職媽媽的概念了。你要坦誠面對自己的好惡。

　　很抱歉，我說的這些恐怕不太能幫助你做決定。到最後，你必須靠自己做出決定。

　　我的結論是：我們要意識到，要不要留在家裡照顧孩子只是一個選擇，這個選擇涵蓋了各種因素帶來的壓力。或許我們可以試著放下批判的態度，不論支持的是重返職場，還是在家帶小孩。我希望我能理直氣壯的說，我因為想要返回職場而做了那個選擇，我也希望我的朋友能夠理直氣壯的說，她們因為想要照顧孩子而選擇留在家裡。我希望雙方都能理直氣壯的說出自己的心聲，同時不會想要輕視對方，或是用酸言酸語嘲諷對方。

　　我的要求太高了嗎？應該不會吧。

重點回顧

- 年幼的孩子會因為父親或母親請育嬰假而受益。然而，沒有太多證據指出，在育嬰假結束後，全職媽媽（或爸爸）對孩子的未來發展有正面或負面的影響。
- 夫妻之中是否有人留在家裡的決定，應該取決於你們想怎麼做，以及短期和長期的家庭財務規劃。
- 不要再批評別人了！

10

誰該負責照顧孩子？

　　如果你決定「讓家裡的所有大人都出去工作」，你立刻面臨下一個問題：「寶寶到底要讓誰照顧？」

　　我剛懷潘妮洛碧的時候，曾經和傑西到瑞典擔任研討會的演說來賓。我們住的公寓裡，所有的家具都出自宜家家居（你知道他們也賣洗髮精嗎？）。我在那個時期孕吐得非常厲害，不過仍然有餘力注意到瑞典父母所享有的育兒福利，並且忍不住投以嫉妒的眼光。

　　瑞典的父母享有很長的育嬰假。當他們重返職場後，政府提供了各式各樣的優質托育選項，任他們選擇。我們在斯德哥爾摩街頭閒逛時，看到好幾群小孩穿梭在各個公園之間，爬到繩索上玩耍。這景象令我看了非常心動！如果瑞典的大學願意提供我們工作機會，我可能會叛逃到那裡，至少待到潘妮洛碧上小學前。只可惜，我沒有等到那樣的機會。

　　在美國，托育不是那麼簡單的事。這裡有許多選項，但不像歐洲許多國家那樣，提供基本的公家托育服務。這個情況由許多原因造成，但從政治的角度來看會比較容易理解。這些歐洲國家

提供的服務項目不僅多，而且多樣，像是醫療照護，還有托育服務。另一個原因是歷史因素，這些國家推行這些服務已經有很長的歷史。瑞典民眾會期待政府提供優質的公家托育服務。而美國民眾可能希望政府能做到，但不敢抱任何期待。

　　如果你居住的地方沒有顯而易見的托育選擇，你就必須自己找。日間托育或保母是最普遍的選項，但你也可以請家族成員來幫助照顧孩子，或是採取混合的做法。這些基本選項包含了各式各樣的形態。以日間托育為例，哪一種日間托育比較適合你？在家托育？還是送去幼兒園？如果要請保母，你該選哪一種保母？我們家第一次找保母時，有一位應徵者的推薦信上寫著「不是抽認卡（flash-card）保母」。我不知道還有這種類型的保母。我該雇用這種保母嗎？

　　你可以運用決策理論的練習來簡化這整件事。說得更直白一點，你需要一個決策樹。下方是一個例子，一種教養方式決策樹。基於本章的目的，我只聚焦於外部的托育選項。如果你有家族成員能來幫忙，就在你的決策樹多加一條線。

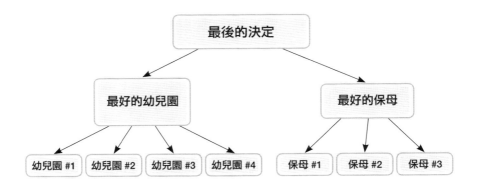

在經濟學領域，我們教學生要「自己填答案」，你要由下往上填寫。首先，假如你必須雇用保母，你必須決定要選擇哪個保母（我在此處假設你有三個選項）。填完那三個空格後，接下來要決定，假如你必須把孩子送去幼兒園，你要選擇哪一種幼兒園（我假設你有四個選項）。最後，再把這兩類選項加以比較。

此時，你不必把令人眼花撩亂的所有選項拿來比較，只需要面對一個非常清楚的選擇：我比較喜歡我的「最佳」幼兒園選項，還是我的「最佳」保母人選？

這就是你做決定的理論。當然，理論無法告訴我們什麼是正確答案，只能告訴我們如何思考這個問題。要找出答案，需要把理論和證據結合在一起，尤其是關於不同托育選項的證據，以及如何將這些選項做比較。

選擇日間托育

假設你選擇日間托育，你要怎麼做出最好的選擇？

有助於你做決定的資料來自「國家兒童健康與人類發展研究所」的幼兒照護與青少年發展研究（National Institute of Child Health and Human Development Study of Early Child Care and Youth Development，以下簡稱「兒童健康發展」研究）。

「兒童健康發展」研究是一項縱貫性研究（也就是對一群對象進行長期觀察），對象超過一千名兒童，目的是評估各種類型的托育方式（日間托育、保母、家庭成員）對孩子的發展造成的影響。研究者觀察的重點是語言發展和行為問題。這個研究的資

料也可以做為比較日間托育和保母的參考，但現在我們只聚焦於不同日間托育選項的比較。

　　進行研究時，研究者會到幼兒園裡進行實地觀察。他們坐在教室裡，觀察老師的教學情況，並記錄其他事項。然後將幼兒園排序，判定哪些是「品質」比較好的幼兒園。

　　他們會觀察這些幼兒園是否具備一些明確的特質。但在討論這個部分之前，我想先談一下品質為什麼很重要。

　　第一篇研究試圖透過這些資料，檢視在四歲時，兒童照護與認知能力和問題行為之間的關係。[1]研究者把在品質較好和品質較差的幼兒園托育的孩子加以比較。幼兒園照顧的是零到四歲的幼兒（觀察對象可能一直待在同一個幼兒園，或是會換幼兒園）。

　　研究者發現，是否在優質幼兒園托育和兒童語言發展有很密切的關聯：上優質幼兒園的孩子似乎會說比較多話。他們也發現，幼兒園的品質和行為問題沒有關聯，也就是幼兒園對行為問題沒有影響。

　　研究者追蹤同一群孩子直到他們六年級，發現幼兒園的品質一直和語言能力有關，但和行為無關。[2]

　　讀到此處的你，應該已經看出這個分析有一個很明顯的問題，那就是幼兒園的品質和孩子的家庭背景有關。一般來說，優質幼兒園的收費比較高，因此，上這種幼兒園的孩子大多具有某些特點，例如，家境比較好。所以我們很難判定，孩子的哪些表現可以歸因於家庭因素，哪些可以歸因於幼兒園的照顧。

　　這個研究有一個優點，就是研究者可以掌控孩子的家庭背景狀況。他們有進行家庭訪問，評估父母教養孩子的品質。教養品質的影響很大，遠比幼兒園的照顧品質更重要。但在排除父母教

養品質的差異之後，研究的結果依然不變。當然，父母的特質
（研究者沒有觀察這個部分）也可能會造成影響。

　　研究結果強化了我們的直覺，那就是如果要送孩子上幼兒
園，就要挑選優質幼兒園。接下來的問題是：你要如何判斷幼兒
園的品質？此時我們要再回到「兒童健康發展」研究，看看研究
者如何評估幼兒園的品質。或許你無法完全複製他們的做法，但
至少可以大概知道他們看的重點是什麼。

　　首先，我們先談他們不看重的是什麼：「花俏」的特色，像
是「接觸中文」或「有機點心」。他們也不著重幼兒園有沒有教
孩子認識關於企鵝的知識。基本上，他們評估的重點聚焦於照顧
者和孩子之間的互動。

　　品質的評估分為幾個部分。第一，他們有一份針對安全、玩
樂和「個別化」（individualization）的檢查表。

　　下方是簡化的版本：

安全	玩樂	個別化
・沒有露出的洞口、繩線、風扇等等 ・安全的嬰兒床 ・書面的緊急應變計畫 ・擦手紙隨處可得 ・把用餐區和換尿布區分開 ・玩具每天清洗 ・老師每天知道有哪些寶寶生病	・孩子拿得到玩具 ・設置地板遊戲區，讓會爬的寶寶有地方活動 ・提供三種不同類型的「大肌肉玩具」（球、搖木馬） ・三種樂器類玩具 ・「特殊活動」（例如玩水、海綿彩繪） ・三種戶外幼兒遊戲器具	・每個孩子都有自己的嬰兒床 ・每個孩子都有指派一位老師負責照顧 ・至少每六個月評估一次孩子的發展狀況 ・給孩子玩適齡玩具 ・老師每週至少花一小時一起做團隊計畫

　　這些項目大部分很容易在參觀幼兒園的時候觀察和記錄下來，不論是幼兒園或是在民宅經營的托育服務，都可以使用相同的檢查表。

　　此外，研究者還會在不同的時間點觀察孩子。他們會在半天的時間內進行四次十分鐘的觀察。你或許比較難做到這一點，但你應該可以在參觀幼兒園時，請園方讓你坐在教室的角落，安靜的觀察孩子和老師的互動十到十五分鐘。我可能不會大剌剌的帶一張觀察表進教室，你自己斟酌要不要這麼做。

　　研究者觀察的重點是什麼？首先是一些基本的東西。像是大人是否與孩子互動（也就是說，他們是在滑手機，還是坐在地上和孩子玩）？大人是否和孩子有正向的肢體接觸（用擁抱來鼓勵孩子的正向行為，或者是把寶寶抱在懷裡，不是讓他一直躺在床上）？

　　其次是一些與刺激發展有關的問題。大人有沒有讀故事給孩子聽？是否對孩子說話？當寶寶發出聲音時，他們會不會做出回應？（「很棒，那是河馬，河－馬。你想不想抱一下河馬？來，給你！」）

　　第三是行為。所有的孩子多少會有一些不當行為。問題在於，大人的反應是什麼？他們是否會不當的限制孩子的行動力（研究者表單上的問題是，「是否用實體工具約束孩子的行動力」）？他們會不會打小孩？罵小孩？這些都是（非常）不好的跡象。

　　最後是觀察孩子在做什麼。他們的生理需求是否得到滿足（沒有餓肚子、髒尿布有換掉等等）？他們是否和大人有互動？有沒有在看電視（但願沒有）？

觀察結束之前，研究者會記錄一些他們的觀感。幼兒園是否以孩子為中心？換句話說，大人是否隨時留意孩子的一舉一動，傾聽孩子說的話，並做出回應？抑或是，大人只是照章辦事，彼此聊天，沒有把心思放在孩子身上？孩子和大人之間看起來有沒有正向和關愛的情感流露？孩子是不是適應那個環境，表現出開心的樣子？還是一看到大人就露出害怕和畏縮的模樣？

你很可能沒有受過觀察訓練。不過，許多事情是你可以自然而然就察覺到的。照顧者不太可能會當著你的面打孩子，但是孩子的負面反射反應和冷漠的氛圍是很容易就能察覺的，想作假也辦不到。

一個合理的問題是，這是否代表你應該在能力範圍內挑選最貴的幼兒園？品質和價格有關聯，是不爭的事實：一般來說，比較貴的幼兒園通常品質會比較好。但品質的關鍵要素（照顧者和孩子的互動方式）與價格未必有關聯。

選擇保母

好，我們已經解決了日間托育的部分（至少盡力了）。我們已利用檢查表，找出最好的幼兒園。

那保母呢？

「兒童健康發展」研究對於在家托育（保母或家族成員）的評估，也有相同的結果：品質愈高的照顧（由他們的評量工具判定），對孩子的發展愈好。然而，這種類型的托育品質比幼兒園更難以評估。

研究者採取類似的評估期間和檢查表，觀察照顧者是否回應孩子的需求、家裡有沒有玩具和書，以及照顧者會不會打罵孩子。只不過，在一個大人照顧一個孩子的情境下，研究者很難做出有效的評估，因為他們的存在非常突兀，他們無法像在幼兒園一樣，躲在角落靜靜觀察。

此外，比幼兒園更難評估的部分是，照顧的品質可能與這個家的社經地位有比較大的關係，其重要性更甚於照顧者的素質。例如，一個評估項目是，孩子是否有機會接觸至少三本書，但這一點取決於家長，而不是保母。

除此之外，關於尋找與評估保母的具體原則非常少。根據我自己的經驗，最有用的建議是和推薦人聊一聊（這是一定的），試著了解推薦人是否喜歡這個保母，以及他的好惡和我是否相似。我們的需求是否大同小異？

你也可以用紙筆問卷請應徵者回答一些基本的問題，因為你在面談的時候，可能無法記住所有想問的問題。如果你透過仲介公司找保母，他們通常會提供一份問卷，如果沒有，你也可以上網搜尋。

雇用保母帶有一點放膽嘗試的成分，有時你可能必須相信你的直覺。潘妮洛碧三歲時，我們全家倉促的從芝加哥搬到羅德島的普羅維登斯，無奈的與我們鍾愛的保母瑪多道別，而且必須盡快找到新保母。

我們後來在沒有見過本人的情況下，雇用了佩琪。我們只和佩琪通過兩次電話，並請她去和我弟弟碰個面。我們只是出於直覺，覺得她是對的人，事實證明她的確很棒，雖然這個決定違背了我一直以來對資料數據的狂熱執著。

幼兒園和保母的比較

決策樹做到現在，你應該已經選出心目中的最佳幼兒園和最佳保母。接下來是兩者加以比較。這兩者之間有優劣之分嗎？

我們找到的資料有個問題：許多檢視幼兒園的研究，比較的是送到幼兒園和媽媽在家自己帶之間的差異。這是個有趣的比較，但是媽媽自己帶和讓保母帶仍然有差別。

「兒童健康發展」研究是我們手上最有參考價值的研究。它把保母和幼兒園這兩個選項做比較，並且設法排除家庭背景造成的影響（雖然效果並不理想）。

這個研究整理出，托育方式對零歲到四歲半的孩子在認知和語言發展的影響，以及對行為問題的影響。[3] 認知方面的影響呈現了不一致的結果。一歲半之前在幼兒園待得愈久的孩子，認知測驗成績會稍微比較低，但一歲半之後在幼兒園待得愈久的孩子，認知測驗成績顯得稍微高一點。

我們很難知道結果為何是如此。一個可能性是，早期一對一的照顧有助於語言發展，但是當孩子大一點之後，比起讓保母或是自己照顧，上幼兒園的孩子比較有機會學習字母、數字和社會整合的能力。另一個可能性是，兩者之間只是有關聯，並沒有因果關係。

整體而言，上幼兒園可以帶來正面影響。四歲半之前上幼兒園的時間愈長，孩子的語言和認知表現會比較好。[4]

在行為方面，行為問題和待在幼兒園的時間長度呈現微小的關聯。但研究者提醒，這個影響相當小，而且所有孩子的行為都在「正常」範圍內。

　　幼兒園的影響（包括對認知的些微正面影響和對行為的些微負面影響）似乎持續存在，直到小學三年級之前。到了三、四年級之後，這個影響就消失了。[5]

　　這雖然只是一個研究結果，但其他研究也呈現類似的影響。[6]上幼兒園與稍微好一點的認知表現和輕微的不良行為表現有關聯。[7]上幼兒園對於認知表現的影響，似乎集中在晚一點上幼兒園的孩子身上。關於這一點，我們找到了多項證據，例如，有一些研究指出，學齡前上幼兒園可以提高孩子的入學準備度（school readiness），而聯邦政府啟蒙方案（Head Start program）的成效，就是根據這些研究得出的。

　　上述研究也評估了其他項目，其中之一是「嬰兒依附關係」（infant attachment）。上幼兒園的孩子對母親的依附會比較少嗎？並沒有。影響依附關係的是父母的教養品質，而不是上幼兒園的時間。[8]

　　最後一個是生病情況的比較。上幼兒園的孩子生病機率比較高。[9]此處的生病指的是感冒、發燒、腸胃炎之類的小病，不是大病。反過來說，早點接觸病毒似乎有助於提高免疫力。在幼兒園待比較久的孩子，在小學一、二年級時比較少得到感冒。[10]

　　種種證據一再告訴我們兩件事：第一，父母的教養品質很重要。這些研究結果最常得出的關聯性，就是父母的教養品質和孩子的發展之間的關聯。你在家裡讀故事書給孩子聽對孩子的影響力，遠大於孩子在幼兒園聽故事受到的影響。雖然你的孩子白天在幼兒園和照顧者相處的時間，與他和你相處的時間長度差不多，但產生的效果就是有差。我們不知道為何會有這樣的差別，或許是因為你對孩子的影響有一致性。第二，托育照顧品質的重

要性，遠大於你選擇的托育類型。比起照顧品質不佳的保母，高品質的幼兒園可能會比較好。反之亦然。

　　由誰來照顧孩子的決定，不只要考慮孩子的福祉，你也必須思考怎麼做對全家人最好。此時，你就要考量孩子認知發展以外的事情。

　　第一是成本。一般來說，請保母比上幼兒園更貴（雖然也有例外）。和另一個家庭合請一個保母，可以大幅降低成本。這個決定與你的預算有關。

　　你該把多少比例的家庭預算花在托育上？這個問題沒有一體適用的答案。從經濟學家的角度來思考（這會進入瑣碎的計算，可能沒有人會想參一腳），就要回到「金錢的邊際效用」。假設和別人合請保母可以讓你一年省下 10,000 美元，而你需要請三年保母，所以你總共可以省下 30,000 美元。很顯然，如果你本來就想和別人合請保母，你會毫不猶豫的決定這麼做。

　　但如果你不想和別人合請保母，你就要思考那 30,000 美元在你的心目中具有多少價值。關鍵在於思考那筆錢的邊際價值。是的，這是一大筆錢（雇用保母超花錢的），但那不是最重要的問題。問題在於，如果你有那筆錢，你會拿來做什麼？如果不用來照顧孩子，第二好的用途是什麼？這和我鼓勵你思考夫妻一人留在家裡帶小孩的價值，是同樣性質的問題。

　　它可能代表你們會住在有庭院的房子、住在公寓的差別，或是度假地點的差別，或是存款變少（如果選擇夫妻其中一人在家帶孩子，退休金也會受影響）。這個決定不容易做，但是當你思考過你對那筆錢的其他運用方式，至少可以讓這個決定變得比較具體：你想選擇的是有自己的專屬保母，或是一年度假兩次，還

是多存一點退休金？

　　除了預算之外，還要考慮方便性。你家或你的公司附近有幼兒園嗎？還是你必須繞遠路來接送孩子？孩子生病時你要怎麼處理？如果孩子在家請保母帶，你就比較不用擔心這個問題（而且在家裡帶的孩子比較少生病），但如果孩子是送到幼兒園托育，你的備案是什麼？

　　我的朋友南西給我一個很有用的忠告：不管選擇哪一種托育方式，夫妻要先協調好，當孩子或保母生病時，誰要負責處理。不要等到遇到狀況時，再爭執誰該請假。

　　最後，你可能會對某個選項比較有好感，這就是支持你選擇那個選項的好理由！許多人不喜歡夫妻中有一人整天待在家裡照顧小孩。如果請家人或保母在家裡幫你帶孩子，你和那個照顧者的關係可能會有點複雜。若你雇用保母，假如有一天你的孩子用保母的名字叫你，你會因此心情不好嗎？這些問題沒有標準答案，但你可以預先思考一下。

　　這是關乎全家人的決定。如果家裡所有的大人都決定要外出工作，你就需要找到你可以接受的托育方式。雖然你在上班時一定會經常掛念孩子的狀況，但如果托育方式讓你不放心，可能使你整天都在為孩子擔心，你最後也許什麼工作都無法完成。找到你真正可以接受的托育方式，就和找到最適合孩子的托育方式一樣重要。

　　最後我要說明一點，決策樹的叉狀分枝或許有誤導作用。照顧孩子的決定不一定是二選一。資料證據顯示，在孩子比較小的時候（一歲到一歲半之前）把他送去幼兒園，可能對孩子產生少許負面影響。當孩子大一點的時候（一歲到一歲半之後），把孩

子送去幼兒園可能會對孩子產生一些正面影響。綜合可知，孩子出生後先讓保母（或祖父母，或是兩者並行）帶，大一點時再上幼兒園，或許是最好的安排。

重點回顧

- 選擇托育方案時，照顧的品質是最重要的考量。若選擇幼兒園，你可以運用一些簡單工具來評估幼兒園的品質。
- 一般來説，孩子上幼兒園的時間比較長，可能為孩子的認知能力帶來少許好的影響，為行為帶來些微不好的影響。
- 孩子大一點的時候再上幼兒園對孩子會比較好，太早上幼兒園可能會產生一些負面影響。
- 上幼兒園的孩子比較容易生病，但是也會激發更強的免疫力。
- 父母的教養品質對孩子的影響，遠大於任何一種托育選項。因此在做托育決定時，不只要考慮孩子的發展，也要將你自己的心情與想法納入考量。

11

自行入睡訓練

　　睡眠是新手（和熟手）父母神祕且難以預測的夢想。

　　大多數的父母會做好心理準備，知道在寶寶出生後的頭幾週不必奢望能好好睡覺；或許你有家人來你家幫忙，至少你不會累到體力透支。到了第二個月，寶寶還是一次只睡兩個小時。到了某個時間點，小兒科醫生會對你說，「長到這麼大的寶寶一次可以睡六個小時。」你聽了之後可能會氣得只想拿筆戳他的眼睛。

　　四個月大時，寶寶偶爾可以神奇的一次睡四個小時，但奇蹟只會出現一次。每天晚上你需要花兩個小時才能把寶寶哄睡，因為你必須至少讓他在你懷裡睡一個小時，然後才能把他放進嬰兒床裡。這代表你的睡眠時間少了一個小時。然後是六個月大，八個月大，寶寶似乎想當個夜貓子。你覺得自己彷彿永遠沒有機會好好睡一覺。

　　當然，不是每個人的經驗都是如此。有些人會告訴你，她的寶寶從第三週開始就一覺到天亮。從我的經驗來判斷，我覺得這些人大多在說謊，不過，我想有少數幾個人說的可能是實話。當然，有些寶寶會睡得比其他寶寶好。可惜，大多數寶寶夜裡會醒

來好幾次，而大多數父母希望半夜不必經常起床。

市場顯然聽見了所有父母的心聲。市面上有大量書籍提供各種方法，教導父母如何讓寶寶睡得好一點。有一篇學術性文章列出了四十本這方面的書，包括《各就各位，預備，睡：哄寶寶入睡的五十種方法》（*Ready, Set, Sleep: 50 Ways to Get Your Child to Sleep*）和《打贏睡眠戰爭》（*Winning Bedtime Battles*）。[1] 就連亞馬遜書店的建議閱讀清單也列出了至少二十本書，像是：

- 魏斯布魯斯的《寶寶睡好，媽媽好睡》
- 法伯的《如何順利解決孩子的睡眠問題》
- 艾索（Ezzo）與貝南（Bucknam）的《從零歲開始》
- 潘特利（Pantley）的《不哭鬧的睡眠解決方案》（*The No-Cry Sleep Solution*）
- 霍格（Hogg）的《超級嬰兒通：天才保母崔西的育兒祕訣》（*Secrets of the Baby Whisperer*）
- 華德伯格（Waldburger）與史匹維克（Spivack）的《輕鬆睡解決方案》（*The Sleepeasy Solution*）
- 明德爾（Mindell）的《一覺到天亮》（*Sleeping Through the Night*）
- 喬達諾（Giordano）的《寶寶睡眠解決方案》（*The Baby Sleep Solution*）
- 特金（Turgeon）與萊特（Wright）的《快樂睡覺去》（*The Happy Sleeper*）

這些書可能相當有吸引力。它們都遵循一個類似的公式：描述一些睡眠的科學知識（有些書提出的理論比較好），提出可提

高睡眠時間長度的建議做法，附上許多成功故事。這些故事可能非常有說服力。故事主角所遇到的問題，都遠比你的問題更嚴重。你看！採用新方法幾天之後，寶寶就能一次睡十二小時，而且早上醒來時心情很好！

在大多數情況下，這些書會提供某個特定做法。例如，《寶寶睡好，媽媽好睡》提出的做法是，把寶寶餵飽並換好尿布，讓他舒舒服服的躺在嬰兒床上，然後離開房間，即使他啼哭也不去安撫他。這本書描述了許多細節（如果你打算做自行入睡訓練，至少要閱讀一部分的做法），書中也花了不少篇幅說明支持這種做法的研究。

有些做法比較複雜。我曾對芬恩試用其中一個做法：他一哭就把他抱起來，等他不哭時，立刻把他放回床上。不斷重複這樣做。我試了三天就放棄了；書中的成功範例我完全學不來。我覺得這種做法非常累人，或許是因為我沒做對。

這些書之間最大的區別，在於它是否提倡某種形式的「哭泣式睡眠法」（cry it out）。廣義來說，「哭泣式睡眠法」指的是，晚上睡覺時間一到就把寶寶放進嬰兒床，讓他自己睡覺，若他在夜裡醒來，也要讓他自我安撫再度入睡。當你把寶寶放進嬰兒床時，寶寶一開始一定會哭鬧，這就是這個名稱的由來。在這個大方向之下，有多種細節不同的做法發展出來，像是寶寶哭鬧時是否去查看、你要讓他哭多久、你希望他一次能睡多久、你會不會在寶寶的房間裡陪他（但不去抱他）等等。

法伯是提倡這種做法最知名的代表人物。有些人甚至把法伯的名字當成動詞來用，代表這個動作（例如，「我打算法伯化（Ferberize）我的寶寶」），儘管魏斯布魯斯的知名度愈來愈

高，而且也推廣哭泣式睡眠法。

《不哭鬧的睡眠解決方案》提出一種變形做法，基本上不使用哭泣式睡眠法，而是透過一套做法教寶寶自己睡覺，而且不會哭鬧得太厲害。不論如何，寶寶多多少少都會有哭鬧的狀況（畢竟他是小嬰兒）。

第三種解決方法在支持親密育兒法（attachment-parenting）的社群非常盛行，主張家長不應該使用哭泣式睡眠法。這個做法大多是根據加州醫生威廉‧西爾斯（William Sears）的理念，西爾斯已經出版過三十多本教養書。

這個理念的擁護者主張，基本上，寶寶哭鬧是因為他需要你，而任他一直哭是一種很野蠻的行為。他們還主張其他觀念：親密育兒法提倡母嬰共寢，因此不需要訓練寶寶自行入睡，因為他們不打算讓寶寶獨自一人睡覺。他們指出，如果孩子睡在你的床上，你根本不需要起床照顧他，只要翻個身，把乳房塞進他嘴裡，然後就可以繼續睡覺。

如果你決定讓寶寶睡在你床上（請參考第六章關於母嬰共寢的討論），那麼你不太可能訓練孩子自行入睡（至少在寶寶還小的時候）。有些人會在孩子一歲以後訓練寶寶自己睡覺，但那不是我們現在要討論的重點。假如你不打算共寢，而且決定讓寶寶睡在嬰兒房裡，當你必須每天晚上每兩個小時起床一次，給寶寶餵奶、哄他入睡、拜託他快點入睡，不用多久你就會開始覺得自行入睡訓練是個好主意。

不過，當你上網查資料時，立刻會找到各種文章，詳述自行入睡訓練對孩子造成的長遠且廣泛的傷害。當你用 Google 查「哭泣式睡眠法」，你在查詢結果的第一頁就會找到一篇心理學

家達西亞‧納維茲（Darcia Narvaez）的文章，標題是「哭泣式睡眠法的危害：對孩子與他們的人際關係造成長遠的傷害」。[2]文章內容如同標題所說，詳述了人們決定這麼做其實是出於自私的理由，而且會遺留許多長期的心理問題。

反對哭泣式睡眠法的人最在意的一點是，這會使寶寶覺得自己被棄之不顧，以致於難以和母親形成依附關係，長大後難以和任何人建立親近的關係。接下來我要簡短提一下，這個看法是從哪裡來的。

答案是：羅馬尼亞的孤兒院。

1980年代，羅馬尼亞政府推行的鼓勵生產政策失敗，造成數千名嬰兒與孩童被遺棄在孤兒院。這些孩子受到非常糟糕的對待，包括食物限縮，以及身體和性虐待。此外，他們幾乎沒有機會與成人接觸。他們長年被丟在嬰兒床裡，不和外人接觸，導致生理發展遲緩，以及精神和心理受到傷害。前來探視這些孩子的研究者發現，這些孩子沒有能力與他人形成情感連結，許多人一輩子深受其害。

這個發現影響了親密育兒法的理念，包括對哭泣式睡眠法的看法。研究者發現，羅馬尼亞孤兒院裡安靜得令人毛骨悚然。這裡的嬰幼兒從來不哭鬧，因為他們知道哭也沒用。哭泣式睡眠法和這個情形沒有兩樣：就和孤兒院裡的那些孩子一樣，你的寶寶之所以不再哭泣，是因為他知道他哭了你也不會來，而他依附他人的能力也因此永久改變。

羅馬尼亞孤兒院的例子是人類歷史上的憾事與恥辱，人類絕對不可以重蹈覆轍。但這和大多數父母使用的哭泣式睡眠法無法類比。哭泣式睡眠法從來沒有說要讓孩子長期不接觸大人，或是

讓孩子遭受任何生理和心理上的虐待。

　　撰文反對哭泣式睡眠法的人當然知道這點，但他們認為，哭泣式睡眠法算是系出同門。被遺棄在孤兒院的孩子受到的嚴重傷害，影響了他們的一生。其他類型的長期生活壓力（身體上的虐待、嚴重的被忽視）通常也會造成一輩子的問題。幾個晚上的自行入睡訓練大概不會造成那樣的結果，但誰知道它會不會導致比較輕微的傷害？

　　所幸，我們有文獻可以參考，至少可以得到某種程度的了解。我們可以透過這些文獻，解答「自行入睡訓練是否會造成傷害」這個問題。不過在深入挖掘資料之前，我們要先問一個最基本的問題：自行入睡訓練到底有沒有效？即使你認為自行入睡訓練不會造成長遠的負面影響，但執行起來還是有點痛苦，因為多數父母不忍心聽見孩子一直哭。假如這套方法沒有效，那就不必試了。所以我們先從這個部分談起。如果這個方法可行，而且可以帶來一些好處，那麼我們再來談談可能的風險。

這個方法有效嗎？

　　先告訴你這個好消息：有效，這個方法的確有助於改善睡眠情況。

　　有非常非常多的研究以這個方法為主題，運用多種相關的做法來進行研究（其中有許多是隨機化試驗）。有一篇 2006 年的文獻回顧涵蓋了十九個採用「消滅」法（Extinction）的研究（「消滅」這個名稱聽起來有點嚇人）。所謂的「消滅」法指的

是，當你執行哭泣式睡眠法時，要一去不回頭。文獻回顧發現，有十七個研究顯示睡眠情況獲得改善的結果。[3] 另外有十四個研究採取「漸進式消滅」法（Graduated Extinction）── 你進孩子房間查看的間隔時間要逐漸拉長。結果所有研究都指出，寶寶的睡眠情況獲得了改善。有幾個研究採取「父母在場式消滅」法（Extinction with Parental Presence）── 你會待在孩子房間裡，但不理會孩子的哭鬧，結果同樣呈現正面的影響。

這樣的效果會持續六個月或一年（因為那些研究只追蹤六個月或一年的時間），這代表一般來說，受過自行入睡訓練的孩子在一年之後，仍然有比較好的睡眠品質。

這些方法並不是執行第一天就完全解決所有的問題。有些孩子的反應比較好，父母也是。以一個 1980 年代的哭泣式睡眠法研究為例，研究者發現，平均來說，對照組的寶寶一週有四個晚上會在半夜醒來，而受過訓練的寶寶只有兩個晚上會醒來。[4] 而且同樣是半夜醒來，受過訓練的寶寶醒來的次數比對照組少。

其他規模相當的研究也有同樣的結果。不是所有受過訓練的寶寶都可以每天一覺到天亮，但平均來說，他們睡得比較好。半夜醒來的次數是一週四天還是兩天，是很大的差別。

至少我們可以說，有大量證據顯示，哭泣式睡眠法是改善寶寶睡眠品質的有效方法。

值得一提的是，大多數的研究（以及所有的書）都建議要進行「睡前儀式」。沒有太多直接證據支持這個做法（文獻回顧稱它為「合乎常理的建議」），但所有訓練方法普遍都包含了睡前儀式。「睡前儀式」的概念是，用某些活動告訴寶寶睡覺時間到了：為寶寶換上睡衣、說故事給他聽、唱某一首歌、把燈關掉。

基本上，沒有人建議父母把衣服穿好穿滿的寶寶丟進嬰兒床裡，讓燈亮著，告訴他該睡覺了，然後關上房門離開。

益處

儘管大眾對自行入睡訓練的討論大多聚焦於可能造成的傷害，但學術論文卻多半集中於可能帶來的優點，包括寶寶睡眠情況的改善，以及父母獲得的好處。

最重要的是，睡眠訓練似乎對於減少媽媽的產後憂鬱症非常有幫助。舉例來說，有一個澳洲的研究以 328 名孩童為對象，研究者隨機讓一半的人接受自行入睡訓練，將另一半的人當作對照組。兩個月和四個月之後，研究者發現，寶寶有接受訓練的媽媽比較少有憂鬱的情況，而且健康情況也比較好。她們也比較少就醫求診。[5]

所有研究一致得到這樣的結果。所有睡眠訓練方法都改善了父母的心理健康，包括減少憂鬱、對婚姻更為滿意，以及比較低的教養壓力。在某些案例中，效果非常的顯著。[6] 有一個小型（非隨機）研究指出，報名參加試驗的媽媽有 70% 達到臨床憂鬱症的標準，她們的寶寶接受自行入睡訓練之後，這個比率下降到 10%。[7]

很顯然，我們希望把所有可能的風險都考慮在內，但也不能忽略自行入睡訓練對父母有好處的事實。睡得好對孩子的發展有益。讓孩子養成好的睡眠習慣（讓孩子睡得更久、品質更好），可以為孩子創造長遠的正面效益。

哭泣式睡眠法有害嗎？

　　哭泣式睡眠法的效果很好，可以幫助父母和孩子有更好的睡眠品質，而且可以提升父母的心情和幸福感。但是這種方式對孩子有沒有害處？

　　有幾個優質的隨機化試驗可以回答這個問題。一個代表性的研究來自瑞典，發表於 2004 年。這個研究以九十五個家庭為對象，將他們隨機分派，接受某種形式的哭泣式睡眠法訓練。[8] 研究者關注的是，孩子白天的行為是否受到自行入睡訓練的影響。簡單來說，他們想問的問題是，父母在晚上任孩子哭鬧不去理會，是否會使孩子在白天與父母的依附關係變得比較冷淡？

　　研究結果發現，事實上，接受哭泣式睡眠法的訓練之後，孩子的安全感和對父母的依附反而提升了。父母也說，孩子白天的行為和進食情況也有了進步。這和大家對哭泣式睡眠法的擔憂恰好相反。

　　另一篇是 2006 年的文獻回顧，檢視了以自行入睡訓練為主題的研究，涵蓋十三種不同訓練方法。它指出：「沒有任何研究發現，因為參與行為導向的睡眠計畫而導致的不良二次效應。相反的，接受睡眠訓練的嬰兒會比較有安全感、可預測、比較不煩躁，以及較少哭鬧和激動。」[9]（用白話來說就是：所有研究都沒有找到不良影響，大多數寶寶在接受自行入睡訓練後，似乎變得比較開心。）其他比較新的研究也做出相同的結論[10]。

　　所有研究結果可以解讀為：寶寶得到比較好的休息，父母也得到比較好的休息，結果使所有人心情都變好了。但這個解讀超出了資料的範圍，而且沒有提到運作機制，只提到了效果。

　　上述證據聚焦於對寶寶的直接影響，但這並不是哭泣式睡眠法的反對者最擔心的事。他們擔心的是長期的影響。是的，寶寶的哭鬧減少了，或許連白天也是，但這是因為他們放棄了，不是因為他們變得更開心。

　　要完整回答這個問題，需要追蹤這群孩子更長的時間，看看長遠的風險是否存在。當然，這會提高隨機性試驗的執行難度，因為長期追蹤比較難做，而且比較花錢。然而，我們有一個現成的例子，也就是我稍早提到的那個澳洲的研究。

　　這個研究找來了 328 個有八個月大寶寶的家庭。研究者得出一個結論：睡眠訓練改善了寶寶的睡眠情況，也減少了父母的憂鬱情況。[11] 但他們沒有就此打住。他們在一年後、五年後（也就是孩子六歲時），再度對這些孩子進行評估。結果沒有發現任何差異，包括情緒穩定度與行為舉止、壓力、親子親密度、衝突、親子依附關係，或是孩子與其他人的關係。基本上，有沒有接受過睡眠訓練的孩子看起來都一樣。[12]

　　這個研究（以及我提過的其他研究和文獻回顧）並沒有指出，哭泣式睡眠法造成了任何長期或短期的傷害。這個方法對孩子發揮了效果，父母也從中受惠。情況似乎對哭泣式睡眠法有利。但並不是所有人都同意這個看法。

　　有些學術文章從理論層面反駁哭泣式睡眠法。一個很好的例子是 2011 年刊登在《睡眠醫學評論》（*Sleep Medicine Reviews*）的文章。[13] 作者用一個案例來反對哭泣式睡眠法，他們根據的理念是，嬰兒哭鬧是一種壓力信號，因此父母最好不要忽略嬰兒哭鬧。他們提出本文稍早提到的依附理論（也就是以孤兒院為依據的理論）並主張，採取哭泣式睡眠法的父母忽略了孩子想開始和

外界溝通的意願。

對這些人來說，哭泣式睡眠法的效果無法說服他們，反倒可以證明它對孩子有害。《睡眠醫學評論》有一篇文章說，「孩子不再哭泣代表孩子被『治癒』了，還是孩子已經『放棄』，因此陷入抑鬱，進而放棄建立依附關係？」[14]

這句話和其他類似論文的主要論點是，嬰兒哭泣是壓力的信號（這或許是事實），即使是幾天或幾週的短期壓力，也可能對孩子造成長遠的不良後果（這只是猜測）。這些作者通常會引用某個研究來支持這種壓力說。有一個 2012 年發表的研究以 25 對紐西蘭母子為對象，讓他們在睡眠實驗室接受睡眠訓練，進行為期五天的住院觀察。[15] 護理師要記錄嬰兒和母親的壓力荷爾蒙皮質醇（cortisol）數值，還要哄寶寶入睡，並監督睡眠訓練的流程。

每天在進行睡眠訓練之前，護理師會檢測寶寶和母親的皮質醇數值並記錄下來，在寶寶睡著之後，再測一次數值。第一天，所有寶寶都有哭。他們的皮質醇數值在訓練前和睡著後是相同的。媽媽的皮質醇數值在寶寶哭泣前和睡著後也相同。第二天也是如此。

第三天，沒有任何一個寶寶哭（本文稍早有提到，這種訓練是有效果的）。他們的皮質醇數值維持不變：睡覺前和睡著後都相同。但媽媽的數值出現了變化：當寶寶不哭時，媽媽的皮質醇數值下降了。

研究者認為，這代表睡眠訓練是有問題的。寶寶接受睡眠訓練後，媽媽的壓力水準不再和寶寶同調，他們將這個現象視為可能的證據，指向媽媽和寶寶之間的依附關係變弱了。

有不少人評論說，這是過度解讀。一個理由是，這份研究沒

有提供皮質醇的基準值，所以我們無從判斷寶寶是否感受到比較大的壓力。另一個理由是，這個研究只提供三天的數據，所以我們不知道接下來的情況是如何。

先不管這些，我們不太明白，媽媽和寶寶的皮質醇數值在寶寶接受訓練後出現不同調的情況，為何是個問題。實際上，這個研究顯示，媽媽在寶寶接受訓練後變得比較放鬆，而寶寶沒有發生任何變化。這看起來是正面的結果，而不是負面的結果。

在最根本的層面，這個反對睡眠訓練的論點純粹是理論性的。我們知道虐待和忽略會造成長遠的後果，但我們如何能確定，連續四天哭到睡著的經驗，不會對寶寶造成長遠的後果？你或許以為，你可以從數據看出睡眠訓練沒有長遠的影響，但從理論層面反推論，或許有些孩子會受到重大的影響，但你不知道哪些孩子屬於這種人。

我們幾乎無法反駁這個論點。我們沒有辦法證明它是正確或是錯誤。你需要大量樣本，但即使你有大量樣本，多數研究的目的不是為了找出這種異質性。

一個相關的論點是，雖然孩子在五、六歲時看起來很好，但或許睡眠訓練的後遺症要成年後才會顯現出來。同樣的，這個論點也難以用研究證實。

比較公允的說法是，如果能獲得更多資料會更好，資料永遠不嫌多！是的，如果得到了更多資料，或許會發現一些輕微的負面影響。我們能取得的研究並不完美。

然而，基於這種不確定性就反對睡眠訓練，這樣的看法是有瑕疵的。因為你同樣可以提出相反的論點：睡眠訓練或許對某些孩子有很大的好處（他們非常需要不中斷的睡眠），不讓孩子接

受睡眠訓練反而可能對孩子有害。研究資料無法支持這個論點，但研究資料同樣無法證明，睡眠訓練是有害的。

你也可以說，產後憂鬱症會對孩子造成長遠的影響，因此睡眠訓練會為孩子帶來長遠的益處。這個論點反而比較可能成立。

總之，你必須在資料不夠完美的情況下，做出決定（其實所有的教養決定都是如此，去怪研究教養議題的人吧！）。不過如果有人說，不接受睡眠訓練是「最安全的選項」，那就是個錯誤的說法。

這是否代表你一定要做自行入睡訓練？當然不是。每個家庭都不同，你有可能一點也不想讓你的孩子哭到睡著。你必須自己做決定，每個決定都是如此。但如果你想進行自行入睡訓練，也不必感到不好意思或不自在。研究資料（雖然不完美）是站在你這邊的。

用哪個方法，什麼時候做？

大多數的哭泣式睡眠法是三大主題的變形：「消滅」法 ── 離開孩子的房間就不再回來；「漸進式消滅」法 ── 回來查看孩子的間隔逐漸拉長；「父母在場式消滅」法 ── 待在孩子房間裡，但什麼事也不做。法伯擁護第二種方法，魏斯布魯斯傾向支持第一種方法。

這三種方法都有證據可以支持它的效果。前兩種方法有比較多證據的支持，但沒有太多證據指出哪一種方法最有效。此外，有些研究指出，家長最容易接受「漸進式消滅」法，也比較容易

持續執行；但也有一些研究發現，這種方法會使寶寶睡前啼哭的現象持續比較久。[16]

　　所有方法唯一的共通原則是，一致性是關鍵。不論是哪一種方法，一旦選擇了，就要貫徹執行，這樣比較容易成功。因此，最重要的考量是，哪一種方法是你認為自己能做到的。可以進房間查看孩子的狀況，會不會讓你好過一點？還是你比較想在關上孩子的房門之後，就不再回去查看？

　　預先做好計畫也非常重要。你不該因為孩子某一天比較難帶，就突然決定要開始訓練孩子自行入睡。這應該是你有計畫進行的事，最好是和照顧者討論過，或許也可以和醫生討論一下。當你做好計畫之後，就要貫徹執行。

　　關於什麼年紀最適合開始訓練，我們沒有太多原則可以參考。大多數的研究找來的對象是四到十五個月大的寶寶。不過，研究者之所以找上這些對象，是因為這些寶寶被診斷出睡眠問題，所以年紀通常稍微大一點。一般來說，六個月大的寶寶會比三個月大的寶寶更好訓練，而兩歲的孩子可能比較難訓練成功。不過，這些方法似乎適用於各種年紀的孩子。

　　值得注意的一個重點是，你的訓練目標或許要隨著孩子的年紀調整。例如，魏斯布魯斯建議，寶寶八或十週大時就可以開始訓練。這個年紀的嬰兒不太可能半夜不醒來喝奶，所以你不該期待寶寶一睡就是十二個小時。假若寶寶半夜醒過來，你也不需要因此感到挫折或覺得自己失敗了。對於十週大的寶寶，睡眠訓練的目標是鼓勵孩子一到晚上就自行入睡，而且只有在肚子餓時才會醒來。

　　另一方面，十個月或十一個月大的孩子半夜應該不需要吃東

西，因此，你的目標應該是讓孩子自行入睡，而且一覺到天亮。

簡言之，睡眠訓練的目標並非剝奪孩子的基本需求（不管別人怎麼說），像是喝奶和換尿布，而是鼓勵孩子在所有生理需求滿足之後，學會自己入睡。

關於小睡

大多數的睡眠指導書也建議，你可以把晚上使用的睡眠訓練應用在白天，包括使用哭泣式睡眠法。

不過，我找不到任何聚焦於白天睡眠訓練的研究。我們沒有理由認為，日間和夜間的啼哭有什麼差別，因此，沒有人研究這個領域似乎也不是什麼大問題。比較複雜的問題是，日間訓練會不會有效果。

日間睡眠比夜間睡眠更複雜。白天的小睡比較晚才會整合在一起（請參考寶寶作息表的章節），而且比較快結束（也就是不再需要白天的小睡）。即使是夜間睡得很好的寶寶，白天的小睡也可能有點不規律。簡言之，白天的睡眠訓練結果傾向於不是成功，就是失敗。

你該怎麼做？

潘妮洛碧出生時，我們還住在芝加哥，我們遇到一位很棒的小兒科醫生——李醫師，她恰好是魏斯布魯斯體系的成員。我們

沒見過魏斯布魯斯本人，一般來說，他的方法有助於睡眠訓練成功。我們有訓練潘妮洛碧自行入睡，大致上按照《寶寶睡好，媽媽好睡》提供的方法執行。

　　然而我必須說，我們沒有堅守原則。我們一開始採用「漸進式消滅」法，也就是當潘妮洛碧啼哭時，我們會去查看她的狀況。這個做法有改善一些情況，但沒有徹底成功。潘妮洛碧有時候會哭，有時候不哭，這樣持續了幾個月。傑西和我不斷討論，我們去查看的間隔應該多長，以及誰負責去查看諸如此類的事。

　　有一次我們帶潘妮洛碧去看醫生時，向李醫師說明我們的做法。結果她用親切但堅定的態度告訴我們，最好不要再去查看潘妮洛碧的狀況。我們照做了，自行入睡訓練終於成功了，潘妮洛碧從此睡得很好。

　　第二次進行自行入睡訓練時，我不希望重蹈覆轍。因此在生芬恩之前，我們先做好計畫 —— 把內容寫下來，達成共識，而且要貫徹執行。

　　我們用任務管理軟體 Asana 做規劃。傑西新增了一個任務 —— 「芬恩睡眠訓練」，我們利用這個軟體來來回回的討論。

　　（你可能會問我，為何不用電郵或當面討論？我們不想用電郵討論家務事，因為那些信件會和公務電郵混在一起，日後會很難找。我們發現，用文字而不是當面討論這類的事情，對我們很有幫助，尤其在我們有很多意見，而且情緒激動的時候。用文字吵架的溝通效果會比較好，因為我們會平靜思考自己想說的話。如此一來，就能把面對面溝通的時間用來分享系上的聘雇人選這類令人興奮的話題。實在太有趣了！）

　　經過來來回回的討論，傑西和我終於達成共識。

第一個時段：上床時間／入夜的時候

- 芬恩要在潘妮洛碧睡著之後去睡覺，大約在傍晚 6:45。
- 我們會幫他換上睡衣，唸故事書給他聽，做為睡前儀式。
- 餵他喝奶，然後把他放進嬰兒床。
- **晚上 10:45 之前不到他的房間查看情況。**

第二個時段：過夜時間表

- 晚上 10:45 之後，如果芬恩哭了，就餵他喝第一次奶。
- 餵完第一次奶之後，接下來每次餵奶至少要隔兩個小時以上。

   例如：如果他在半夜到凌晨 12:30 之間喝奶，接下來至少要到凌晨 2:30 以後再餵他喝奶。

   注：寶寶在剛入夜的時候會睡得最久，因此魏斯布魯斯說，我們在第二個時段可以有頻繁一點的回應，而不要在剛入夜的時段給予太多回應。

第三個時段：早晨

- 在早上 6:30 到 7:30 之間醒來。
- 假如他在早上 6:30 醒來，我們就把他抱起來。
- 他最晚可以睡到 7:30。如果他 7:30 還沒醒過來，我們就把他叫醒。

　　這個計畫大致上是按照魏斯布魯斯的模式規劃，目標是鼓勵芬恩到了睡覺時間就自行入睡，但不要讓他餓到。我們大約在他十週大時開始執行這個計畫，這時芬恩半夜仍然需要喝兩到三次奶，但我們覺得他已經準備好在入夜時自行入睡。

　　這次的訓練成功了。芬恩比潘妮洛碧好搞多了──他在第一個晚上大概哭了二十五分鐘，第二個晚上只哭幾分鐘，接下來就幾乎不太哭了。我要說明：他在第一個時段結束之後經常會醒過來，大約到七、八個月大時，才能一覺到天亮。

　　我想，我們成功的一個原因是，我們把計畫寫成文字。你或許不想弄得這麼正式，再說了，即使你做好了計畫，執行時多多少少會有些變動，這都沒關係。不過，心裡對計畫的大概樣貌有個底，並且和伴侶達成共識，會比較容易成功。

　　我們也知道，芬恩的訓練如此順利，是因為他的配合度比潘妮洛碧更高，而且我和傑西也比較有育兒經驗了。即使你用完全相同的方式對待你的兩個孩子，他們的反應可能會不同，有些人的反應會比較好。

　　我們成功的最後一個原因是，我們有潘妮洛碧做後盾。

　　進行睡眠訓練時，你心中最大的恐懼是擔心孩子會因此恨你。唯有當你能說服自己，這麼做對全家人都好，它可以幫助你和寶寶真正的好好休息，你才有機會成功。而且你要記住，這麼做不會對孩子造成任何後遺症。

　　當然，在執行的當下，我們很難記住這些事。傑西和我第一次訓練芬恩時，他一直哭個不停，我們一邊聽著他在房間裡哭，一邊帶潘妮洛碧上床睡覺。我當時非常焦慮。不論你多麼相信你的計畫，聽到孩子哭，總是令人六神無主。就在這個時候，潘妮

洛碧很認真的看著我，並對我說，「媽媽，你絕對不能進去他的房間。他要學會自己睡覺。我們必須幫助他。」

當你看著這個受過自行入睡訓練、而且顯然不恨你的孩子對你說這些話，你的恐懼不知不覺就煙消雲散了。

重點回顧

- 哭泣式睡眠法有助於寶寶在夜間睡得更好。
- 證據顯示，睡眠訓練對家長很有幫助，包括減少憂鬱和提升心理健康。
- 沒有證據指出，睡眠訓練會對嬰兒造成長期或短期的傷害，反而有證據顯示，睡眠訓練可以帶來直接的好處。
- 證據指出，許多種睡眠訓練方法都有效果，但沒有太多證據指出哪個方法最有效。
  - 最重要的是一致性：選擇你可以持續做下去的方法，然後貫徹到底。

12

母乳之外：開始餵副食品

倫敦國王學院的吉迪恩・萊克（Gideon Lack）專注於研究小兒過敏，尤其是對花生的過敏。有一次他和以色列的同事聊天時，發現對花生過敏的以色列孩子比英國孩子少很多。他在2008 年發表了一篇論文，檢驗這個理論是否正確。他請五千名散居在以色列和英國各個地區的猶太兒童填寫問卷，結果發現，英國的學齡兒童對花生過敏的比例，大概是以色列孩子的十倍。[1]英國有近 2% 孩子對花生過敏，以色列只有 0.2%。

在這篇論文中，萊克博士與同事不只點出了兩個國家之間普遍存在的差異，他們還推測原因何在：嬰兒期是否食用花生。以色列的嬰兒普遍會食用花生，他們有一種非常受歡迎的花生口味嬰兒點心叫作 Bamba。研究者認為，這可能是以色列兒童比較少人對花生過敏的原因。

比較細心的讀者可能會發現，這類主張是最令我抓狂的事。英國和以色列之間的差異多不勝數！光靠英國的猶太兒童來檢視這個議題一點也不周延。兩個國家之間有一個明顯的差異之處：確診率。有沒有可能，是因為英國把輕微過敏的孩子也診斷為對

花生過敏，而以色列只把嚴重過敏的孩子診斷為對花生過敏？由於研究的資料來源是問卷，所以我們無從確認這些孩子的過敏程度是如何。

如果萊克的研究就此打住，我們就只能得到一個有趣的事實，以及不太令人滿意的推測性理由。所幸，萊克用一個更令人信服的方法繼續研究：隨機對照試驗。

在接下來的幾年，萊克與同事募集了大約七百名四個月到十一個月大的嬰兒，將他們隨機分派到食用花生組和不食用花生組。研究者告訴食用花生組寶寶的家長，要讓孩子每週吃六公克的花生，吃以色列的花生口味點心或是一般的花生醬都可以。對照組的父母則被告知，不要讓孩子吃花生。

這些孩子是研究者挑選過的，他們比一般人更容易對花生過敏。這樣可以確保，即使運用規模相對較小的樣本，也能得到有說服力的結論。研究者把孩子分成兩組，一組不容易對花生過敏，另一組比較容易。這樣他們就可以看出整體的影響，以及對容易過敏的孩子造成的影響。當然，研究者會隨時留意孩子是否出現不適反應。

2015 年，他們將研究結果發表在《新英格蘭醫學期刊》（New England Journal of Medicine），[2] 結論非常驚人（參見下一頁的圖表）。從嬰兒期開始吃花生的孩子，在五歲時對花生過敏的機率，遠低於不吃花生的孩子。不吃花生的孩子到了五歲時，有 17% 對花生過敏（請注意，由於研究樣本是特別挑選過的，所以換算到一般民眾時，這個比例會更高）。吃花生的孩子只有 3% 對花生過敏。

由於這是個隨機化試驗，所以我們可以確定，是否食用花生

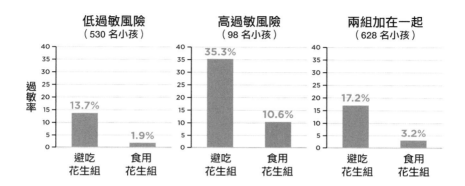

是造成差異的原因。除此之外，高風險組和低風險組都呈現這樣的差異。

　　這樣的結果令所有人大吃一驚。研究指出，嬰兒期開始吃花生可以幫助孩子長大後不對花生過敏。這個結果之所以格外引人矚目，是因為它駁斥了所有人一直以來給家長的建議（我們帶潘妮洛碧時得到的建議是，等到她一歲時再讓她吃花生）。孩子屬於高過敏風險群的家長，通常會得到這樣的建議。[3]

　　結果這個建議幫了倒忙，甚至可能需要為過去二十年來對花生過敏人數的增加負起責任，這樣說一點也不為過。你的孩子必須自己帶葵花籽醬到學校去嗎？錯誤的公共健康觀念宣導可能是罪魁禍首。

　　自從這些關於花生的研究結果發表之後，對於食用花生的建議出現了大逆轉。讓孩子盡早食用花生現在成為主流觀念，尤其是有過敏體質的孩子。我們希望，翻轉後的新建議被廣泛傳播和採用之後，能減少花生過敏造成的生命威脅。這都要感謝萊克。當然，這也凸顯出一個問題：我們不該沒有根據或只有薄弱的證據，就提供建議。

　　開始吃花生的時間點不是唯一的小兒飲食建議。美國兒科學會（以及其他機構）有一個網站，專門教你如何開始讓孩子吃副食品，但大多數的建議沒有太多證據支持。

　　美國兒科學會對副食品的建議和西方世界的傳統觀念差不多。四到六個月大的寶寶可以開始吃米精或燕麥粥，用湯匙餵食。別忘了拍幾張可愛的照片寄給阿公阿嬤！將來在孩子的婚禮上用得著。

　　幾天或一個星期之後，再讓孩子吃水果和蔬菜，一次只吃一種新食物，連續吃三天，然後再試另一種食物。標準的建議是讓孩子先吃蔬菜、再吃水果，因為水果比較有味道。一個月左右之後，再開始餵肉類。所有的食物都要打成泥，用湯匙餵。

　　我們帶潘妮洛碧時完全按照這些建議做。我曾經試著自己做嬰兒食品，但幾乎馬上就放棄了。於是我開始在家裡囤積大量有機嬰兒食品。我家有一個食品櫃是專門用來存放這些瓶瓶罐罐的。當潘妮洛碧的年紀到了吃副食品的下一個階段時，我們家還剩下一大堆「第二階段」的雞肉地瓜泥。

　　最後，你開始讓孩子吃他們可以自己用手拿的東西，包括燕麥圈和米果。大概一歲左右，慢慢停掉泥狀食物（沒錯，我們又剩了一大堆罐裝嬰兒食品）。

　　這些建議本身並沒有任何問題。多年以來，許多人都是照著這些建議做的。

　　這個方法的背後確實有道理。孩子在四個月以前沒有能力吃固體食物（吃東西和喝東西是截然不同的能力），而你也沒有理由給孩子吃母乳以外的食物。此外，母乳和配方奶以外的食物所提供的營養素，未必適合新生兒。時間的選擇很重要。

　　我們一開始先餵孩子米精。米精沒有味道，所以你可以把它混進母乳或配方奶裡，孩子會比較願意吃。米精裡添加了鐵質，可以為寶寶補充營養，因為母乳裡的鐵質對這個年齡的孩子已經不夠了。

　　我們間隔幾天再讓孩子吃下一種新的食物，是為了知道孩子是否對任何食物過敏。如果你在同一天餵孩子吃了草莓、雞蛋、番茄和小麥製品，而孩子出現了過敏反應，你就難以判斷過敏原來自哪一種食物。

　　上述主張符合邏輯，但沒有經過太多試驗的驗證。因此，我只能說這些建議是建立在邏輯之上，而不是證據。

　　例如，沒有證據指出，孩子應該先吃哪一種副食品。假如你想讓孩子先吃紅蘿蔔或梅乾，而不是米精，我找不到任何文獻說，你不可以這樣做。當然，你的孩子或許比較能接受米精，但紅蘿蔔其實比較有味道。芬恩覺得米精簡直是在開他玩笑，他唯一能接受的米糊類食物是中國餐館的米粥。

　　同樣的，間隔幾天再讓孩子嘗試新的食物也有其道理。幾乎所有的過敏都是由幾樣特定食物導致，包括牛奶、雞蛋、花生和堅果。因此，不要讓孩子同時嘗試這些東西是明智的做法。但多數人對大多數食物不會過敏。當然，你可能對豌豆過敏，但這個情況非常罕見。這不表示每隔三天嘗試一種新食物的做法有任何問題。另外有證據指出，孩子對於新食物需要經過多次嘗試，才會開始喜歡，因此讓孩子一次只嘗試一種新食物是有道理的。另一方面，如果你打算讓孩子在一歲之前嚐遍所有食物，就必須加快速度。

　　我們剛剛討論的方式與傳統的做法稍微有點不同。有些人的

方式背離傳統更遠，並認為根本不需要用湯匙餵食物泥。這種另類做法在近幾年開始流行，被稱作「寶寶主導式離乳」（baby-led weaning）。這種做法跳過用湯匙餵食物泥的階段，等到寶寶能自己用手拿東西吃的時候，直接讓他跟著大人吃。

我對芬恩採取的就是這種方法。我很希望我能告訴你，我決定這麼做，是因為我後來找到了大量證據，證明這個方法比較好。但真正的原因是我無法忍受再次讓食品櫃堆滿罐裝嬰兒食品。採用寶寶主導式離乳法，你只需要給孩子吃大人吃的食物就好了。這聽起來似乎很棒！我本來就有下廚。我樂於嘗試不讓食品櫃淪陷的簡便新方法。

提倡寶寶主導式離乳的人並不是因為懶惰才支持這個方法。他們是為了孩子好：寶寶可以學會調整自己的進食量，使他們長大後比較不會過重或肥胖；比較能接受多樣化食物；全家人可以擁有更愉快的用餐時光。

不過，支持這些說法的證據其實很有限。[4]一個主要的原因是，採取這種方法和採取傳統方法的父母是不同類型的人。他們的收入、教育程度通常比較高，也比較重視全家人一起吃飯這件事。這些因素都會影響用餐的感受與食物的品質，這使得我們難以單獨看出寶寶主導式離乳的真正效果。

我們手上最好的證據來自一個小型隨機化試驗。這個研究以兩百個家庭為對象，[5]研究結果支持寶寶主導式離乳的一部分主張，但不是全部。採取寶寶主導式離乳的家長說，孩子不太會挑食。研究顯示，這些寶寶經常和家人一起吃飯，哺乳期比較長，開始吃副食品的時間比較晚（也就是六個月大左右才開始吃副食品，而不是四個月大）。

　　另一方面，研究發現，主導式離乳的孩子在兩歲時體重過重或肥胖的狀況，和用湯匙餵副食品的孩子相比，沒有任何差別，這兩組孩子攝取的營養素或總卡路里也沒有差別。研究者提到，因為主導式離乳的孩子吃的東西沒有和大人分開，所以他們攝取的營養素和總卡路里很難估算。不過，這兩組孩子吃的食物有一點差別（例如，主導式離乳的孩子會吃比較多肉類和鹽），但這些差別沒有形成任何系統性的差異。

　　大家對寶寶主導式離乳最大的疑慮是，還吞不下大塊食物的孩子可能比較容易噎到。研究指出，兩組孩子噎到的風險其實差不多。孩子被食物噎到算是相當普遍的情況，研究者提醒家長，不要讓孩子吃容易噎到的食物。不論是否採取寶寶主導式離乳，家長都不應該餵四個月大的寶寶吃質地較硬的大塊水果。

　　這個研究只追蹤了兩百名嬰兒的情況。很顯然，要更了解寶寶主導式離乳的影響，我們需要更周延的研究資料。假如你想嘗試寶寶主導式離乳，沒有證據指出這個方法不好。假如你不想嘗試，同樣沒有強大的證據說你應該要這麼做。

　　最後我想談一下時間點的選擇。關於什麼時候應該開始讓寶寶吃副食品，這個問題引發了一些爭論，尤其是太早讓孩子吃固體食物，是否會導致孩子長大後容易肥胖。等到寶寶四個月大再讓他開始吃副食品的理由是什麼？還是應該等到他六個月大、甚至更大一點？等到寶寶四個月大是基於生理學的因素：因為不到四個月大的寶寶沒有能力吃副食品。四個月大之後，早一點或晚一點餵副食品似乎就不是那麼重要了。讓寶寶吃副食品的時間點和兒童肥胖有些關聯，但似乎是其他原因造成的，像是父母的體重和飲食。[6]

餵孩子吃什麼很重要嗎？

你需要決定孩子的副食品是否要從泥狀食物開始，但另一個問題其實更重要：你到底該餵孩子吃什麼？每個人都需要吃東西，而且是固體食物，所以不論你用什麼方式開始讓孩子吃東西，都需要面對這個問題。

不過，沒有人能保證你的孩子什麼都吃、吃的是健康的食物，以及願意嘗試新的食物。養出喜歡吃雞塊和熱狗的孩子並不難。但你要如何讓孩子愛吃清炒羽衣甘藍和泡菜炒魷魚？或是至少讓他們願意嘗試看看？

我們要先承認一件事：不是所有人都很在意這件事。你或許會在意孩子吃不吃某些蔬菜，但你或許不會特別在意孩子挑不挑食。如果有個孩子只吃青花菜和義大利麵，並沒有什麼問題，只要你們全家人可以接受就好。說得再極端一點，你可能不在意孩子是不是只吃義大利麵，也許你心想，他長大了自然就會開始吃青花菜。不過，你需要比別人更認真的思考，如何讓孩子攝取所有必要的維生素，除此之外，挑食並不是大問題。

你家的飲食習慣會影響你對這個問題的重視程度。有一陣子，我每天要煮兩頓晚餐——先煮給潘妮洛碧吃，晚一點再煮大人吃的東西，這對我來說是很大的負擔。最後，我們同時調整大人和小孩吃的東西，讓全家人可以一起吃飯。只是，也有許多人不介意每天煮兩頓晚餐。

然而，假設你想吃得健康一點。好消息是：有很多研究在探討這個議題。壞消息是：大多數的研究都不夠嚴謹。

我們以 2017 年的一個研究為例，這個研究曾經引發媒體爭

相報導。[7] 研究者以 911 名兒童為對象，從他們九個月大追蹤到六歲，比較他們在嬰兒期和兒童期吃的食物。結果發現，九個月大時吃各種食物（尤其是各種蔬菜水果）的孩子，到了六歲時仍然會吃各種食物。

研究者做出結論：味覺的偏好很早就形成，因此，在嬰兒期讓孩子嘗試各種食物很重要。

這當然是可能的解釋之一，但不是最主要的原因。更可能的原因是，在孩子一歲時餵孩子吃蔬菜的父母，到了孩子六歲時仍然會讓孩子吃蔬菜。這只是非常基本的因果關係，我們難以由此得知太多其他的事情。

然而，我們可以透過一個規模更小、更間接的研究得到一些線索，了解真正的關係。

在這個研究中，研究者募集了一群懷孕的準媽媽，把她們隨機分派到「高含量紅蘿蔔」組和「低含量紅蘿蔔」組，請她們在懷孕和哺乳期間分別攝取大量和少量的紅蘿蔔。「高含量紅蘿蔔」組的媽媽需要喝大量的紅蘿蔔汁。

當她們的孩子可以開始吃米精時，研究者讓這些孩子吃用開水泡或用紅蘿蔔汁泡的米精。媽媽喝大量紅蘿蔔汁的寶寶會比較喜歡吃用紅蘿蔔汁泡的米精（從他們吃的量、吃東西的表情，或直接把整碗米精丟到地上，來判斷他們的喜愛程度）。[8] 這樣的結果顯示，味覺體驗會影響孩子是否願意接受新的味道（在這個例子中，孩子透過胎盤和母乳接觸過紅蘿蔔的味道）。

此外，有相關的隨機化研究指出，孩子開始吃副食品後，重複接觸某種食物（例如，連續一週每天讓孩子吃梨）會讓孩子更喜歡這種食物。不論是水果或蔬菜，甚至是帶有苦味的蔬菜，

都是如此。[9] 這個結果強化了一個觀念：孩子有能力適應各種味道，而且他們喜歡熟悉的味道。

這樣的結論應該不令人意外。不同國家的人喜歡吃的東西不一樣，而我們知道，人會懷念小時候吃過的東西，即使後來移居到其他地區。[10]

綜合而論，一方面，從全球公共衛生的觀點，我不認為孩子在一歲時沒有吃蔬菜，會導致他們六歲時不愛吃蔬菜。問題在於，父母是否在孩子一歲和六歲時都讓他們吃蔬菜。另一方面，從為人父母的角度，我會建議，如果你希望孩子願意吃各種食物，那麼你可以讓他們嘗試多種食物，而且同一種食物要重複嘗試，這樣會很有幫助。

可惜，即使你在哺乳期吃各種怪異的食物，而且持續讓孩子吃球芽甘藍，孩子仍然可能會挑食。研究者把這種挑食分為兩類：食物恐新症（food neophobia）（害怕沒吃過的食物）和挑食（孩子只喜歡少數幾樣食物）。

在討論這個議題以及解決方法（很難）之前，你應該要知道，大多數孩子在兩歲左右會變得特別挑食，情況到了上小學的階段會慢慢改善。有些家長會百思不解：家裡那個一歲半的寶寶本來吃起東西總是狼吞虎嚥的，兩歲時突然變得很挑剔，而且每次都吃不多。以我為例，有一個時期，每到晚飯時間，孩子吃了一口之後就說：「我吃飽了！」

這樣的變化可能會使父母對孩子的食量產生不符合現實的期待。2012 年有一篇文獻回顧提到，「一到五歲之間因為不吃東西被父母帶去看診的孩子，大多都很健康，他們的食欲也符合他們的年紀和成長標準。」[11] 它還說，這個問題最有效的治療方

式，是讓父母接受心理諮商，孩子本身沒有任何問題。謝謝你的判決，研究者。

這代表即使孩子不怎麼吃東西，你也不必太擔心，但這並沒有告訴你該如何處理或避免孩子挑食。我找到一些以挑食為主題的研究。我很喜歡其中一個研究。它追蹤了六十名十二到三十六個月大的孩子和他們的家庭，觀察這些家庭讓孩子吃新東西的情況。這些家庭把他們某一天的用餐情況錄影下來，研究者會透過影片試圖了解，是什麼原因影響了孩子對新食物的接受情況。[12]

研究指出，家長說的和做的其實不一致。這沒什麼不好，因為一般人本來就不善於描述自己的實際行為。研究者的最大發現是，父母怎麼和孩子說明食物是關鍵。當孩子聽見「支持自主提示」（autonomy-supportive prompts），他們會比較願意嘗試新食物，像是「試試看你碗裡的熱狗」，或是「梅乾就像是比較大顆的葡萄乾，所以你應該會喜歡」。相反的，父母若使用「脅迫控制提示」（coercive-controlling prompts），孩子會比較不想嘗試新食物，像是「如果你把義大利麵吃完，就可以吃冰淇淋」或是「如果你不吃，我就沒收你的 iPad！」

其他研究顯示，父母強迫孩子吃他們沒吃過的食物，或是強迫不吃東西的孩子吃東西，只會導致孩子更抗拒。[13] 這些研究也指出，如果家長提供孩子其他選項，會助長孩子拒吃新食物的情況。例如，如果孩子不吃青花菜，你就拿雞塊給他吃，孩子可能會因此學到：不吃新食物就有雞塊可以吃。當父母愈擔心孩子吃的東西不夠多（我們剛才討論過，這個時期食量小不是問題），這個情況就愈嚴重。

綜合上述討論，我們可以得到幾個一般性的建議：在嬰兒期

讓孩子嘗試各式各樣的食物，即使孩子一開始拒絕，仍然要不斷讓他嘗試。當孩子大一點的時候，如果他吃的東西比你預期的還要少，你不必太緊張，只要持續讓他嘗試各種不同的新食物就好。當孩子不吃新食物時，不要拿他喜歡或願意吃的東西給他。不要用威脅或獎勵強迫孩子吃東西。

這些建議聽起來很容易，做起來可能很難。當你把你覺得很美味的食物拿給四歲的孩子，結果他大聲尖叫說他不喜歡這些東西，而且一口也不吃，你真的會覺得很挫折。除了耳塞之外，我無法提供你其他解決方法。

我也試著教芬恩說「我不喜歡燉牛肉」，而不是「我討厭燉牛肉」，因為這樣聽起來比較有禮貌，即使他說完之後依然會把盤子推開，並露出氣噗噗的表情（養孩子非常需要耐心）。

這個部分的討論有一個前提：你的孩子並沒有體重不足或營養不良的問題。如果你有疑慮，就去請教小兒科醫生，他可以幫你檢查孩子是否有體重不足、營養不良等情況。對於營養不良的孩子，則要採取另一套原則，大多是以比較強勢的手段讓孩子多吃一點東西。

過敏

本章一開始的故事告訴我們，建議嬰兒開始食用花生的時間點發生轉變的過程：最好早一點，不要太晚。但故事沒有提到，這個原則是否適用於其他的過敏原食物，以及到底該如何讓孩子開始吃這類食物。

第一個問題的答案是：應該適用。絕大多數的過敏來自八種食物：牛奶、花生、雞蛋、大豆、小麥、堅果、魚和貝類。這些年來，對這些食物過敏的人愈來愈多，或許是因為衛生條件的改善（嬰幼兒接觸過敏原的機會變少了），以及沒有讓孩子早一點吃這類食物。

牛奶、雞蛋和花生的過敏占了大宗。我們已經談過了花生的部分。其他的研究顯示，牛奶和雞蛋的過敏機制也很類似。[14] 關於牛奶的證據沒有像雞蛋和花生那麼有說服力，但或許只是因為沒有人對牛奶進行大型研究而已。

所有證據都指向，盡量早點讓孩子接觸這些過敏原（大約四個月大）可能是非常重要的事（牛奶以優格或起士的形式讓寶寶食用）。

同樣重要的是，研究告訴我們不只要讓孩子「開始吃」，而且要「經常吃」。光是讓寶寶嘗試吃一些花生醬或雞蛋是不夠的，你需要經常讓孩子吃這些食物。

接下來的問題是：那要怎麼做呢？

基本原則是慢慢來。一開始先試吃一點點（一天只試一種過敏原食物），看看孩子的反應如何。如果沒有不良反應，就讓孩子多吃一點。以此類推，直到孩子能吃到一般的食用量。

接下來，輪流讓孩子吃這些食物。

這類食物非常多樣，而大多數嬰兒吃不了太多東西。你除了讓孩子吃一般的食物（例如梨子），還要經常讓他們吃過敏原食物（花生、優格和雞蛋），所以頭腦要非常清楚。假如你覺得太麻煩，但又覺得這件事很重要，現在市面上有一些新產品是將過敏原食物製作成粉末，讓你可以混入母乳、配方奶或是穀物粉裡。

其他禁忌食物

除了過敏原食物之外，還有一些禁忌食物：牛奶、蜂蜜、容易噎到的食物、含糖飲料。這些可以當作嬰兒副食品嗎？

很顯然，含糖飲料不只是不適合嬰兒食用。不論是嬰兒或孩子（還有大人），最好都不要喝汽水。六個月大的寶寶不需要喝可樂。果汁有一些爭議（我還記得我小時候經常喝柳橙汁），但一般來說，嬰幼兒喝的應該是配方奶和母乳，開始吃副食品之後，還要讓他們喝水。整顆水果或果乾比果汁好。

基於顯而易見的理由，容易噎到的食物（像是堅果、整顆葡萄、硬糖）也要避免。嬰幼兒很容易噎到，而這些食物很容易導致窒息。葡萄若弄成小塊，堅果若做成堅果醬就沒有問題。硬糖則基於其他理由不建議給孩子吃。

牛奶比較複雜一點，因為它會引起過敏反應。讓寶寶吃用牛奶做成的副食品（優格、起士）很重要（減少將來過敏的風險），但不要讓寶寶直接喝牛奶。

原因是，如果孩子喝太多牛奶，他攝取的配方奶或母乳就會減少。以牛奶為主食的寶寶容易缺鐵。[15] 你不應該用牛奶代替配方奶或母乳，但在燕麥片或穀物粉裡加牛奶是可以的。

最後一樣是蜂蜜。蜂蜜可能導致嬰兒型肉毒桿菌中毒，這是很嚴重的疾病，指的是毒素干擾了神經功能的運作，可能會影響嬰兒的呼吸功能。這種病最常發生在六個月以下的嬰兒身上，可以治療，而且成功率很高，不過療程會有點辛苦：寶寶有好幾天需要靠呼吸器呼吸，直到可以自行呼吸為止。

肉毒桿菌存在於土壤和許多地方，包括蜂蜜裡。1970 和

1980 年代曾經發生好幾個嬰兒因為食用蜂蜜而導致肉毒桿菌中毒的案例。所以大家才會建議不要讓一歲以下的孩子食用蜂蜜，有些人甚至建議兩、三歲以後再吃。

　　但是，肉毒桿菌中毒的原因是否為食用蜂蜜，目前還沒有定論。過去數十年來，禁食蜂蜜的觀念已經相當普遍，但嬰兒型肉毒桿菌中毒的案例基本上沒有減少。[16] 這代表肉毒桿菌的其他來源扮演了更重要的角色。因此禁食蜂蜜可能是沒有必要的。不過，不吃蜂蜜也不會有太多壞處就是了。

補充維生素

　　大家一直告訴你母乳有多麼完美，是世界上最神奇的食物，裡面含有寶寶需要的所有養分！講完之後，緊接著又遞了一瓶液體維生素 D 給你，然後說，母乳裡的維生素 D 不足，最好讓孩子每天攝取一、兩滴維生素 D，不然孩子可能會得佝僂病。

　　在我們家，記得每天讓孩子服用維生素 D 滴劑是一大挑戰。傑西和我經常問對方，今天給孩子吃滴劑了沒？我們經常搞不清楚，上次給孩子吃滴劑是昨天，還是三個星期之前？

　　幸好，潘妮洛碧和芬恩都沒有罹患佝僂病。

　　又或許，維生素 D 不足的風險被誇大了。

　　維生素的補充（對所有人，包括大人、小孩和嬰兒）其實是個相當複雜的觀念。如果你缺少某種維生素，可能會導致嚴重的問題，這是事實。維生素 D 不足會導致佝僂病。維生素 C 不足會引發壞血病，這個疾病最早是在好幾個月沒有吃蔬菜或水果的

水手身上發現的。然而，假如你的飲食多樣（即使不健康），你就不太可能嚴重缺乏任何一種維生素。

　　一般而言，幼兒不需要補充綜合維他命（你不需要給孩子吃綜合維他命軟糖）。如果孩子只吃非常固定的少數幾種食物，他有可能需要補充綜合維他命，但這是相當少見的情況。即使是看似非常挑食的孩子，通常也攝取了足夠的必要維生素。哺乳中的寶寶也能透過母乳得到大多數的維生素。

　　唯一的例外是維生素 D 和鐵質。

　　大多數的食物不含維生素 D，母乳裡的含量也不高。我們可以透過曬太陽獲得維生素 D，但有許多人不住在大草原，而是居住在寒冷的地區，不常出門，所以太陽可能曬得不夠多。

　　因此，許多嬰幼兒有維生素 D 不足的情況。白種人的比率約為四分之一，有色人種的比率會更高（較深的膚色會降低日曬維生素 D 的吸收）。[17] 不足的定義是，血液中的維生素 D 濃度低於某個水準。

　　我們不清楚維生素 D 不足是否真的會影響健康。沒有太多研究檢視維生素 D 不足真正導致的疾病，像是骨骼成長。我只找到兩個相關研究，都是很小型的隨機化試驗，以營養補充為主題。在這些研究中，營養補充確實提高了寶寶血液中的維生素 D 濃度，但研究者沒有發現任何對於骨骼成長或骨骼健康的影響。[18]

　　這不表示你不該補充維生素 D。佝僂病的確存在，主要發生在民眾嚴重營養不良的開發中國家。不過，如果你只是偶爾忘了補充維生素 D，大可不必驚慌。

　　假如你正在哺乳，而你不想讓寶寶直接服用滴劑，你可以攝取較高劑量的維生素 D，提高血液中的維生素 D 濃度，來達到

同樣的效果。[19]

　　哺乳中的寶寶有時也會缺鐵，缺鐵會導致貧血。母乳含有的鐵質很少。但我們一般不會建議為寶寶補充鐵質，除非寶寶確實顯示出貧血的跡象。米精含有鐵質，所以寶寶開始吃副食品之後，這個問題就會迎刃而解。此外，延遲斷臍可以改善嬰兒貧血（參見第 50 頁），這比補充營養素簡便多了。

　　上述關於營養補充的部分只適用於哺乳的寶寶。配方奶粉含有各種維生素，以及鐵質與維生素 D，所以即使你不是每餐都餵配方奶，孩子也不會有營養不足的問題。

重點回顧

- 嬰兒期接觸過敏原可以降低食物過敏的機率。
- 孩子需要花一些時間才能接受新的味道，所以即使孩子一開始排斥新食物，你也要不斷讓他嘗試。而盡早嘗試各種味道可以提高孩子的接受度。
- 開始吃副食品的傳統順序並沒有科學證據的支持，所以你不一定要先讓孩子吃米精。
- 寶寶主導式離乳並不是所有人一致推薦的方法（至少就我們所知），但你想這麼做也無妨，因為沒有任何證據反對這種做法。
- 你可以補充維生素 D，但偶爾忘了補充也不必驚慌。

第三部

從嬰兒到幼兒階段

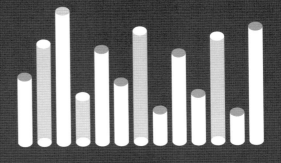

照顧四個月大的寶寶時，你期待他快點長大。
當那一天來臨，情況卻和你想的不一樣。
寶寶任由你擺布，幼兒則要按照另一套遊戲規則走。
他們很好笑、很愛玩，花樣百出，但也開始會反抗……

　　小嬰兒帶起來很累，他常常不睡覺，也無法告訴你他需要什麼，喝奶的時間不固定，而且經常要喝奶。當你正在照顧四個月大的寶寶時，你可能非常期待他快點長大，期待他能和你一起坐在餐桌旁自己吃東西，也能告訴你他想要什麼。

　　然而，當那一天來臨時，你會發現情況和你想像的不太一樣。我以襪子戰爭為例。孩子還是嬰兒時，你很難找到不會輕易滑落的嬰兒襪，但是幫寶寶穿襪子易如反掌！寶寶對穿襪子沒有意見，他會任你擺布。在嬰兒階段，你不太需要提早準備上班，以便預留時間處理襪子的事。

　　當孩子到了幼兒階段，事情就沒那麼簡單了。「該穿襪子和鞋子了。」你說，再過十一分鐘你就要出門。「不要！我不想穿襪子！我不要穿襪子。」孩子跺腳表示不從，兩隻手臂在胸前交叉，氣噗噗的瞪著你。

　　「我們來穿襪子。」拉鋸戰開始上演。

　　「啊！！！！我不要！！！！」

　　「如果你不讓我幫你穿襪子，我就要叫爸爸來幫忙了。」

　　「不要穿襪子。我不要穿襪子！！！！」

　　「親愛的，你能幫幫我嗎？」孩子的爸爸出面解救，把小孩緊緊抓住。

　　襪子終於穿上了，太好了！然後你去拿鞋子。回過頭時，孩子已經把襪子脫掉了，光著腳丫，同時露出邪惡的微笑，因為他連褲子都脫掉了。

　　照顧幼兒要按照另一套遊戲規則走。他們很好笑、很愛玩，花樣百出，但他們也開始會反抗。你要處理的事情變得更多，而且需要孩子的合作才能完成。睡眠訓練、打預防針這些事你可以

想怎麼做就怎麼做，不需要孩子配合。如廁訓練就不一樣了。你可以想好一套做法，把貼紙、巧克力糖和上廁所的示範影片都準備好。但最後，你還是得讓孩子願意坐上便盆。你沒辦法強迫孩子上大號。

照顧這個階段的孩子似乎也會使你更戰戰兢兢。當你看著孩子的個性一一展現，你同時開始看見他未來可能會面對的難題。而且在突然之間，你要做的決定愈來愈多，像是螢幕裝置的使用時間，或是送孩子去哪一種幼兒園，而這些決定似乎會影響孩子的一生。此外，你還要開始思考管教的問題，這使得教養子女這件事變得更加複雜。

隨著孩子的年齡漸長，實證式教養方法會變得愈來愈難覓得。孩子的差異性愈大，我們就愈難從資料得出有力的結論。孩子的異質性意味著，適用這個孩子的方法，不一定適用那個孩子。如果你用一般的情況推估某個方法的效果，那個方法仍有可能不適合你，即使它對某些孩子很管用。

不過，還是有一些一般性的原則可以遵循。另外，我也會討論一些里程碑，包括成長發展里程碑（在第一年可以看到）和語言發展里程碑（晚一點才會出現）。大多數父母（至少在某種程度上）會擔心孩子的成長發展是否正常。我女兒為什麼還不會爬或走或跑？寶寶已經十六個月大了，為什麼只會用「噠噠」代表所有的東西？父母對於這些事情完全使不上力。不過，即使是最神經緊張的父母，若能了解一些相關資料，多少也能寬心一些。

很遺憾，我找不到任何資料幫助你解決穿襪子的問題。我只能期待科技進展能催生出一款可以緊緊固定在孩子腿上的襪子。讓我們拭目以待。

13

學會走路，早或晚：
生理發展里程碑

　　好友珍的兒子比潘妮洛碧晚三個月出生。孩子到了五或七歲時，三個月的差異幾乎看不出來。但在那之前，三個月會造成很大的差別。班傑明出生時，潘妮洛碧相形之下像個巨人。他六週大時，還是個軟綿綿的小嬰兒，而她已經四個半月大，是個結實的小寶寶。

　　但是到了學步期，班傑明和大多數的寶寶一樣，一歲時已經可以站立，並開始搖搖晃晃的學走路，但潘妮洛碧毫無動靜。班傑明會走路時，十五個月大的潘妮洛碧完全沒有露出想學走路的跡象。當你發現自己孩子的發展和一般的孩子有出入，有時你可以假裝沒看見，但如果有個符合一般標準的孩子一天到晚在你眼前晃來晃去，你很難對這個差異視而不見。

　　我帶著十五個月大的潘妮洛碧去看健兒門診，總是一派淡定的李醫師告訴我，不需要為了潘妮洛碧還不會走而擔心。她說，「假如她十八個月大的時候還不會走，我們再開始進行早期療

育。但是不用擔心！她一定沒問題的。」早期療育是政府提供的服務，希望以早期介入來幫助發展遲緩的孩子，包括身體與心智的發展遲緩。這項服務非常有價值，但是我很不希望自己離它愈來愈近。

我曾試著向潘妮洛碧說明要怎麼走路，她根本不甩我。我試著提供一些獎勵，也無濟於事。

然後，就在看完健兒門診的兩個星期之後，潘妮洛碧突然會走路了，彷彿是理所當然一樣。或許是她很晚才學會，所以幾乎不太會跌倒，她一、兩天內就從爬行模式直接切換成走路模式。我立刻把先前的擔憂拋到九霄雲外，開始擔心其他的事（當父母的永遠在為孩子擔心）。

我想，我的經驗一點也不特別。在那個當下，生理發展里程碑（坐、爬、走、跑）對你是無比的重要。我在潘妮洛碧剛出生的頭幾個月，記錄了很多關於她翻身的進展（很早就會向左翻身，但很不會向右翻身）。頭部控制之類的能力是我們評估孩子發展進度的主要指標。

因此，當孩子沒有按照時程達到里程碑，往往會讓父母非常擔心。我想，一部分的問題在於我們太在意平均年齡這件事，像是「大多數的孩子大約在一歲學會走路」。這是事實，但這句話沒有反映出一個事實：發展進度的分布範圍很廣。

例如，我們習慣根據這種分布來看孩子的體重。一歲孩子的體重一般為十公斤，但有些孩子比較輕、有些比較重。當你帶著一歲的孩子去讓小兒科醫生檢查，他會告訴你類似這樣的話，「你的孩子體重落在第二十五百分位數。」

但我們通常不會用分布的概念來談發展里程碑（包括身體和

心智發展）。我不確定原因是什麼；或許是因為缺乏資料，或是因為我們不習慣使用百分位數的概念。然而，不論是否使用百分位數的概念，這都是存在的事實。反過來說，知道這件事之後，或許能讓你鬆一口氣。學會走路的平均年齡的確是一歲，但是如果你的孩子比一歲更早或更晚學會走路，也沒有任何問題，如同孩子的體重落在第二十五（或第七十五）百分位數一樣，一點問題也沒有。

那麼我們為何還要留意孩子的發展情況？小兒科醫生為何還要評估孩子的動作技能？因為這是為了發現落在正常範圍外的孩子。小兒科醫生要特別留意的是那些發展進度比一般人慢很多的孩子。比別人晚很多才達到早期里程碑（頭部控制、翻身）的孩子，比較可能（不是非常可能，只是比較可能）有嚴重的發展問題。

有些問題會同時展現在認知或行為方面，但通常要等到孩子比較大的時候，才能看出發展遲緩的跡象。有些文獻指出，早期動作發展嚴重遲緩的孩子，長大後的視覺空間技能也會低於平均水準，[1] 甚至在中年時有較低的閱讀測驗成績。[2] 基於這些理由，盡早發現早期動作發展遲緩是小兒科醫生的重要職責。[3]

動作發展遲緩也可以被視為某些疾病或健康問題的信號。

最主要的疾病是腦性麻痺（cerebral palsy, CP）。廣義來說，這是一種非常早期的神經系統傷害，可能導致孩子的發展問題。一千個孩子當中，有 1.5 到三個孩子有這種情況。這代表這種情況很少見，但仍然有不少小兒科醫生曾經接觸過這樣的案例（對於足月出生、出生過程沒有受傷的孩子，這個比例會低很多）。在過去，腦性麻痺被認為是出生過程中受傷所導致，但比較新的

研究指出，父母的狀況也可能影響孩子會不會有腦性麻痺。[4]

腦性麻痺不是一種疾病（像是病毒感染或癌症），也不是基因缺陷所導致，而是神經系統損傷造成的動作發展問題。腦性麻痺造成的影響很廣泛，可能會影響四肢或身體的發展，且程度可能相當嚴重。孩子出生後，醫生會知道這個寶寶是否為腦性麻痺高風險群（根據寶寶在出生過程中是否受到損傷、早產或是其他風險因子），但無法在寶寶一出生後立刻確診。腦性麻痺通常要等到孩子顯露出不正常的動作技能發展，才會發現。比較嚴重的案例會早一點發現（寶寶四到六個月大時），較輕微的案例可能要一歲以後才看得出來。仔細評估寶寶是否有動作發展遲緩的跡象，有助於提高早期發現的機率，以便盡快展開早期療育。

另一種可被偵測到的疾病是進行性神經疾病（progressive neurological diseases）。這種疾病極為罕見，其中最常見的類型為肌肉萎縮（muscular dystrophy），發生機率為千分之 0.2。其他疾病就更罕見了。由於這些疾病是漸進性的，因此更難在早期發現。這也是小兒科醫生密切注意的疾病。

還有一些在孩子出生時我們就知道的疾病，也會導致動作發展遲緩，像是脊柱裂（spina bifida）（脊柱閉鎖不全的先天性疾病）或是基因遺傳疾病唐氏症（Down syndrome）。醫生會密切觀察高風險群的孩子的動作發展，但我們不會只透過動作發展來覺察這些疾病。

當你帶孩子讓小兒科醫生做健康檢查時（在孩子三歲之前會檢查很多次），醫生會尋找動作發展嚴重遲緩的跡象。他們留意的到底是哪些事情？以及他們是怎麼做的？

首先，醫生會查看孩子的全身上下，看看孩子的動作發展情

況，做多種測試（你的孩子一定不會喜歡）。醫生想看的是，孩子有沒有良好的反射動作和動作「品質」。這是評估中很重要的部分，但很難加以量化（你靠自己是無法評估的）。

此外，醫生會在每次健康檢查中，尋找基本的發展里程碑。下列是一些例子。

檢查時間	里程碑
9 個月大	左右翻身，在支撐之下可以自己坐著，動作對稱性，抓取物品，把物品從一隻手交給另一隻手
18 個月大	自己可以坐、站、走；能夠抓取和把玩小東西
30 個月大	輕微的大肌肉動作失誤，是否喪失已經學會的技巧（進行性疾病的跡象）

九個月和十八個月的里程碑是最關鍵的；三十個月時，重大問題大多已經被發現，所以醫生會尋找比較細緻的線索。

幾乎所有孩子在這三個時間點都會達到里程碑。一般而言，寶寶會在三到五個月大時開始翻身，如果九個月大還不會自己翻身，就在正常範圍之外。孩子在八到十七個月之間會開始走路，平均值為十二個月，如果超過十八個月還不會走，就在正常範圍之外。[5]

製作一個正式的評估時間表，有助於確保發展遲緩的孩子不會成為漏網之魚。但好的小兒科醫生會在每次看診時順便評估孩子的動作發展。醫生會留意你的孩子有沒有超出里程碑的正常範圍。對於沒有達到里程碑（尤其是超過兩個以上）的孩子，醫生會格外留意他們的狀況。

什麼是正常範圍？我們要從資料找答案。世界衛生組織根據

來自六個國家的資料，計算出健康的孩子在各個里程碑的百分位數。這些孩子沒有被診斷出任何動作發展問題，因此計算結果可以被視為正常發展的範圍。[6]

里程碑	範圍
可以自己坐著，不需要支撐	3.8 個月到 9.2 個月
可以在大人的協助下站起來	4.8 個月到 11.4 個月
爬行（5% 的孩子會跳過這個階段）	5.2 個月到 13.5 個月
可以在大人的協助下行走	5.9 個月到 13.7 個月
自己會站	6.9 個月到 16.9 個月
自己會走	8.2 個月到 17.6 個月

　　我們可以從這些資料看出，李醫師為何建議我等到潘妮洛碧十八個月大還不會走路時，再開始擔心。我們也可以發現，每個里程碑的正常範圍其實非常大。例如，自己會站的範圍落在七到十七個月之間，這簡直跟寶寶的一輩子一樣長！

　　你的醫生會非常注意每個里程碑範圍的上限。但如果孩子真的很早就會走，例如七個月大就會自己走路，這是否代表他長大後會成為傑出的運動員？反過來說，如果他超出上限，是否表示他以後玩足壘球時，永遠是最後一個被挑選的隊員？

　　事實上，很晚才會走路是否會造成長遠的影響，我們找不到太多相關證據。幾乎所有孩子最後一定都會走和跑，包括發展遲緩的孩子。如果你問，「很早會走路可否做為行走能力的預測指標？」答案是，「不行，因為所有人最後一定會有行走的能力。」

　　至於孩子會不會成為精英運動員，我們找不到任何相關證

據，不知道是不是因為沒有人對預測精英運動員的表現這個主題感興趣。抑或是，即使有關聯，關聯性也非常小，所以在資料中看不到這個部分。我們發現，對大多數人來說，奧運不是個可能實現的目標。謝謝研究資料讓我們知道這件事。

我們從研究資料完全看不出，早一點學會走、站、翻身以及抬頭，和孩子長大後的表現有任何關聯。但留意發展遲緩的跡象卻非常重要；留意超前情況，或是為了孩子落在正常範圍的邊緣而擔心，或許就不是那麼重要了。

生病

感冒雖然不算是里程碑，但寶寶第一次感冒絕對會讓父母如臨大敵。然後會有第二次、第三次感冒，永無止境。

如果你的孩子還很小，你們從 10 月到隔年 4 月會鼻水流個沒完沒了。對許多父母來說，感覺起來好像孩子一直在生病。如果你有兩個或更多孩子，你們整個冬天就會在不斷感冒傳染中度過：先是你，然後是第一個孩子，第二個孩子，接下來是你的伴侶，然後又傳回第二個孩子，第一個孩子。中間還會穿插一次腸胃炎（你一定懂我在說什麼）。

你可能不禁想問：這是正常的嗎？其他家庭也和你們一樣，掏出大把大把鈔票用來買乳液面紙嗎？

基本上，你想的沒有錯。

學齡前幼童每年平均會感冒六到八次，大多在 9 月到隔年 4 月之間。[7] 所以大概是每個月感冒一次。感冒一般要十四天才會

好。[8] 一個月有三十天。所以平均來說，你的孩子在冬天有一半時間在感冒。而大多數感冒的最後症狀是咳嗽，咳嗽又可以拖個一、兩週，所以你會覺得孩子一直在生病。

大多數的感冒是小感冒，但感冒會提高耳部感染與其他持久性細菌感染的風險（支氣管炎、黴漿菌肺炎〔又稱「會走路的肺炎」〕）。因此，大多數醫生會告訴你，如果你對孩子的病情感到擔心，或是孩子發燒持續了好幾天，或是孩子病情好轉之後又再度惡化，就帶孩子去讓醫生診察一下。其中，耳部感染是最常見的併發症。約有四分之一的孩子一歲前會發生一次耳部感染，60% 在四歲前會發生一次耳部感染。[9]

如果孩子生病了，醫生是你最好的靠山。父母帶孩子去看小兒科醫生大多是為了感冒。因此，雖然很多時候不一定需要看醫生，但如果你覺得帶孩子去讓醫生看一下你會比較放心，那也無妨，因為很多父母都會這麼做。你也應該買一本好的小兒醫療保健書，上面會列出孩子可能罹患的許多疾病。我最喜歡的書是納薩森（Laura Nathanson）的《父母身邊的小兒科醫生》（*The Portable Pediatrician for Parents*）。

有一件事和我們小時候的情況不同：抗生素。以前的醫生經常會使用抗生素來治療感冒症狀，至少有時會用，但現在已經不使用了。

抗生素無法治療感冒（感冒的病源是病毒，不是細菌），所以醫生不應該（而且通常不會）開抗生素給孩子。抗生素的濫用已經成為全球性的公共衛生問題，因為那會導致抗藥性。對孩子而言，服用抗生素也不是全無風險，例如，抗生素有時會導致腹瀉。謹慎使用抗生素絕對是一件好事。

對於耳部感染或其他感冒併發症，醫生仍然可能會開抗生素，雖然治療耳部感染可能不需要用到抗生素。為耳部感染開處方箋的原則非常複雜，而且和耳朵的形狀以及其他症狀有很大關係。如果孩子覺得耳朵會痛，你就得帶他去看醫生。

我的結論是，好好享受這段和鼻涕為伍的日子吧！往好處想，孩子上了小學之後，感冒次數會減少（每年二至四次），所以你不會一輩子與鼻涕為伍的。

重點回顧

- 動作發展遲緩可能是一些嚴重疾病的徵兆，最常見的是腦性麻痺。
- 只要孩子的動作發展在正常範圍內（這個範圍很廣），你就不需要擔心。
- 評估動作發展的方法很多，小兒科醫生是你最好的靠山。
- 孩子會感冒很多很多次，冬天大約每個月會感冒一次，直到上小學。請準備好很多很多的乳液和面紙。

14

小小愛因斯坦與看電視的習慣

　　小時候，我家只有一台電視，放在閣樓。爸媽允許我和弟弟晚餐前可以看一小時的電視，而且只能看公共電視台（PBS）的科學教育節目「3-2-1 接觸」（3-2-1 Contact）和數學教育節目「第一廣場電視」（Square One Television）。七年級時，我終於說服我媽讓我看「飛越比佛利」（90210），因為如果沒看這齣以青少年為主角的電視劇，我的社交生活就完蛋了。我猜，她之所以被打動，是因為她覺得這可以拯救我那乏善可陳的社交生活（可惜並沒有）。

　　我父母對於電視節目的選擇（「第一廣場」之後是「芝麻街」），反映出他們想選擇「有教育意義」的電視節目。是的，我和弟弟可以看電視，就算是看電視，也要看能教我們字母和數學的電視節目。

　　我和弟弟從這些節目學到了什麼嗎？我不確定。但我到現在還記得「第一廣場」的部分內容 —— 用數學觀念破案的懸疑短劇「數學網」（Mathnet）以及電玩遊戲人物「數學人」（Mathman），但我並沒有把這些東西和任何數學概念連結在一

起。我只記得裡面的一首歌：「你永遠到達不了無限的盡頭，你只是不斷的前進……再前進……」我知道我遲早會明白無限是什麼意思，但我想我從這個節目學到了無限的概念。至於「芝麻街」，確實有研究指出，收看這個節目可以幫助三至五歲的孩子做好上小學的準備。

過去三十年來，教育性電視節目的進展非常驚人，而過去十年來，教育性數位媒體更是蓬勃發展。當年我的父母只有「芝麻街」可選，現在我當了母親，我有平板電腦遊戲、DVD、串流影音等五花八門的選項任我挑選。這一切讓我們的孩子能更早學會識字和算術。

「芝麻街」與類似節目（「愛探險的朵拉」〔Dora the Explorer〕、「妙妙狗」〔Blue's Clues〕）的主要對象是學齡前兒童。對於年紀更小的幼童，「小小愛因斯坦」（Baby Einstein）系列DVD是許多爸媽的最愛。「小小愛因斯坦」的內容是針對嬰幼兒設計，結合了音樂、文字、形狀和圖片。這些影片透過各種方式教孩子認識新的字彙或新的音樂，教育意圖顯而易見。當然，發行這套DVD的公司也因此發了大財。

但另一方面，有大量證據指出，讓孩子看電視（或任何一種螢幕）不利於認知發展。許多研究顯示，電視看得愈多的孩子，健康情況愈差，測驗成績也比較差。

哪個才是正確的選擇？讓九個月大的寶寶看「小小愛因斯坦」可以使他們更快學會講話嗎？還是你會因此讓孩子看了太多電視，就像貝貝熊（Berenstain Bears）的熊媽媽所擔心的一樣。

美國兒科學會直截了當的支持後者。他們建議，不要讓十八個月以下的孩子看電視或螢幕，對於大一點的孩子，每天看電視

的時間不可超過一小時，而且最好有父母陪伴。此外，他們建議選擇「高品質」的節目，像是公共電視的節目，包括「芝麻街」，也包括比較沒有教育意味的節目，像是許多父母鄙視的加拿大卡通「卡由」（Caillou）。

　　但有人說這些建議太保守了。的確，美國兒科學會的態度一直搖擺不定（他們最新的建議是，不要讓二十四個月以下的孩子看電視）。因此，我們只能從研究資料尋找答案。

看教學影片對孩子有幫助嗎？

　　發展心理學的領域一直對兒童的學習歷程很感興趣。研究者會把孩子帶進實驗室（包括嬰兒），研究他們對陌生人、新玩具、不同的語言有什麼反應。

　　透過這類研究，我們可以了解嬰幼兒能否透過影片學會某些事情。不過，研究的結果大多偏向否定的答案。例如，有個研究找來十二、十五和十八個月大的寶寶，讓他們觀看真人在他們面前用玩偶做一些動作，或是讓他們看一段影片，影片裡的人用玩偶做了同樣的動作。[1]研究者要評估，這些孩子能否在當下或二十四小時後模仿同樣的動作。

　　對這三種年齡的孩子來說，若他們看的是真人做出動作，有些人能在隔天做出相同的動作。但是看影片的孩子就比較辦不到；十二個月大的孩子什麼也沒學到，大一點的孩子學到的東西，也遠比看真人示範的孩子少。

　　在另一個研究中，研究者試著讓寶寶聽錄下來的非母語的語

言。剛出生的嬰兒能學習任何一種語言，但是當孩子長大之後，他們只擅長他們經常聽到的語言。研究者找來以英語為母語的九到十二個月大的寶寶，讓他們聽某個人說中文，有些寶寶聽的是真人在他們面前說中文，另一些寶寶聽的是錄音。[2] 真人說中文給寶寶聽所產生的效果相當好，錄音的效果相對較差。[3]

這些研究結果顯示，讓孩子看「小小愛因斯坦」DVD 的學習效果應該不好。我們可以更進一步，利用一個隨機化試驗來驗證這個假設。

在一篇 2009 年的報告中，幾位研究者想要直接測試，幼兒（十二到十五個月大）能否透過 DVD 學習說話。[4] 他們採用的就是「小小愛因斯坦」的系列產品——「小小華滋華斯」（Baby Wordsworth）DVD，目的是提高孩子的字彙學習能力。研究者給實驗組的父母這張 DVD，要他們經常播放這張 DVD 給孩子看，為期六週。對照組的孩子則沒有看這張 DVD。

每隔兩週，研究者會請這些孩子回到實驗室，評估他們是否學會說新的字彙，或是聽得懂新的字彙。在研究進行的過程中，孩子能說和理解的字數確實增加了，因為這些孩子不斷在成長。然而，不論有沒有看 DVD，兩組孩子的學習成果並沒有差別。研究者注意到，孩子使用的字彙量，以及他們學會新字的速度，最主要的影響因素是父母有沒有讀故事書給孩子聽。其他研究者進行了延伸研究，以兩歲孩子為對象，也得到類似的結果。[5]

「小小愛因斯坦」似乎名不副實。讓孩子看這些 DVD，無法讓他成為幼兒園裡最頂尖的小孩。如果你希望用這些 DVD 吸引孩子的注意，趁這段時間去沖個澡，當然沒問題，不過，不要期待孩子會因此學會新的字彙（稍後會談到這種做法的壞處）。

　　看影片無法幫助幼兒學習，但有證據顯示，年紀大一點的孩子可以從電視節目學到東西。如果你的孩子正處於學齡前階段，而且你讓他看電視，你一定知道這是個事實。芬恩在兩歲時開始出現一個討人厭的習慣，他會模仿卡由說話（「但是媽－咪－，我不－想－吃晚飯」）。他覺得這樣說話很好笑，但他絕對不是從我和傑西，或是他姊姊那裡學到這種說話方式。

　　孩子能學會唱電影和電視節目裡的歌曲，也能記住故事角色的名字和基本情節。研究者透過試驗證實，三到五歲的孩子能夠從電視節目學習新字彙。[6]

　　同理，孩子也能透過電視吸收有益的資訊。最有力的證據，或許來自對「芝麻街」的研究，這個兒童節目在 1970 年代開播，受到廣大民眾喜愛和各界人士讚賞。「芝麻街」很明顯是以學習為出發點，目的在為三到五歲的孩子做好上小學的準備。你只要看過這個節目，就可以看出這一點：節目內容聚焦於數字、字母和一般的利社會行為。

　　一開始，研究者使用隨機化試驗評估「芝麻街」的影響力。在一個研究中，實驗組的家庭都接上有線電視線，讓他們的孩子能經常收看「芝麻街」。[7]研究者發現，兩年之後，這些孩子的入學準備度（在許多方面）都提高了，包括字彙能力。

　　「芝麻街」的影響似乎可以延續很久。一個比較新的研究回顧早期的「芝麻街」內容，並比較早一點收看（因為家裡的電視收訊品質較好）和晚一點收看的孩子的差異。結果發現，較早收看的孩子長大後學業表現比較好。[8]此外，這個節目對低收入家庭的孩子有比較大的正向影響，造成差異的原因可能是，這些孩子在白天從事的其他活動的差異，或是基於其他原因。

　　所有的證據都指出，稍微大一點的孩子能夠從電視節目學到一點東西；這代表規劃孩子收看的電視節目很重要。對於非常年幼的孩子，看什麼節目影響並不大，因為他們不太能從節目中學到東西。所以你不能指望利用電視讓孩子變成天才。

看電視對孩子有害嗎？

　　我必須承認：我從來不曾把電視當作學習管道。我的孩子看很多電視節目，而且大多集中在我需要做事情的時候。在週末，陪伴孩子一整天之後，我還要煮晚餐，幸好我能打發孩子去看半個小時的電視。我之所以想讓孩子看「小小愛因斯坦」，不是因為節目內容能教芬恩一些什麼，而是能長時間吸引小小孩的注意。

　　如果你的目的是獲得一段安靜的私人時間，那麼你關心的問題可能不是電視能否成為學習管道，而是它對孩子有沒有害。換句話說，看電視是否對孩子的大腦有害？

　　許多研究認為有害。例如，2014 年的一項研究指出，看電視時間比較長的學齡前兒童，「執行功能」會比較差，意指這些孩子的自我控制能力和專注力會比較差。[9] 另一個 2001 年的研究顯示，看電視時間比較長的女孩有較高的肥胖風險。[10]

　　還有許多其他的研究，也指向類似的結論：看電視與不良結果有關聯。其中最有影響力的，莫過於費德瑞克・季莫曼（Frederick Zimmerman）與迪米崔・克里斯塔基斯（Dimitri Christakis）在 2005 年發表的研究。[11] 他們運用具有全國代表性的大型資料集，想要找出幼年時期看電視，和六到七歲的測驗成

續之間的關聯。研究者根據這些孩子在兩個階段（三歲以下和三到五歲）看電視的時間多寡，將孩子分為四組。「高」指的是一天看電視的時間超過三小時，「低」指的是一天看電視的時間不到三小時。

20% 的孩子被歸類為「高高」組：三歲前和三到五歲時看電視的時間都超過三小時。26% 被歸類為「低高」組：三歲前電視看得比較少，三到五歲看得比較多。50% 被歸類為「低低」組，只有 5% 被歸類為「高低」組。

研究者指出，這四組六歲的孩子在數學、閱讀和字彙的測驗成績呈現出差異。三歲以下長時間看電視會降低孩子的測驗成績，降低的分數不多，但若換算成智力測驗分數，會使智商降低好幾分。如果你想從這些資料找出證據，證明看電視對孩子有害（這也是研究者的主張），你可以說，三歲之前長時間看電視似乎是個問題。

然而，孩子在大一點的時候看電視，似乎沒有造成太大影響。研究者曾經把兩組孩子拿來做比較：三歲前看比較少，三至五歲時看比較多，以及兩個階段都很少看電視的孩子，結果發現兩組人的測驗成績沒有差異。事實上，以三到五歲階段來說，比起很少看電視的孩子，較常看電視的孩子測驗成績比較高。

這個結果對「不該讓大一點的孩子看電視」的主張潑了冷水。不過很顯然，研究確認了「避免讓三歲以下的孩子看電視」的建議是正確的。另一方面，我們要注意幾件事。第一，參與研究的孩子看電視的時間很長。三歲以下看電視的平均時數為每天 2.2 小時，「高」電視組為一天三小時以上。我們很難從這裡推斷，你是否該允許孩子每週看幾個小時的電視。

　　第二，雖然研究者嘗試控制長時間看電視和很少看電視的孩子之間的其他差異，但效果有限，所以很難排除這些孩子的其他差異對研究結果造成的影響。參與研究的孩子大多數（75%）在三歲以前很少看電視；長時間看電視的孩子一定在某些方面有其特殊之處。我們怎麼知道，造成差異的主要原因是看電視的時數，而不是其他因素？我們其實無法確知，因此，這個研究的結果難以解讀。

　　有些研究者試著解決這個問題。我認為最可信的因果證據，來自一份由兩位經濟學家在 2008 年發表的論文，其中一位經濟學家是我先生（但說真的，我完全沒有私心！）。[12] 事實上，我也曾在《好好懷孕》中提到這篇論文，因為我實在太欣賞它了。這篇論文向我們示範，應該如何為複雜的問題推斷出因果關係。同時，這也可以幫助我們思考，該如何對於看電視這件事做出決定。

　　美國某些地區電視普及得比較早，某些地區比較晚。傑西和他同事麥特利用了這個時間差來進行研究。電視在 1940 到 1950 年代的十年期間開始普及。這個時間差代表有些人在小時候有機會看電視，而有些人沒有機會看電視。電視普及的時間早晚和父母的教養方式沒有關聯，因此這篇論文可以排除許多人對其他類似論文產生質疑的因素。

　　這個研究的目的，是找出小時候看電視與幾年後在校測驗成績的關聯。傑西和麥特發現，沒有任何證據證明，年幼時看電視會對幾年後的測驗成績造成負面影響。這個結果顯示，其他研究資料提出的相關性，可能真的只是有關聯，但不是因果關係。當然，1940 到 1950 年代的電視節目和現在的電視節目大不相同，但是那個時期的孩子真的花很多時間看電視，因此，過去和現在

的孩子看電視的時數沒有很大的差別。

　　上述研究都聚焦於電視。但在目前的教養大環境中，螢幕使用時間的範圍擴大了。孩子可以用手機或平板電腦看電視節目，也可以玩遊戲和使用應用程式，以及做各種其他的事。這種螢幕使用時間和看電視一樣嗎？是否該加以限制？

　　我們基本上對此毫無概念。我們可以找到一些相關研究，但這些研究都有重大瑕疵。例如，有一篇得到大量媒體關注的論文（稱不上是論文，只能算是摘要）指出，在六個月到兩歲之間長時間觀看手機影片的孩子，比較容易有語言發展遲緩的狀況。[13]但這個研究和稍早提到的論文有相同的問題，甚至問題更嚴重。會讓六個月大的嬰兒長時間看手機影片的家長，還具有哪些其他特質？有沒有可能是那些特質導致孩子語言發展遲緩？

　　這不表示讓孩子長時間盯著螢幕看是好事。只不過，我們對這個議題的了解真的不多。

貝氏法

　　我們對這些問題所掌握的資料相當有限。根據既有資料，我可以說，我們知道了幾件事：

1. 兩歲以下的孩子幾乎無法從電視學到東西。
2. 三到五歲的孩子可以從電視學到東西，像是從「芝麻街」學習字彙和其他東西。
3. 比較可信的證據指出，看電視不會影響測驗成績（即使從很小的時候就開始看電視）。

這個結論或許可以給我們一些概念，但留下更多未解答的問題。平板電腦上的應用程式，好還是不好？用電視觀賞運動賽事算是看電視嗎？花多少時間看電視算太多？平板電腦上的串流影音呢？沒有廣告是好事還是壞事？

我們手上的資料無法給出答案，但假若採取其他方法，就可以取得些許進展。

統計學的領域至少有兩個派別。第一個是「頻率論統計」（frequentist statistics），也就是只運用既有資料進行推斷。第二個是貝氏統計（Bayesian statistics），先以我們對事實的先前信念為根據，再輔以資料來推斷。

我舉個例子來說明。假設有一個嚴謹的研究告訴我們，看「海綿寶寶」的孩子有較高機率在兩歲時會識字，而這個研究是與這個主題相關的唯一研究。在頻率論統計的世界裡，你只能做出一個結論：「海綿寶寶」是個很棒的學習工具。

對貝氏法來說，結論並不是那麼斬釘截鐵。在看到這些資料之前，我們不太可能認為「海綿寶寶」可以教兩歲孩子識字。看到資料後，我們應該比較可能相信這樣的關係是成立的，但如果我們一開始就高度存疑，在看到資料後仍然應該保持質疑的態度。

貝氏派的做法是，思考如何將你已知的事情（或是你以為你知道的事情）和資料一同納入結論。

我們為什麼要談到這些觀點？因為我認為，我們對這個議題有一些先前信念。孩子一天當中只有十三個小時左右的活動時間。如果他們花八個小時看電視，就沒有太多時間可以做其他事，而這很可能對孩子造成負面影響。

反過來說，我們很難想像，一週看一小時的「芝麻街」或

「愛探險的朵拉」會使孩子的智商降低，或是對孩子造成任何長遠的影響。

你也可以用類似的邏輯來思考平板電腦的使用。如果有個兩歲的孩子整天都在使用平板電腦：這可能對孩子不好。一週玩半小時的數學遊戲兩次：大概不會有不好的影響。

從這個出發點思考，我們手上的少量資料就變得比較有用了，因為它對於我們沒有什麼直覺看法的事物提供了許多資訊（貝氏法的特點就是「擁有薄弱的先前信念」）。

舉例來說，我對於幼兒能否透過影片學習新事物，沒有太多的直覺看法。當我看到有資料指出，影片無法幫助幼兒學習新事物，我會覺得這個資料對我很有幫助、很有用。同樣的，雖然我根據常理判斷，一天看八個小時的電視對孩子不好，而一週看一個小時的電視就無妨，但我對於「正常」的觀看時數（例如一天看兩個小時）並沒有太多直覺看法。對於這個問題，傑西的研究給了我很大幫助，因為這個研究檢視的正是這種程度的觀看時數，而他的結論是「沒有影響」。

如果我想全面了解測驗成績和看電視時數之間的關係，這樣還不夠。不過我可以加入我的先前信念（我看到資料之前的既有信念），於是資料就彌補了我的不足之處，為我最不確定的部分提供了答案。

此外，我們也因此知道，如何讓更多研究變得最有用處。許多孩子每天都要在 iPad 或平板電腦上使用一下應用程式。基本上，沒有人做過這方面的研究，而我們也不太可能對這件事有很好的直覺看法。我可以認為這是好事：有許多很好的應用程式是以數學和閱讀能力為主題。我也可以認為這不是好事：孩子其實

沒有學到什麼，他只是一直在螢幕上點來點去、滑來滑去。

　　最後，我們的直覺應該建立在「時間的機會成本」這個經濟學概念上。當孩子在看電視，他就不會去做其他事情。看電視對孩子究竟是好是壞，取決於那個「其他事情」是什麼。例如，許多支持這個看法的研究強調，孩子可以從「芝麻街」學到字母或字彙，但你親自教孩子字母或字彙的效果會更好，自己教是個更好的替代選項。這幾乎是百分之百正確的事，但我不認為以「自己教」代替「電視教」是個顯然的替代選項。許多家長會利用電視為自己爭取一點空檔，用來休息放空、煮飯、洗衣服等等。然而，如果看一小時電視的替代選項是，情緒失控的父母狂罵孩子一小時，那麼看電視對孩子反而比較好。

重點回顧

- 兩歲以下的孩子無法從電視學到東西。
- 三到五歲的孩子可以從電視學到東西。
  - 要留意孩子看的是什麼電視節目。
- 整體來說，這方面的證據很少、很難找。若你有疑問，就用你的「貝氏先前信念」補足資料的不足之處。

15

開始說話，快或慢：語言能力發展

　　在我二十二個月大時，有一天，我的父母（他們兩人都是經濟學家──我懂，我懂）參加一個雞尾酒派對，我媽和專攻兒童語言發展的客座教授凱瑟琳·尼爾森（Katherine Nelson）聊起天。我媽提到，她的女兒（也就是我）很愛講話，尤其在入睡之前，自己躺在嬰兒床裡的時候。尼爾森教授聽了之後非常興奮，問我媽願不願意把我說的話錄下來，做為研究素材。我媽二話不說，立刻答應了。

　　接下來的十八個月左右，我父母幾乎把我每晚的自言自語錄下來，交給尼爾森教授和她的研究團隊。一開始，我媽把許多錄音帶內容謄寫下來，試著理解我那些亂七八糟的童言童語。堆積成山的錄音帶和文字紀錄（其中一些是我的自言自語，一些是我和父母的對話）為那群研究者提供了大量資料，研究兒童如何獲得語言能力。他們感興趣的問題包括，孩子是先形成未來的概念，再形成過去的概念嗎？尼爾森教授根據那些錄音帶的內容，發表過論文，開過學術研討會，最後還出版了一本研究論文集。

　　（小時候的我是某一本書的研究對象，長大後的我也寫了一

本類似的書,實在有點諷刺。)

　　這本《搖籃裡的敘事體》(*Narratives from the Crib*)[1]在我九歲時出版。我還清楚記得,有一天我放學回到家,發現門廊的桌子上放了這本書的樣本。我翻開書,急切的想知道幼年時期的自己是什麼樣子。但我失望的發現,書裡沒有這個部分。那是一本枯燥的學術出版品,裡面全都是語言學家分析動詞形式和句子結構的論文。我讀了一些自己小時候說過的好玩的話,然後就對它沒興趣了。

　　直到潘妮洛碧到了我當年的年紀,我才開始認真讀那本書。我這次讀,是出於為人父母如影隨形的焦慮:拿自己的孩子和其他孩子做比較。我在書中不斷的搜尋,試著了解潘妮洛碧和我的相似和不同之處。我在書中最早被引述的話是,「爸爸來了之後我把那個放下來,然後吃早餐,然後爸爸幫我鋪床。」我那個時候是二十二個月又五天大。潘妮洛碧在相仿的年紀是否說了類似的話?我難以判斷,於是我去問我媽:「我那時真的說了那些話嗎?還是說,那只是你以為我說了那些話?」想也知道,她已經不記得了(至少她是這麼說的)。

　　用語言、手語、文字與他人溝通是人類最大的特色之一。當孩子不再一邊哭、一邊急切的用手指著冰箱,而是開始說,「請給我牛奶」(或甚至只是「牛奶!!」),在那一刻,你開始看見一個人類個體逐漸形成。我們通常會記得孩子最早學會說的幾個字(潘妮洛碧:「鞋子」;芬恩:「潘妮洛碧〔潘潘〕」),許多父母可能會承認,自己一開始曾經計算過孩子會說多少個字。

　　說話也是做比較的自然起點:拿自己的孩子和其他孩子做比較,拿手足做比較,以及和小時候的自己做比較(只有我有這個

特權）。我生芬恩之前有人警告過我：如果你先生女兒、再生兒子，孩子之間的對比會格外強烈。

「男孩的語言發展比較慢」，比較文雅的朋友會這樣提醒我。個性比較直率的朋友會說，「你會以為你的兒子很笨。」先生兒子、再生女兒的朋友告訴我，他們覺得女兒聰明透頂。

事實上，要了解自己的孩子與其他孩子的相對情況並不容易。如同生理發展里程碑，小兒科醫生會把焦點放在找出需要早期療育的孩子。當你帶兩歲的孩子去做健康檢查，醫生常會問，你的孩子常用的字彙有沒有超過二十五個字。若少於二十五個字，可能需要去尋求專業協助，找出問題所在。但二十五個字是判斷有沒有問題的分界點，而不是正常語言能力發展的平均值或範圍。一般兩歲孩子常用的字彙超過二十五個字，但實際數字到底是多少？

大多數小兒醫療保健書也採取類似的做法：只警告你該注意些什麼，但不告訴你正常情況的範圍分布。

即使掌握了範圍分布數值，你還是會有其他問題：這件事很重要嗎？早一點會說話能預告關於孩子未來的任何事嗎？對於這兩個問題，我們只要透過資料數據就能找到答案，而且第一個問題的答案比第二個問題的答案更令人滿意。

字數的分布

原則上，計算孩子能使用多少個字彙是一件直截了當的事。你只要記錄並計算數目就好。孩子還小，只會用五個、十個或二

十個字彙時，父母被問到這個問題大概還回答得出來。但是使用的字彙愈來愈多，就愈來愈難回答。假設孩子能使用四百個字彙，有些字比較常用、有些字不太常用，你真的能記得他知道的所有字彙嗎？

一個相關的問題是，孩子獨創的字彙要不要算在內？舉例來說，芬恩剛滿兩歲時，非常喜歡一首名為「熊蜂綜藝秀」的歌（Bumblebee Variety Show）。這首歌是本地一位 Music Together 課程的老師創作的（譯注：Music Together 機構開發了一套嬰幼兒音樂律動教材，授權各地課程中心開課）。我們每次開車出門，車子裡會重複播放這首歌。芬恩很喜歡大聲唱這首歌，不論是在車子裡跟著音樂唱，還是在睡覺和洗澡時哼唱自娛。

這首歌的主要歌詞是「熊蜂綜藝秀」。芬恩會說這個詞，但他是把三個英文字連成一個字：bumblebeevarietyshow。在計算字數時，我該認為他認得 variety（綜藝）這個字嗎？他顯然不會在其他句子裡使用這個字，也不認為那是單獨存在的字。所以我可能不該把這個字算進去。但我該把 bumblebeevarietyshow 算成一個字嗎？這樣好像比較合理。不過我不太確定，他到底把這個字當作一個字，還是只是一串發音。還有，英文實際上沒有這個字。

研究者利用一個經常在問卷調查中使用的標準化字彙量表，解決了關於回想和計算字彙的問題。最常使用的量表是「貝氏溝通發展量表」（MacArthur-Bates Communicative Development Inventory, MB-CDI）。

「貝氏溝通發展量表」由父母來填寫（你想試試看嗎？請參考：https://mb-cdi.stanford.edu/adaptations.html）。[2] 字彙的部分列出 680 個字，涵蓋各種類別，像是動物的叫聲、動作詞彙（咬、

哭）、身體部位名稱等等。父母把孩子說過的字彙打勾，用這種方法來計算字彙量。

對於十六個月以上的孩子，調查表使用的是字彙和句子；對於不到十六個月的孩子，要使用另一種包含字彙和手勢的表格。

這個字彙量表很好用，理由有兩個。第一，請父母把他們聽過的字打勾，而不是請他們回想，比較不會有遺漏的問題。我可能不記得我兒子知道「鏟子」這個詞，但如果有提示，我可能會想起有一次，他曾經向我要一支鏟子。第二，所有的孩子是根據相同的字彙表進行調查，互相比較就變得容易許多。

這個方法有一個明顯的缺點，對於常用字彙與一般人不同的孩子，他們的字彙數會被低估。例如，量表上有「可樂」這個詞；如果你的孩子不喝汽水，他可能不知道這個詞。同樣的，住在夏威夷的孩子有可能不知道「雪橇」這個詞。

當孩子已經能說量表上大多數字彙的時候，問題會被凸顯出來：它可能無法把能說 675 個字和 680 個字的孩子加以區分。對於字彙數較少的孩子，微小的差異會被平衡掉：這個孩子知道「雪橇」，而那個孩子知道「海灘」，兩者可以互相抵消。

許多人填寫過這份表格。大多數人是為了研究的目的，少數人是為了評估孩子是否發展遲緩，或是純粹滿足父母的好奇心。不論是出於什麼目的，量表開發者建置了一個網站，可將填寫結果上傳。我們可以透過這個網站回答關於字彙數量分布的問題。

下頁圖表由這個網站的資料製作而成，橫軸代表年紀，縱軸代表填寫量表後計算出來的字數。

曲線呈現各個年紀的「百分位數」分布。例如，以二十四個月大的孩子來說，資料指出，一般孩子（位於第五十百分位數）

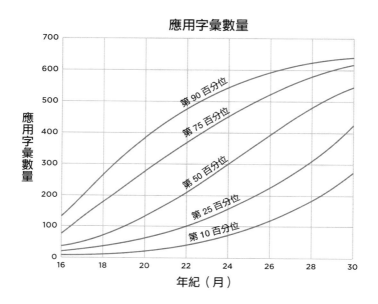

能說 300 個字；位於第十百分位數的孩子（接近底部）只能說
75 個字；位於第九十百分位數的孩子能說將近 550 個字。

　　對於更年幼的孩子，調查與資料包含文字和手勢（手語）。
下一頁圖表顯示八到十八個月大的孩子的分布情況。值得注意的
是，孩子到十四或十六個月大時，字彙量會突然爆增。以一歲大
的孩子來說，表現最突出的人也只能說少數幾個字。而八個月大
的孩子完全不會說話或認得任何手勢。

　　我對最後一點特別感興趣，因為我婆婆一再堅持，傑西在六
個月大時就會說「魚魚」（fishy）。

　　這個網站的資料是公開的，而且可以製作成各種圖表。[3][*]
例如，它可以呈現根據父母的教育程度或孩子的出生排行（較晚
出生的孩子學會說話的時間比較晚）製成的圖表。它也有其他語

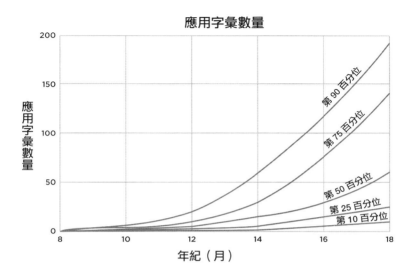

言的資料，以及納入孩子聽得懂但是不會說的字彙。值得注意的是，成長於雙語環境的孩子（父母或是照顧者對孩子說不同語言）通常比較晚才會說話，不過，一旦他們開始說話，就可以說兩種語言。

　　或許這些資料最有趣的差異點在於性別。在一般人的印象中，男孩比較晚才學會說話。這些資料確實印證了這個說法。下一頁圖表將男孩與女孩分開呈現，可以看出，男孩在所有年紀的字彙數都比女孩少。例如，以二十四個月大的孩子來說，一般的女孩能說的字數比男孩多五十個字。到了三十個月大時，表現最突出（第九十百分位數）的男孩和女孩能說的字彙數差不多，但其他百分位數的男孩和女孩之間仍有不小的差距。

―――――――――――

＊請見 http://wordbank.stanford.edu/analyses?name=vocab_norms。

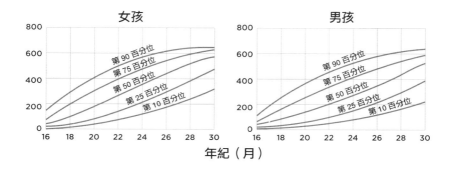

這些圖表提供我們一些實用的參考基準，但仍要留意資料來源的特性。這些資料不具有全國代表性。與全國性的資料相較，這些數據的提供者有較高比例的人擁有大學或研究所學歷。這代表這裡的數據會比平均值更高一些。儘管如此，這些資料仍然可以告訴我們一些一般性原則以外的事情，並讓我們再度確認，孩子在各個年紀的語言能力都有其特定的範圍。

這件事到底重不重要？

我們都想更了解自己的孩子，因此，知道孩子落在分布範圍的哪個位置是件有趣的事。基本上，所有人一定都能學會說話。不過，我們同時會很好奇，幼年時期的差異能否延續到未來。早一點學會說話的孩子，將來是不是能早一點學會識字？學業成績會比較好嗎？

相反的例子當然也存在：有一些特別早熟的孩子很晚才會說話，但十八個月大就能識字。也有一些例子指出，比較早學會說

話的孩子，長大後在其他方面也有突出的表現。不論是哪一種類型的特殊發展，都無法告訴我們一般孩子的情況。

　　我要再次提醒，我們難以從資料推論出其他關係。孩子的語言能力發展顯然與父母的教育程度有關聯。但父母的教育程度會影響很多事情，包括孩子比較早學會認字，以及孩子長大後的測驗成績。我們真正想知道的是，早期的語言發展能否預告長大後的發展情況，而這個問題的答案取決於我們是否掌握了父母的資料。只可惜，資料裡關於父母的資訊通常不完整。因此，我接下來要談到的研究，可能會高估孩子的早期語言能力與後來發展之間的關係。

　　基本上，你可以問兩個問題：孩子特別早或特別晚學會說話具有任何意義嗎？屬於正常範圍的孩子，落在哪個位置重要嗎？一個兩歲的孩子落在第二十五、第五十或第七十五百分位數，會對他的未來發展造成差別嗎？

　　規模最大且最嚴謹的研究，聚焦於特別晚學會說話的孩子在其他方面是否也發展得比較晚。

　　萊斯莉‧瑞斯克拉（Leslie Rescorla）募集了三十二名二十四到三十一個月大的孩子，進行一系列研究，[4] 他們都是較晚學會說話的孩子。這群孩子幾乎都是男孩，他們能應用的字彙數平均為二十一個字。根據前面提到的圖表，這個數值低於一般的孩子。瑞斯克拉另外找來一群對照組，這些孩子具有相似的特質，但有正常的語言能力。

　　特別值得一提的是，這個研究追蹤大多數的孩子到十七歲。研究者檢視這些孩子長大後在語言能力、測驗成績和其他方面的表現。[5]

　　研究者得到的證據無法推斷出一致性的結論。一方面，較晚
會說話的孩子長大後測驗成績似乎稍微差一點。他們十七歲時的
智力測驗分數比對照組更低一些。另一方面，這群孩子的成績並
沒有差到墊底。例如，他們十七歲的智力測驗分數都高於第十百
分位，雖然他們的說話能力落在第十五百分位。

　　說話能力和未來表現有關聯，但預測力很有限，這個情況也
反映在其他的研究中。例如，有一個大型研究「早期兒童縱向
研究」（Early Childhood Longitudinal Study）以六千名孩童為對
象。研究發現，二十四個月大時字彙數較少的孩子，五歲時的語
言能力依然比其他孩子差，不過大多數孩子長大以後都落在正常
範圍內。[6]

　　上述研究聚焦於較晚學會說話的孩子。以正常範圍的孩子
為對象的研究很少。有一篇 2011 年發表的論文「大小有差」
（Size Matters）（取這個名稱是為了展現幽默感？）以兩歲孩
童為對象，把較早和較晚學會說話的孩子拿來做比較。[7]「晚說
話」組的平均字彙量為 230 個字，而「早說話」組為 460 個字。
兩組雖然有差異，但都在正常範圍內。

　　這個研究追蹤到十一歲，發現兩組孩子的差異持續存在，但
也有很多相同之處。舉例來說，以一年級的語言能力測驗（「解
字」〔word attack〕能力）來說，「晚說話」組的平均分數為
104，「早說話」組的平均分數為 110。很顯然，「早說話」組
的表現比較好。但同一組孩子的表現同時呈現出很大的內部差
異性。

　　下一頁的圖表呈現兩組孩子的分布範圍。[8]一方面，「早說
話」組的平均分數比較高。另一方面，兩條曲線有很大的重疊部

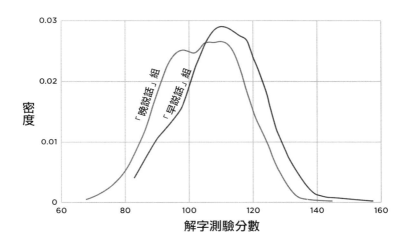

分，代表個別差異完全遮蔽了平均值的差異。

　　那麼特別突出的語言能力呢？一些小型研究的證據指出，說話能力的早熟與其他能力的早熟有關聯，[9] 不過關聯性並不高，不論在這個研究或其他研究中皆是如此。此外，兩歲前很會說話不代表這些孩子能很早學會識字，或是在其他方面發展得比別人早。[10]

　　拿自己的孩子和其他孩子做比較是父母的天性。語言能力是孩子最早展現的認知能力之一，因此很自然就成為父母關注與進行比較的焦點。假如你真的很好奇，你當然可以利用本章提供的資料做一些具體的比較。但請你牢記，早期語言能力的預測力雖然存在，但非常有限。比較早學會說話不保證長大後比別人傑出（即使在四歲時），而比較晚學會說話的孩子在幾年後通常和其他人沒有兩樣。

重點回顧

- 有些標準化工具可以用來判斷孩童的字彙量，也有一些指標可以做為比較的基準。你可以自行運用這些工具進行比較。
- 一般而言，女孩的語言發展比男孩更早，但男女之間仍有許多相同的部分。
- 語言能力發展的時間點與長大後的表現（測驗成績、識字能力）有些關聯，但對每個孩子個別表現的預測力相當有限。

16

如廁訓練：貼紙或巧克力糖

　　我媽很喜歡重提我小時候如何學會自己上廁所的故事。「你二十二個月大的時候，有一天你突然宣布，你現在要開始穿大女孩內褲了。那天是星期五。隔兩天後的星期一，我就讓你不穿尿布上幼兒園了。」

　　這個小故事的可信度在許多層面令人存疑（不到兩歲的小孩的鄭重宣告，訓練成效之神速等等）。她第一次告訴我這件事時，我覺得那個年紀的小孩不可能辦到。二十二個月大？不會吧。我們全家人發現，當我們去找我媽留下的筆記查證她提起的往事（是的，我知道不是所有人的母親都會寫詳細的筆記，這是我家的特殊傳統），通常會發現她把事情過度誇大。不過，這次她並沒有誇大。她在那個時期的筆記上寫著（沒有太多評論），我在那個年紀確實開始穿內褲、不穿尿布了。

　　我婆婆不甘示弱，她也堅稱，傑西在十八個月大就會自己上廁所，而且十三個月大就會排便在馬桶裡。她也說，這是很普通的事。

　　但我清楚記得，我弟弟（抱歉，史蒂芬）直到三歲要上幼兒

園時，才學會自己上廁所。史蒂芬的情況在那個時代算是不尋常的，我的父母曾經對此事相當操心。

什麼時候該進行如廁訓練，至今仍然讓許多家長感到焦慮。你該很早就強迫孩子接受訓練嗎？如果這麼做，會給孩子帶來很大的壓力嗎？如果不這麼做，會不會讓孩子跟不上別人？

我父母輩（以及祖父母輩）的經驗在現代已不再是常態。我弟弟的如廁訓練時間以當時的標準來說，確實比一般人晚，但以現代的標準來說，卻是正常的時間點。現在的孩子（尤其是男生）如果在十八個月大進行如廁訓練，反而變成不尋常的事。

這只是我個人的感覺，而我很好奇，這種看法是否與真實情況的數據相符。於是我決定要採取比較有系統的做法。換句話說，我不只詢問我的朋友，還進行意見調查。我把調查表寄給朋友、我認識的家長、這些家長的朋友、我的臉書和推特好友，基本上，就是我能觸及的所有人。我問了幾個簡單的問題：你的孩子是什麼時候出生的？他什麼時候開始接受如廁訓練？

根據我的調查結果，下一頁的圖表呈現了不同年代接受如廁訓練的平均年齡：[1] 1990 年以前出生的孩子，接受如廁訓練的平均年齡為三十個月大，近年來出生的孩子，接受如廁訓練的平均年齡為三十二個月以上。但更值得注意的或許是第二個圖表，它顯示在三十六個月大（也就是三歲）或是更大的時候接受如廁訓練的比例。三十年前的比例只有 25%，現在為 35% 到 40%。

當然，我採用的並不是符合科學精神的有效樣本，也絕對通不過同儕審核。不過，確實有文獻支持我的個人印象以及我搜集到的資料。1960 年代和 1980 年代的研究指出，完成日間如廁訓練的平均年齡為二十五到二十九個月大，而所有孩子在三十六個

月大時都已經完成（日間）如廁訓練。然而，現代的孩子在三十六個月大時完成（日間）如廁訓練比例為 40% 到 60%。[2]

　　這代表如廁訓練的時間隨著時代向後推遲了，為何會如此？

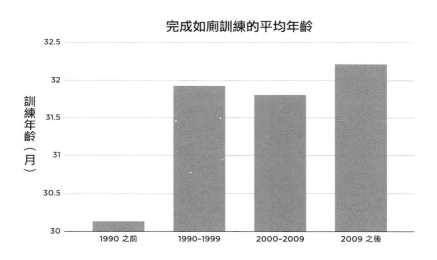

完成如廁訓練的平均年齡

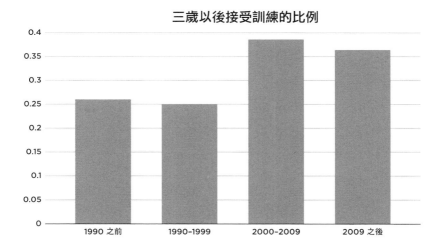

三歲以後接受訓練的比例

　　《小兒科醫學期刊》2004年刊登的一篇論文就是針對這個問題進行研究。[3] 研究者募集了四百名十八個月大的孩子，追蹤他們的如廁訓練情況。他們發現有三個因素與訓練時間的延遲有顯著關聯。第一個因素是，家長比較晚開始進行如廁訓練（這或許可以解釋不同時間點呈現的差異）。比較晚開始接受訓練的孩子，會比較晚完成訓練。

　　另外兩個因素和排便有關。經常便祕的孩子，或是不願意在便盆上排便的孩子（正式名稱為「抗拒使用馬桶」〔stool toileting refusal〕，稍後會詳述），通常比較晚接受訓練。研究者認為，這兩個因素可能會愈來愈重要，雖然主要原因仍然是比較晚展開訓練。

　　猜測現代人延遲如廁訓練的原因是個相當有趣的事。我媽堅信，這和尿布的品質有關：以前的尿布會滲漏，非常不用好。1970年代後期與1980年代初期出生的孩子，是最早普遍使用紙尿布的孩子。或許是因為1980年代初期的科技創新大幅降低了紙尿布的厚度。[4]

　　收入也可能造成影響。一般來說，民眾的收入逐漸增加，使紙尿布的通膨調整價格逐漸降低。這可能使民眾延長讓孩子穿尿布的時間，雖然尿布的費用至今仍是許多家庭的重擔。

　　反饋迴路也可能是一個原因。如果大家都在孩子兩歲時開始訓練孩子，家長可能會感受到跟上潮流的社會壓力。如果大家都等到孩子三歲時才開始訓練，那麼三歲就會成為常態。這也可能影響幼兒園開始如廁訓練的時間。

　　不論原因為何，晚開始與晚完成有關聯這件事意味著，提早訓練也是可行的。那麼你應該這麼做嗎？

提早訓練主要的好處、可能也是唯一的好處，就是你不需要換那麼多次尿布。而延遲訓練的主要原因是，愈早開始，訓練期會愈長。我們可以從上述資料（以四百名十八個月大的孩子為對象的那個研究）看出這個情況。

下一頁第一個圖表是根據這個研究的數據製作的。[5] 它顯示完成訓練的年齡會受到開始訓練的年齡影響（這兩個數據都是父母提供的）。研究者將開始的年齡定義為父母試著開始訓練孩子的時間點，也就是每天至少問孩子三次要不要上廁所。完成的年齡則定義為，父母表示孩子在白天已經完全不需要使用尿布的年齡。

第一張圖表顯示，在二十一到三十個月大開始接受訓練的孩子，完成訓練的年齡都差不多。第二個圖表顯示的是訓練所需時間：愈早開始，所花的時間愈長。這個圖表有一點可能令人有些洩氣：如果你很早就開始訓練，要花一年的時間才能完成。

研究者指出，如果你在意的是完成訓練的時間，那麼你就沒有必要在孩子二十七個月大以前開始訓練。因為孩子二十七個月大以後，你愈早開始訓練，通常可以愈早結束。如果在孩子二十七、八個月大時開始訓練，可以預期孩子在三歲左右完成訓練，不過你需要花上十個月。如果在孩子三歲時開始訓練，孩子會比較晚完成訓練，但花費的時間可能不到六個月。

當我們思考兩歲或三歲開始訓練的差別時，要想一下兩歲和三歲的孩子有哪些差異，使他們更容易或更難以訓練。三歲孩子比較能控制排泄功能（也比較能控制你，不過這又是另一回事了），這個情況一部分源自生理因素，一部分源自心理因素。十八個月大的孩子比較聽話，他們不會任憑你好說歹說也執意不坐上便盆。他們比較沒有反抗的意志。所以在孩子小一點的時候開

完成如廁訓練

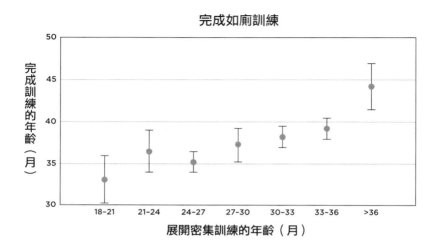

如廁訓練所需時間

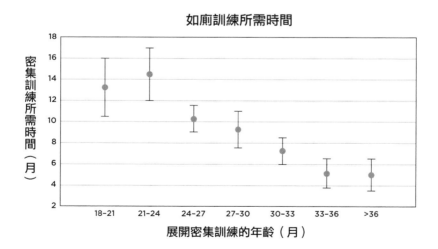

始訓練，你會相對比較輕鬆。

另一方面，你可以跟三歲孩子講道理，也可以用賄賂來打動他們。他們比較有意見，但同時也有比較高的理解和自我控制能

力，這一點使大一點的孩子比較容易對付。就所需時間淨值來說，等孩子大一點再開始如廁訓練可能會比較好。

方法

決定何時開始如廁訓練之後，接下來的問題是，該怎麼做。概括的說，如廁訓練方法有兩種類型。

第一種是父母主導、「終點取向」的如廁訓練。[6]《哦，屎了！》（*Oh Crap!*）和《三天搞定如廁訓練》（*3-Day Potty Training*）討論的就是這種方法。簡單來說，就是不再讓孩子穿尿布，開始經常帶孩子去坐便盆。理想上，幾天之後孩子（大多）會開始接受這種方式。這種方法有比較寬鬆和比較強硬的版本，但不論是哪種版本，都有相同的基本結構：父母決定什麼時候開始訓練，然後開始執行，直到達成目標。從剛剛討論的時間數據來看，大多數父母不是沒有採取這個方法，就是沒有貫徹到底。

（我答應我的孩子不會在本書詳談他們的如廁訓練過程，但我要說，我們家採用了這種方法，而且我對於訓練成果大致上相當滿意。不過，在兩個孩子當中，有一個進行得比較順利，另一個則沒那麼順利，而且當然不是在三天內就完全達成目標。）

另一種方法採取比較自由放任的態度，也就是大致上由孩子主導開始訓練的時間。若採取這種方法，父母要隨時留意孩子是否透露跡象，顯示他已經準備好了，然後在看到他想要大小便的訊號時，鼓勵他使用便盆。就目的來說，這種做法也是目標導向，因為你的終極目標是希望孩子開始使用便盆，但這和第一種

方法發生的時間不會相同。

　　第三個方法是「排泄溝通」（Elimination Communication），指的是從孩子一出生就開始讓他使用便盆。我稍後會詳述。

　　這些方法是很久以前發展出來的，孩子主導的如廁訓練觀念最早在 1962 年出現。最大的差異在於適合展開訓練的年齡。一般而言，孩子主導的方式會比較晚開始。

　　我幾乎找不到任何資料指出，哪一種方法的效果比較好，或是每一種方法的效果究竟如何。[7] 就算找到稍微有點關聯的研究，結果也很難解讀。例如，有一個研究以二十名兒童為對象（二十！），在幼兒園進行如廁訓練。[8] 這個計畫包含三個做法（讓孩子改穿內褲、經常帶孩子去坐在便盆上，以及在孩子使用便盆後給予獎勵）。研究者讓老師對一小群孩子同時導入這三種做法，對於其他孩子則是按照順序個別導入這三種做法。

　　有些孩子學會自己上廁所，另一些孩子沒有。結果沒有呈現一致的關聯性。研究者最多只能說改穿內褲的孩子有許多人似乎學會了。或許最重要的是，所有孩子最後都學會自己上廁所了。

　　另外還有幾個小型研究。一個研究以英國的三十九個孩子為對象，比較使用尿濕感知器（wetting alarm，在尿布表面放一個感知器，孩子一尿尿就會發出聲響）和每隔一段時間就把孩子放在便盆上的做法有沒有差別。研究者發現，使用尿濕感知器的效果比較好。不過，這個研究的樣本很小，且不是針對某個特定方法進行全面的研究。另外，使用感知器的方法不一定適用於所有人。

　　如果你真的很想找到經過證實的指導原則，有一個 1977 年的隨機化試驗以七十一名孩童為對象，將孩子主導的如廁訓練和密集訓練做比較。[9] 研究結果支持密集訓練，因為證據顯示，密

集訓練組的每天失誤次數減少得比較快，而成功次數不斷增加。但這個研究年代久遠，規模很小，而且沒有檢視其他影響（例如，訓練是否帶給孩子壓力）。

對於這些文獻的主要抨擊是，我們對比較好的幾種方法其實了解不多，也不確定最好的方法是否存在。

最後，這可能是最重要的一點：最適合所有孩子或家庭的方法或許不存在。

我弟的雙胞胎兒子開始如廁訓練時，我媽親手製作了一本書，叫作《訓練獅子上廁所》（*The Lion Gets Potty Trained*），並讀給他們聽。書裡放了很多張以他們的姊姊（也就是我姪女）和一隻獅子布偶為主角的照片。故事的內容是，姊姊試著用各種獎賞（M&M's 巧克力糖、Skittles 彩虹糖、金桔等等）訓練獅子用馬桶上廁所，最後她靠肉丸子訓練成功了。

我曾多次讀這個故事給芬恩聽，就許多方面來說，這個故事象徵了我和他的如廁訓練過程。你真的會嘗試任何方法（真的是無所不用其極！），只為了讓孩子到浴室上廁所，但你又不能強迫他。或許最重要的一點是，每個孩子都不同。對有些孩子來說，貼紙最有激勵效果，有些孩子喜歡 M&M's 巧克力糖，或許有些孩子最愛的是肉丸子。

說到底，如廁訓練的重點在於什麼方法最適合你的家庭和孩子。從文獻看到，訓練時間隨著時代而改變，這件事告訴我們，比現代人普遍採取的時程更早一點訓練也是可行的，而且你可能必須採取目標導向的方法（而不是由孩子主導）。你也可以等孩子身心都準備好再開始訓練，時間點可能會落在孩子三歲前後。

孩子主導的訓練可能要花比較長時間，但做起來或許會比較

愉快。又或者，這是你最後一胎，你已經受夠換尿布的日子，所以希望在孩子二十五個月大就開始訓練。如果你決定這麼做，最好的方法可能是密集訓練且目標導向，然後看看孩子能否接受。

　　沒有證據指出，如廁訓練的年齡與孩子後來的表現（像是智商）有任何關聯。[10] 因此，如果你很早就訓練孩子，可能可以早一點讓自己輕鬆一點，但這不會對孩子造成任何長遠影響。在訓練過程中，每隔二十分鐘就帶孩子去上廁所，而且要經常清理內褲上的大便，可能會很辛苦。不過，這種辛苦是一時的，每個孩子最終一定可以學會自己上廁所。

問題與延伸資料

抗拒使用馬桶

　　潘妮洛碧出生前，有一次，我和朋友聊起她的兒子。我問她：情況如何？「還好，不過我們正面臨 STR 問題。」

　　「什麼問題？」

　　「哦，抗拒使用馬桶（Stool Toileting Refusal）的問題。」

　　那是我第一次（但不是最後一次）聽到這個似乎很普遍的問題。我一直覺得用這個名稱來代表「孩子不肯在馬桶上大便」，果然好聽多了。

　　這個問題出奇的普遍（至少會讓還沒有小孩的人感到驚奇）。約有四分之一的孩子在接受如廁訓練時，會出現這樣的問題（程度因人而異）。[11] 說來奇怪，很多孩子喜歡排便在尿布裡。有些孩子願意用馬桶尿尿，卻拒絕在馬桶上大便。排便和排

尿不同，寶寶在很小的時候就有一些控制排便的能力。

若孩子學會用馬桶尿尿很久以後，仍然抗拒用馬桶排便，你會開始覺得這是個問題。主要的問題在於，忍住便意會導致便祕。便祕會使排便變得很痛苦，問題也會惡化，因為孩子會把上廁所和痛苦的感覺連結在一起，變得真的不想上廁所。此外，長期便祕也會引發排尿問題。

有人研究過如何解決大孩子的忍糞問題（這個問題在學齡兒童身上也很常見），但沒有人對比較年幼的孩子進行系統性的研究。[12] 2003 年發表的一個研究以四百名兒童為對象，研究結果顯示，若父母選擇孩子主導的如廁訓練，並且在進行如廁訓練之前，習慣在孩子排便時大肆稱讚（像是對孩子說「哇！你大便了！好棒！」等等），孩子抗拒的時間長度（也就是問題持續多少個月）會比較短。[13] 但這不表示孩子不會有抗拒使用馬桶的問題，只表示問題持續的時間會比較短。

我們常聽到的建議是，帶孩子到浴室，幫他穿上尿布，讓他排便在尿布上。這聽起來或許很像在開倒車，但這麼做是為了降低孩子便祕的機率，並因此減少孩子對排便的負面感受。沒有太多證據證明這個做法的效果是好是壞。有一個小型研究指出，使用這種方法的孩子在三個月內都完成了如廁訓練。但由於缺乏對照組，所以無法從這個研究推斷出任何結論。不過我還是要提醒，每個孩子遲早都能學會使用馬桶大小便。[14]

夜間保持乾爽

讓孩子在夜間保持乾爽（也就是半夜叫孩子起床尿尿）和孩子在白天自己上廁所是兩回事。許多孩子即使白天早就已經可以

自己上廁所，但晚上睡覺（或是午睡）仍然會穿紙尿褲或紙尿布。

夜間和白天不同，要在夜間保持乾爽，需要靠尿意喚醒你，起床去上廁所。每個孩子發展出這種能力的時間不同。五歲的孩子有 80% 到 85% 可以在夜間保持乾爽（這不表示他們不需要上廁所，而是他們會起床上廁所）。[15]

醫生一般認為，六歲以下的孩子如果無法完全在夜間保持乾爽，父母不需要擔心。如果孩子六歲以後仍無法自己起床上廁所，通常可以開始採取一些對策，像是叫醒孩子去上廁所，睡前限制喝水量，使用尿濕感知器等等。約有 10% 的孩子有這種情況（大多是男孩），而且問題最後都會解決。

排泄溝通

大多數人認為，孩子包尿布是理所當然的事。然而，使用排泄溝通法的父母要學會辨識孩子想要大小便的信號，並在看見信號時立刻把孩子帶到馬桶上。很顯然，你無法把還不會坐的寶寶放在馬桶上，所以你要先坐在馬桶上，然後把寶寶放在你的膝蓋上，讓孩子把馬桶和排泄連結在一起。

以排泄溝通為主題的研究很少。一份早期的報告對於採用這個方法的父母進行調查，結果有許多父母表示，即使在非常小的時候，孩子已經有能力表現出需要大小便的信號。[16] 研究中的孩子很早就接受訓練（平均年齡為十七個月大），而且沒有發現不良影響。

值得注意的是，排泄溝通並沒有明確被列為如廁訓練的方法

之一，而是被視為鼓勵孩子使用馬桶的一個方法。我不太明白這種區分的意義是什麼，但我想，這種區分的目的，大概是進行正式如廁訓練時，你會希望在短時間內達成目標。然而在嬰兒期開始採取排泄溝通來訓練寶寶，意味著你需要花更長時間才能完成訓練，因此排泄溝通沒有被列入如廁訓練的方法中。

其他研究是關於成功案例的故事。還有一些摘要報告提出，在不使用尿布的文化中，媽媽似乎比較早學會分辨孩子想要大小便的信號。

如果你對排泄溝通有興趣，沒有理由不嘗試看看。不過你要有心理準備，採用這個方法會對你的生活產生相當大的衝擊，而且幼兒園也不太可能提供太多支援。

重點回顧

- 如廁訓練的年齡隨著時代不斷延後，很可能是因為父母選擇要晚一點開始訓練。
- 早點開始訓練，通常代表早點完成訓練，不過年齡較小的孩子訓練時間會比較長；在二十七個月大以前開始密集訓練，並不會讓訓練早點結束。
- 沒有太多證據能告訴我們，孩子主導的如廁訓練與目標導向的密集訓練哪個效果比較好。
- 抗拒使用馬桶是普遍的問題，但解決方法並不多。

17

幼兒的管教

　　我小時候如果不乖，我媽的解決方法是叫我「去坐在階梯上，好好想一想」。我會搖搖晃晃的走到樓梯，坐下來反省自己犯的錯，然後去跟我媽說，我哪裡做錯了，而且我再也不會犯了。我媽對此感到很欣慰，因為這代表她和她的孩子心意相通，因此她不需要和其他家長一樣，訴諸「去你房間好好反省！」的管教方法。

　　然後我弟弟史蒂芬出生了。

　　史蒂芬做了壞事之後，一點也不想坐在階梯上好好想一想。事實上，他會大聲反抗。於是我媽只好叫他回自己房間去，但他還是抵死不從。最後我媽只好把他抱進他房間，關上門，而且要死命抵住門，因為史蒂芬會一邊尖叫，一邊想要開門出來。

　　這個故事再度告訴我們，教養的重點在於孩子，而不是父母（注記：史蒂芬長大後成為優秀又有成就的大人，而且是很棒的弟弟）。

　　我有了孩子之後，也採取類似的管教方法。潘妮洛碧從來沒有鬧過脾氣。因此當芬恩當著我的面鬧脾氣時，我簡直不敢相

信。他大吼大叫個不停！我問傑西，「你覺得他是不是身體不舒服？我們要不要帶他去看醫生？」傑西用「你瘋了嗎？」的表情看著我，「他沒有不舒服，他是個兩歲小孩。」

鬧脾氣指的是幼兒情緒嚴重失控的情況。幾乎每個人都有一個鬧脾氣的童年往事，而且通常是在大庭廣眾之下發生。我曾問我的朋友珍娜，她有沒有鬧脾氣的往事。她告訴我，她四歲時曾經在大賣場鬧脾氣，她媽媽到現在提起這件事還會發火。我姪兒曾在人潮擁擠的購物中心鬧脾氣，他躺在地上又哭又叫，他媽媽無計可施，只好走開（正確的反應），引起路過的人停下來幫忙。當然，孩子一旦鬧起脾氣來，你做什麼都沒用。

幼兒也會用其他方式發洩情緒。他們的做法幾乎像個科學家：對各種可能性進行測試。如果我把吃了一半的花菜梗丟向媽媽，並且說，「我不喜歡吃這個！」會怎麼樣？如果我用書打姊姊的頭，她會不會打回來？大人會來制止我嗎？

孩子各式各樣的測試可能把大人搞得人仰馬翻、暈頭轉向，尤其當孩子大到無法以體型優勢約束他的時候。當你兒子在博物館裡脫掉上衣，你幫他穿上後他立刻又脫掉，如此不斷重複循環，你該怎麼辦？你該硬幫他把衣服穿回去嗎？還是乾脆放棄，任他在博物館裡光著上身跑來跑去？（他到底為什麼要把上衣脫掉？他那天早上明明堅持一定要穿那件上衣。）

有個還算好的消息是，確實有經過驗證的管教方法可以參考。我之所以說「還算好」，是因為世界上沒有什麼大絕招可以讓孩子停止鬧脾氣，把孩子的心智年齡從兩歲突然變成七歲。教養方法的重點在於如何回應孩子的不良行為，並且避免再度發生。

不過，在討論研究證據之前，可以後退一步思考，我們管教

孩子的初衷是什麼？想達成什麼目標？我想，所有教養決定都是為了相同的目的：培養一個快樂、和善、有生產力的人。孩子拒絕整理他弄亂的東西，我約束那個行為，並不是因為我希望他幫我整理東西。事實上，我自己整理還比較快。我的目的是試著教他成為負責的人，為自己捅的婁子善後，包括現在的樂高積木，以及他未來惹上的麻煩。

這是法國的教養觀念所支持的「管教即教育」的理念（謝謝你，《為什麼法國媽媽可以優雅喝咖啡，孩子不哭鬧？》）。管教和處罰是兩回事。是的，管教涵蓋了處罰的部分，但那是為了教出更好的人，不是為了處罰而處罰。

在這樣的概念架構下，我們開始來看資料。現在有一些經過驗證的教養方法，包括 1-2-3 魔法術（1-2-3 Magic）、令人驚嘆的歲月（the Incredible Years）、正向管教課程（Triple P – Positive Parenting Program）等等。許多學校（包括學生有嚴重行為問題的學校）採用類似課程，叫作「正向行為介入與支持」（Positive Behavior Interventions and Supports），採用了和上述方法類似的目標和結構。

概括的說，這些方法都強調幾個關鍵元素。

第一，認清「孩子不是成人」這個事實，這代表你通常無法透過溝通改善孩子的行為。當你家的四歲孩子在博物館裡脫掉上衣，如果你跟他講道理，告訴他在公共場所要穿衣服才有禮貌，他根本不會理你。另一方面（這一點更重要），你不應該期待孩子對大人講的道理有反應。若是你先生在博物館脫掉上衣，而他在你向他解釋為何不可以這樣做之後依然故我，你或許會暴跳如雷。但孩子只有四歲，他不是成人，所以你不該太過生氣。

　　所有教養方法都強調不要動怒。不要對孩子大吼大叫，不要將情況擴大解讀，而且絕對不可以打小孩。父母克制自己的怒氣是教養手段中最重要的一環。

　　說起來容易，做起來很難。這需要練習。大多數父母都不希望生孩子的氣，但我們常發現自己在不同情況下大發雷霆。約束幼兒的重點其實是父母的自我約束。做個深呼吸。停頓一下。我曾經對我的孩子說，「我現在實在太生氣了，所以我要去浴室裡冷靜一下。」（我家只有浴室的門可以上鎖。）然後把自己關在浴室裡，直到我認為我不但可以處理孩子的狀況，也可以控制情緒，才會走出浴室。

　　「孩子不是成人」的看法有個延伸觀念：不要花太多時間去猜想孩子為何鬧脾氣。你會很想找出問題的癥結，很想讓孩子精確說出他到底想要什麼。然而，即使孩子已經會說話，他也說不出個所以然，因為連他自己也可能不知道答案。各種原因都可能導致孩子鬧脾氣。你的目標是約束鬧脾氣這個行為。如果孩子認為鬧脾氣不是個好方法，他們就會找其他門路，以更有效的方式表達他們的問題。

　　第二，這些方法都強調要建立一套清楚的獎懲制度，而且每次都要貫徹執行。例如，1-2-3 魔法術採用數到三的方式來處理孩子的不當行為。若父母數到三，孩子還是沒有停止不被允許的行為，就要執行明確定義的後果（隔離〔time-out〕、取消權利等等）。

　　最後一點是強調一致性。不論採用哪種管教方法，每當孩子出現不被允許的行為，父母一定要加以管教。如果數到三的後果是隔離，那麼你每次都要進行隔離，即使你們當時正在賣場（你

可以在賣場找一個角落來執行隔離，或是隨身攜帶一個「隔離墊」）。

此外，如果你對孩子說了「不行」，就要貫徹到底。如果孩子吵著要吃甜點，而你說「不行」，你就不能因為孩子一直哀求哭鬧，就改變決定。原則上，這個主張是有道理的。如果你因為孩子不斷哀求就棄守防線，他從這個經驗學到的是什麼？哀求哭鬧有時候是有用的。我以後可以再試試看！同樣的道理，不要拿你做不到的事來警告孩子。

舉例來說，如果孩子搭飛機時不斷踢前座的椅背，此時對孩子說，「如果你再踢一次，我就把你留在飛機上。」不是個好的警告方式。為什麼？因為你不可能把孩子留在飛機上。若孩子繼續踢前方椅背來測試你說的話，結果發現他最後沒有被留在飛機上，他會記住這次經驗，做為將來的參考。還有一個常見的例子，全家開車出遊時，父母有時會警告孩子，「你們如果再打打鬧鬧，我們就掉頭回家！」你可以這樣說，但你也要做好掉頭回家的心理準備。

這只是一些大原則。就和睡眠訓練一樣，執行細節會因為你採取的方法而略有差異。如果你希望採用這種管教方式，最好選定某種方法並貫徹到底。每種方法各有優缺點，但基於一致性，你必須和經常會接觸孩子的所有大人達成共識，而不要每個大人採取類似但不完全一致的方法。

這些管教方法可以從孩子兩歲時開始使用，一直沿用到孩子比較大的時候。育兒書對於隔離的做法有一些明確建議，像是年紀較小的孩子隔離時間要短一點，以及要等孩子鬧的脾氣平息之後，再採取隔離手段。他們也列出一些對較年幼的孩子相當有效

的重要原則，例如，不要讓孩子利用鬧脾氣得到他想要的東西。

證明這些方法有效果的證據，來自一些隨機對照試驗。

2003 年有一篇發表於《孩童與青少年精神醫學期刊》（*Journal of Child and Adolescent Psychiatry*）的論文，以 222 個家庭為對象，評估 1-2-3 魔法術的效果。[1] 參與研究的所有家長都想尋找有助於管教孩子不當行為的方法，不過他們的孩子都沒有臨床上的行為問題。也就是說，這些孩子只是一般程度的不守規矩而已。

介入手段相當溫和，家長要參加三次兩小時的課程，課程會教他們 1-2-3 魔法術的做法，播放關於某些特定問題的影片給他們看，並發講義給他們。一個月之後，家長再來上第四次的加強課程。

結果，家長有接受訓練的實驗組在評量的所有變因上，都呈現行為改善的情況。父母在教養問卷的得分（例如，「你對孩子的態度是否有敵對意味且充滿怒氣？」）都有改善，孩子在各種衡量行為的題目得分也提高了。此外，家長也表示，孩子變得比較守規矩和聽話，自己的壓力也減輕了。不過研究者提到，效果不是非常顯著，因為介入手段並不多，但改善的幅度大到足以讓家長有感覺，也讓他們和孩子的相處變得更融洽。

一些針對 1-2-3 魔法術的其他小型試驗進行了長期追蹤，同樣顯示類似的效果。研究者指出，在兩年之後依然可以看到這些方法的效果。[2]

研究證據不限於 1-2-3 魔法術，一些針對「令人驚嘆的歲月」的研究（尤其在英國和愛爾蘭）也展現類似的效果。研究結果顯示，家長的教養方式改善了，壓力降低了，孩子的行為問題

也減少了。[3]將各種管教方法的研究證據綜合整理的文獻回顧，也顯示類似的結果。結論是，這些方法確實有效。[4]

好吧，這些方法確實有效，但是你應該採用其中的任何一種方法嗎？

答案取決於，你原本採取的是什麼方法。我稍後會再談打屁股這件事。我現在只簡單的說，證據顯示，打屁股會造成負面影響，包括短期與長期的影響。因此，如果你原本用打屁股來管教孩子，那麼我認為上述方法應該值得你嘗試看看。此外，如果你覺得管教孩子很累又充滿挫折感，同時覺得小孩很煩，那麼或許你也應該試試這些方法。

從這個觀點來說，這些管教方法和睡眠訓練不同，受益者大多是父母，包括降低壓力、改善親子關係等等（學校或許也可以受益）。如果你原本採取的方法已經很有效，那很好，如果效果不彰，不妨試試這些方法。

這些方法都聚焦於約束不良行為（包括哀求哭鬧、打打鬧鬧、鬧脾氣、回嘴），同時鼓勵態度配合的行為，像是乖乖坐在椅子上吃飯，早上乖乖準備出門上學。

那麼孩子的煩人行為呢？如果孩子堅持要把某一首歌連續唱個五十次才善罷干休，你該怎麼辦？

你可能要學會忍耐這類事情。本書提到的教養方法有個基本宗旨，那就是只管教真正的不良行為，而不是煩人行為。我讀過的一本教養書建議你買耳塞。要明白，大孩子一旦發現某個行為會讓你覺得很煩，他們可能會變本加厲，把你煩死。

本章若不涵蓋打屁股的議題，就是有所疏漏。雖然打屁股已經愈來愈不流行，但仍有不少美國家庭（估計至少一半的家庭）[5]

採取這個方式或其他形式的輕微體罰，來管教不當行為。也有部分學校仍採用體罰來管教學生。

　　不論是我的著作或是我本身的教養經驗，我總是盡力以證據為依歸，追隨資料的引導。但對於打屁股的議題，我要先聲明我的立場：我不認同打屁股。而且我讀過的資料也沒有任何證據指出打屁股是正確的選擇。研究資料給我的印象是，打屁股不是個好主意。但我想要說清楚，我的立場從一開始就不是中立的。

　　對於打屁股的研究大多聚焦於對行為和學業成績的影響：打屁股會不會導致孩子將來有更多行為問題？會不會導致孩子的學業成績變差？

　　至少有兩個原因使這個問題難以用資料來回答。第一，會打屁股和不打屁股的家長屬於不同族群。許多和打屁股有關聯的因素，同時也和其他原因導致的較差表現有關聯，因此如果你只看打屁股和較差表現的關聯，會誇大打屁股的壞處。

　　第二，在贊成打屁股的家長族群中，比較難搞的孩子會比較常被打屁股，是顯而易見的事。假設你用孩子三歲時打屁股的管教行為，來衡量孩子五歲時的表現。資料很可能顯示（事實上的確如此顯示），在孩子三歲時打屁股，會導致孩子在五歲時有更多行為問題。但三歲的行為問題可能同時導致被打屁股和兩年後的行為問題。因此我們難以推斷出結論（雖然不是不可能）。

　　這方面最嚴謹的研究追蹤了孩子的幼年時期，檢視所有可能的影響。其中一個例子是發表在《兒童發展》（*Child Development*）期刊的一篇論文。這個研究以將近四千名兒童為對象，從一歲追蹤到五歲。[6] 研究者檢視孩子在一歲、三歲和五歲時被打屁股的情況以及他們的行為表現。研究者試著排除所有可能途徑造成的

影響。例如，他們發現了一歲打屁股與五歲的行為問題之間的相關性，然後提出一個問題：如果家長在孩子三歲時不打屁股，打屁股和行為問題之間的關係是否會消失。

研究者指出，打屁股確實會造成長遠的負面影響，尤其會導致行為問題。一歲時打屁股會提高三歲時的行為問題，三歲時打屁股會提高五歲時的行為問題。即使控制了三歲的行為問題這個因素，三歲時打屁股與五歲時的行為問題之間的關聯仍然成立。

其他研究嘗試比對打屁股和不打屁股的家庭之間的某些特點（收入、教育程度），這些研究同樣發現，打屁股會導致更嚴重的行為問題。[7] 文獻回顧也發現少量的負面影響。[8] 有些文獻甚至指出，打屁股和很久以後的問題（酒精濫用、輕生）有關，不過這個說法不太有說服力，因為打屁股和不打屁股的家庭有其他方面的差異。[9]

同樣的，沒有任何證據顯示，打屁股有助於改善行為。其他形式的體罰也指向同樣結果：有證據顯示出負面影響，沒有證據顯示出正面影響。

教養孩子的過程可能令人倍感挫折。有時確實需要處罰孩子，但處罰應該只是管教的一環，目標在於教導他們成為有生產力的大人。當孩子學到，不當行為會使他們失去某些權利，或是錯過某些好玩的事，他們會因此成為更好的大人。孩子不需要學習的是，如果他做出不當行為，就會被比自己更強壯的人打。

重點回顧

- 有多種管教方法被證實可以改善孩子的行為，這些方法強調父母的獎懲要有一致性，以及父母要避免動怒。
  - 例如 1-2-3 魔法術和令人驚嘆的歲月。
- 沒有證據證明打屁股可以改善孩子的行為，反而有證據證實打屁股與童年時期（甚至是成年時期）的行為問題有關聯。

18

如何展開幼兒教育？

　　芬恩兩歲時開始上我家附近的幼兒園（在普羅維登斯）。那個地方很棒，老師很有愛心，而且有很多好玩的東西：有一位女老師會以西班牙語用玩偶表演、一個戶外遊戲區、「蘇珊老師的說故事時間」。那個學校的課程設計很棒，強調學習分享、與其他孩子互動，以及培養對閱讀的喜好。這所學校沒有提供的是，社會研究方面的課程。

　　在芬恩快要滿三歲時，傑西和我到加州進行短期的學術休假，我們讓芬恩到一所當地的幼兒園就讀。這所幼兒園很不錯，其實，只要是有兒童廚具組的地方，芬恩都會很開心。這個幼兒園和普羅維登斯的幼兒園有一點不同，這裡的課程很像是為年齡更大的孩子而設計的。例如，學校有一個外太空教學主題。學校鼓勵我們每天去接芬恩下課時要問他，「火箭會飛到哪裡去？」（答案：「外太空！」）

　　向六個月大的寶寶灌輸知識（或是字母、數字等等）顯然是徒勞無功的舉動。但五歲的孩子確實有吸收知識的能力。大多數的幼兒有能力學習字母、一些簡單的字彙，以及一些數學概念。

現今社會對於幼兒園是否教太多東西，以及我們是否該向芬蘭學習（直到七歲才開始教識字），依然爭論不休，沒有定論，但我不打算在本書討論這個部分。不過，如果你想要教五歲的孩子這些東西，通常會有所斬獲。

但如果是兩、三歲的孩子呢？我們有沒有辦法幫這個年紀的孩子奠定學業基礎？這個年紀是孩子學習火箭飛往何處的機遇之窗嗎？如果我的孩子錯過了這個機遇，他會因此落後其他的孩子嗎？

這些問題其實是發展心理學家研究的課題。有不少探討兒童大腦發展的書，詳盡介紹了這方面的知識。例如，《那裡發生了什麼事？》（*What's Going On in There?*）就是很棒的入門書，詳細介紹嬰幼兒大腦發展的歷程。因此我接下來的討論只聚焦於幾個問題。

第一，你可能會注意到，大眾似乎非常重視讀故事書給孩子聽的好處。舉例來說，羅德島州會在你每次帶孩子去健兒門診時，送你一本書，以推廣閱讀習慣。田納西州每個月會寄一本書給每個孩子（感謝資深歌手桃莉‧巴頓帶頭示範與贊助）。他們為什麼這麼做？有沒有任何證據支持這個做法的效益？

第二，除了讀故事書給孩子聽之外，你應該積極教這個年紀的孩子認識字母或數字嗎？兩、三歲的孩子真的可以學會靠自己閱讀嗎？

最後，如果你決定讓孩子在兩、三歲時上幼兒園，選擇哪一種幼兒園很重要嗎？我們稍早在幼兒園的章節討論過品質的重要性，但除了有愛心的老師和安全的環境之外，你應該關心幼兒園的教育理念嗎？有沒有教育理念很重要嗎？

讀故事書給孩子聽

　　我們先從公認的事實談起。有大量文獻指出，父母從小（在嬰幼兒階段）讀故事書給孩子聽，孩子長大後的閱讀測驗分數會比較高。[1]然而，我們應該要留意，這只是關聯性，不是因果關係。我們都知道，有許多因素會影響閱讀準備度（reading readiness）。其中一個因素是資源的多寡。假如你為了生計奔波，除了正職工作還要兼差，你很可能沒有時間讀故事書給孩子聽。而這樣的孩子可能在其他方面也屬於弱勢族群。

　　我們可以透過隨機化試驗得到更多可信的資訊。例如，你可以找來一群不打算讀故事書給孩子聽的家長，鼓勵其中一半的人多讀故事書給孩子聽。這種試驗只採取少量的介入手段，但多數試驗沒有進行長期追蹤，評估父母讀故事書給孩子聽，對孩子將來的測驗成績的影響。[2]

　　有一個比較新的研究讓家長觀看影片，鼓勵他們在孩子三歲之前採取「正向教養」（也就是朗讀故事書給孩子聽，以及陪孩子玩遊戲）。[3]研究者發現，這些家長的孩子展現出行為改善的跡象，這個建議性證據指出了讀故事書對行為的影響。但是這個研究沒有蒐集孩子小學階段的資料，所以我們不知道長期效益是否存在。

　　由於找不到隨機性試驗的證據，一些研究者退而求其次，試著利用其他類型的資料來尋找答案。2018 年發表於《兒童發展》期刊的一篇論文，嘗試利用同一個家庭的內部差異來研究這個問題。[4]研究者的基礎立論是，如果你只有一個小孩，你會花比較多時間讀故事書給孩子聽（因為你有比較多時間）。生下一

胎的時間愈晚，讀故事書給第一個孩子聽的時間就愈多。研究者要了解的是，與第二個孩子的出生間隔長度，是否會影響第一個孩子的表現。

對於試驗設計已經有概念的你此時一定會擔心，生第二胎的時間並非隨機發生。這是事實，但研究者採用一些策略閃避了這個因素的影響：他們找來打算在相同時間生第二胎的女性，但是她們實際上生下第二胎的時間有所差異，因為並不是所有人都能在預期的時間生下第二胎。

研究結果顯示，讀故事書給孩子聽對於孩子的學業成績產生了巨大的正向影響：小時候常聽故事的孩子上學之後有比較好的閱讀成績。有人認為，這是因為這些孩子的家長通常比較關心孩子的學業成績；這個可能性的確存在，但是他們的數學成績並沒有比較好，因此研究者認為，聽故事似乎只會影響閱讀能力。

另外，腦部掃描的結果提供了很棒的新證據，幫助我們了解經常聽故事對孩子認知能力的影響。有一個研究以十九名三到五歲的孩童為對象，讓他們接受功能性磁振造影（fMRI）掃描。[5]研究者可以透過功能性磁振造影掃描，看出刺激物會使哪個部分的大腦發出亮光（也就是哪些腦部活動被激發或正在使用）。

在這個研究中，研究者讓孩子躺在功能性磁振造影機器裡聽故事。結果發現，在家裡常聽父母說故事的孩子，負責處理故事和影像的大腦區域有比較活躍的活動。基本上，這代表那些孩子的大腦能夠比較有效的消化吸收故事的內容。這個狀況與孩子後來的閱讀能力有什麼關聯，我們並不清楚，而且樣本的規模很小（功能性磁振造影掃描非常昂貴）。儘管如此，這個研究仍然提供了一些關於影響機制的進一步證據。

　　所有證據指出，讀故事書給孩子聽是有好處的。這篇論文還進一步為父母提供了讀故事書的原則。研究者發現，互動式的朗讀效果會特別好。[6] 如果在讀故事的過程中適時問孩子一些開放式問題，孩子的收穫會更大：

　　「你覺得鳥媽媽在哪裡？」

　　「你覺得小朋友在波普身上蹦蹦跳，波普會不會痛？」

　　「你覺得戴著帽子的貓現在心裡有什麼感覺？」

學習識字

　　讀故事給孩子聽是一回事，問他們問題也不難辦到。但你應該更進一步嗎？你該試著教孩子識字嗎？孩子學得會嗎？

　　有些人認為可以。

　　例如，有一套名為「教你的寶寶識字」（Teach Your Baby to Read）[7] 的教材告訴你，可以在寶寶三個月大時開始教他識字。你可以運用這套價格不菲的 DVD 光碟和抽認卡來教孩子識字。若你對這套教材的成效有所懷疑，它的官網說，只要到 YouTube 搜尋 baby reading，你就會發現這是有可能辦到的！

　　本書先前的章節提到，寶寶無法透過 DVD 影片學到任何東西。因此，當你發現這套非常倚賴 DVD 的教材無法教會孩子識字，其實也沒什麼好驚訝的。以九到十八個月大的寶寶為對象的隨機化評估顯示，這套媒體教材對寶寶的閱讀能力沒有任何影響。[8] 研究者發現，雖然家長說這套教材非常有效果，但研究卻證實沒有效果，原因在於家長很容易自欺欺人，誤以為家裡那個

一歲的孩子能夠識字。

結論是：小寶寶不可能學會識字。

另一方面，我們知道有些四、五歲的孩子能識字。以這個年齡族群為對象的研究顯示，教四歲孩子學會字母的發音以及將字母組成單字的概念是可行的。[9] 如果你想教你四歲的孩子認字，或許可以得到一些進展。父母想不想教和孩子能不能學會是兩回事，想不想教取決於父母的選擇，不是研究資料可以回答的。

至於兩、三歲的孩子……他們已經不是嬰兒，但也不是五歲的孩子。三歲孩子可能會說話，有時也明白你要他做什麼。他們可能有能力學會識字，但我們無法確定。

事實上，我們找不到太多關於幼兒識字能力的文獻。有一些個案報告提到某些兩歲半、三歲的孩子有流暢的閱讀能力。[10] 這些孩子擁有天才等級的閱讀能力。他們讀的不是三歲程度的押韻單字，而是小學三年級程度的讀本，而且大多是自然而然學會閱讀，父母並沒有教他們一一讀出單字的拼音。

用這種方式學會閱讀的孩子（以及在正常範圍內最早學會閱讀的孩子），大部分是透過文字（視覺）而非發音（聽覺）學會閱讀。他們的閱讀方式主要為閱（用看的）而非讀（唸出發音）。有趣的是，很早學會閱讀的孩子不一定善於拼字。

在這些閱讀能力早熟的天才型孩子當中，有些人其實有自閉症。閱讀早慧（hyperlexia）是某些高功能自閉症孩童的特徵，他們閱讀能力早慧，但有理解障礙。[11]

我們找不到任何證據指出，能否教兩、三歲的孩子學會字母的發音和簡單的自然發音。如果你用教四歲孩子的方法來教兩、三歲的孩子，能不能成功？我們無法透過研究資料找到答案。據

說（我知道，傳聞是沒有根據的），你可以發現有些這個年紀的孩子知道字母的發音，但很少孩子能自己讀完整本書的內容。假如你教孩子 S 的發音是 Ssss，大概可以成功。不過，別指望他能自己讀完「哈利波特」系列作品。

幼兒園的種類

大概在孩子兩、三歲的時候，你可能會開始從「學校」的角度來思考幼兒園。如果你的孩子是在家自己帶或給保母帶，你通常會在這個時期開始調查半天制幼兒園有哪些選項。這些幼兒園的目的通常是幫助孩子社會化，也可能開始教孩子如何適應學校生活。如果你的孩子正在上幼兒園，幼兒園裡高年級班的上課方式，通常會比較像學校的結構。

我們先問第一個問題：讓孩子上幼兒園到底好不好？

我們可以從本書討論幼兒園的章節尋找證據。我當時曾提到，十八個月大以後上幼兒園的時間愈長，長大一點以後的語言和閱讀能力發展會比較好。這可能是支持孩子上幼兒園的證據當中最有力的一項。

還有一些年代比較久遠的小型隨機化試驗指出，像是聯邦政府「啟蒙方案」這樣的計畫有助於提升孩子的入學準備度。但這些證據都是以年紀較大（例如四歲）的孩子為主，尤其是弱勢族群的孩子。

綜合這些證據之後我會說，讓兩、三歲的孩子上幼兒園，有助於孩子順利過渡到小學的環境（當然，這也取決於如果不送孩

子上幼兒園，你會讓孩子白天在哪裡接受托育）。

若你決定讓孩子上幼兒園，接下來的問題是，上哪一所幼兒園？此時要再度回顧前面的章節。兩、三歲的孩子可以上半天制或全天制的幼兒園。如果你研究一下為這個年齡層設計的幼兒園班級，你會發現他們上午通常會上課，下午是午睡和遊戲時間。

這代表先前提到的評估幼兒園「品質」的方式，現在同樣適用，也就是環境是否安全、老師是否用心照顧孩子。

討論選擇幼兒園的議題時，大家往往開始提出這類問題：老師有沒有接受幼兒發展課程的訓練重不重要？或是更進一步，老師在哪裡接受訓練是否重要？我們找不到這方面的證據。幼兒園老師的素質良莠不齊（你到任何一所幼兒園都會發現這個情況），但找得到的資料實在不足以告訴我們，老師的訓練品質是否重要。

另一個相關問題是：有沒有哪一種教學理念比較好？現在最常見的幼兒園教學理念是蒙特梭利、瑞吉歐，以及華德福。

蒙特梭利教育的核心為經過設計的教室環境和特製教具，並強調小肌肉動作的發展（即使是對幼兒）。學校把孩子的遊戲稱為「工作」。年幼的孩子會接觸到字母、數字、在沙子裡寫字，以及計算積木等等。

受到瑞吉歐教育法啟發的學校比較強調遊戲，他們會讓孩子接觸少量的字母或是數字觀念（我曾經參觀一所瑞吉歐體系的幼兒園，園方人員明白的告訴我，他們在三、四歲的班級完全不花時間教字母，也不會在教室裡展示任何字母卡。這個做法似乎有點極端）。

華德福學校很注重戶外活動，基本上透過遊戲來學習，這一

點和瑞吉歐教學法很像。華德福教學法著重於透過遊戲和藝術來學習，他們也有一些室內活動（烹飪、烘焙、園藝）。

這三種教學法都有結構式的時間安排，所以孩子知道什麼時候該做什麼事。它們都認為讓幼兒在安全的環境裡適度自由探索並自我引導，對孩子有益。

我不打算詳細說明這些教學理念。市面上有許多介紹這些教學法的書可參考，而每個學校的實際執行情況也會有很大差異。蒙特梭利學校的一致性最高。如果你曾參觀過許多蒙特梭利教室（在潘妮洛碧三歲時，我曾旋風式瘋狂尋找跨國性工作，當時我就曾經這麼做），你會發現他們採用的教具和課程安排極為相似。即使如此，每所學校之間的差異仍然很大，基本上是因為老師的素質參差不齊。你會發現許多學校標榜自己是「受到瑞吉歐教學法啟發」的學校，這代表他們受啟發的程度有可能很高，也可能很低。

當然，不是所有幼兒園都有獨特的教學理念。許多學校從各個教學法擷取一部分東拼西湊起來，而不是嚴格遵守某一套方法。此外，也有不少幼兒園是宗教團體成立的，或是和宗教有關，這也會影響他們的課程設計。

有沒有哪個方法是最好的？各家幼兒園的素質有很大差異，但這不表示有哪個教學理念是主流。

只可惜，這方面證據真的不多，尤其是對那些已經思考過自己比較認同哪一種教學理念的人。以蒙特梭利教育法為主題的研究最多，因為那是最普遍、分校最多的體系。

一些研究顯示，蒙特梭利學校的學生在閱讀和數學的測驗成績，比對照組（非蒙特梭利學校的學生）更好。[12] 但這些論文有

許多已經年代久遠，而且我們也不清楚，幼兒的閱讀和數學能力是否為幼兒教育的主要目標。

的確，非蒙特梭利教育法經常強調遊戲的重要性，並主張讓幼兒學習閱讀能力並不重要。支持這個論點的人通常會以芬蘭為例。許多人都知道，芬蘭的孩子上的大多是公立幼兒園，公立幼兒園並不教閱讀。芬蘭的孩子從小學一年級開始學識字（雖然實際上，有些孩子上小學之前已經識字）。這些支持者普遍會提到，芬蘭孩子的國際標準測驗成績非常好（遠比美國好），因此他們認為，這代表美國人可能太過強調幼兒閱讀能力的價值。

然而，芬蘭的成績比美國好並不是個有力的論點，因為許多國家的成績都比美國好，包括許多非常重視幼兒教育的亞洲國家。

關於培養幼兒識字能力的價值，我們能找到的證據非常薄弱。有些美國以外國家的非隨機化試驗指出，比較晚學識字的孩子在幾年之後，就可以趕上其他孩子的閱讀能力水準，以及很早就學會字母不一定會對孩子的閱讀能力造成影響。[13] 另一方面，「啟蒙方案」這類加強幼兒識字能力的計畫，確實提升了孩子剛入學時的學業成績。

綜合而論，我們沒有太多具體資料可以提供你參考。最適合每個孩子的幼兒園類型很可能會因人而異，這使得做研究和做決定的過程變得更加複雜。如果你的孩子屬於坐不住的類型，他可能會覺得注重小肌肉動作的活動很困難，但反過來說，這些活動可能對他有益。因此，若你想透過評估某一類幼兒園對一般孩子的教學成效的研究，來判斷哪一種幼兒園最適合你的孩子，可能一點意義也沒有，再嚴謹的研究都沒用。

重點回顧

- 證據顯示，嬰兒期就開始讀故事書給孩子聽，是有效果的。
- 一歲寶寶無法學會識字。我們不確定兩、三歲的孩子能不能學會識字。兩、三歲孩子若具有流暢的閱讀能力，屬於非常罕見的例子。
- 我們沒有太多證據可以證實各種幼兒園教學理念的價值與優劣。

第四部

家園防線

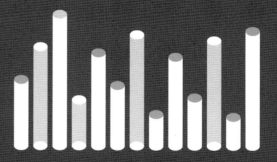

升格為父母後，
你依然是個有需求、渴望和企圖心的人。
成為好父母不代表要為了孩子磨滅自己的人格性。
如果讓孩子主宰你的人生，可能會造成反效果。
父母也只是普通人。

本書主角是嬰幼兒。但我們不得不注意到，在孩子誕生的同時，我們也自動升格為父母。為人父母並不容易。市面上有很多書以「升格為父母」為主題，而書裡描繪的世界並不像你朋友臉書照片所呈現的那般幸福溫馨。

為人父母的過程充滿了挑戰。就某些方面來說，我認為我們面對的挑戰比上一代父母更嚴峻。一方面，我們擁有上一代沒有的東西（紙尿布、亞馬遜付費會員服務）。另一方面，現代人生孩子的時間比較晚，孩子出生時，他們的事業和生活方式都已經定了型，這使調適的難度變高。

這種調適有個人層面，也有婚姻層面。這個孩子對我的人生規劃、職涯規劃，以及個人休閒時間會造成什麼影響？對婚姻又會造成什麼影響？

對於這些轉變，資料和證據可能幫不上太多忙，因為每個人情況都不同。本書接下來的章節不是要告訴你，你該怎麼做（我真的無法提供任何忠告），而是希望大家體認到，身為父母，不只要討論怎麼做對寶寶最好，還要討論怎麼做對全家人最好。

歸根究柢，父母只是普通人（這或許是本書中最重要的訊息）。生了孩子之後，你依然是個有需求、渴望和企圖心的人。你的需求、渴望和企圖心一定會因為孩子的誕生而改變，但不會完全消失。成為好父母不代表你要為了孩子完全磨滅自己的人格性（personhood）。事實上，如果你讓孩子主宰你的人生，可能會造成反效果。

我們曾在本書第二部探討是否重回職場的章節討論過這些議題。接下來我將延續那個部分，談一下升格成為父母所面臨的挑戰，以及如何思考增添家庭成員這件事。

19

升格為父母後，
夫妻關係如何維持？

　　當你和伴侶發生一些巨大的改變，你們之間勢必會起一些衝突。例如，你們剛開始一起生活時，應該會遇到一些緊張對峙的時刻（至少大多數人是如此）。

　　我還記得，我剛和傑西同居時，我們之間發生了一個持續一段時間的重大衝突——為了廚房的海綿。傑西認為，洗完碗之後應該要把海綿擰乾，放在水槽旁邊。我對海綿的處置比較隨興，我習慣把海綿留在水槽裡。每當我這麼做，他在幾個小時之後使用水槽時，看到水槽裡那個又濕又有異味的海綿，總是會抓狂。

　　最後，我們找出了折衷辦法：我努力改進自己的行為（雖然在下筆的此時我突然想到，我昨晚又把濕答答的海綿留在水槽裡。這代表十五年來我並沒有太大長進），他也會努力學習放下這件事（雖然他的做法是正確的）。我們最重要的改變可能是，我們決定讓他負責洗碗。我可以很自豪的說，我們已經很多年沒有因為這件事起衝突了。

　　同樣的，孩子的誕生也會為多數夫妻的兩人生活帶來不少壓力。說話比較直接的朋友會告訴你，孩子會「毀了你們的婚姻」。

　　這個道理不難理解。你和伴侶都希望做對孩子最好的事，這是你們最熱切的渴望。然而，多數時候你們對於什麼是「最好的事」毫無頭緒。有時你們會意見不同，可能是因為本身的差異，或是雙方都用猜的，而你們選擇了不一樣的答案。

　　很顯然，你們以前也曾有意見不合的時候（例如要如何處置廚房裡的海綿）。但整體來說，那些歧異並不是那麼重要，意見不合的時候也不是那麼多。海綿處理不當的結果，充其量只是把它重新歸位。但如果你在決定與孩子有關的事情時搞砸了，就會造成一輩子的遺憾！那風險似乎是一種無法承受之重。

　　此外，孩子誕生之後，你們被新生兒搞得筋疲力竭，可支配的金錢和時間也變少了。傑西和我從約會到住在一起，兩人世界的生活將近十年之後，潘妮洛碧才出生。我們很習慣擁有時間的掌控權：週末時工作（傑西）、寫作（我）、縫紉（我）、去吃早午餐、去找朋友。但突然之間，我們的週末只能忙著餵奶、換尿布、努力找空檔沖個澡、抱著一個狂哭的嬰兒和朋友一起吃早午餐、幾乎沒時間睡覺、星期一早上焦急的等著保母出現在家門口。那段經歷很棒，我一點也不後悔生孩子（即使在當下），但毫無疑問的，在這種情況下，我們變得更容易發火，衝突也很容易加劇。

　　就邏輯來說，孩子的出世確實會為婚姻帶來壓力。而你絕對可以在網路上找到抱持這種看法的人。他們的文章標題可能是「孩子出生後你會開始討厭你老公（不要相信任何相反的說法）」。[1]但這些只是別人的例子，只是聽來的故事。有些女性確實在孩子出生後開始看老公不順眼。不過，有些人在孩子出生前就已經和老公產生嫌隙了。孩子降臨之後是不是所有事情都會

開始崩壞？可以做些什麼來改善這個情況嗎？[2]

　　第一個問題的答案是：是的，整體來說，婚姻關係會在孩子出生之後變得比較差。「看老公不順眼」的說法稍微誇張了一點，不過，夫妻（尤其是妻子）在生了孩子之後幸福感似乎會開始下降。

　　我們可以從一些研究看出端倪，這些研究檢視的是養兒育女和婚姻滿意度之間的關係。1970 年代有一篇論文指出，從懷孕之前到孩子上小學的階段，表示對婚姻不滿意的母親人數比例從 12% 一路上升到 30%，而且這個數據在孩子出生的第一年呈現向上跳升的情形。一直要到成為祖父母，婚姻滿意度才會回到原來的水準。[3]

　　對於新近資料的統合分析也呈現類似的情況：夫妻在生了孩子之後會對婚姻比較不滿意。這個變化在孩子出生後的第一年最為顯著，然後會慢慢恢復，但不會完全回復到孩子出生之前的狀態。[4] 一篇論文提到，「一言以蔽之，養兒育女加速了婚姻的惡化……」[5]

　　值得注意的是，這些研究通常都會發現，生孩子之前對婚姻比較滿意的夫妻，感情較容易修復。另外，按照計畫懷孕的夫妻所受的影響，也會比意外懷孕的夫妻來得小。這些影響不是非常大。整體來說，大家對自己的配偶還是滿意的，只不過是滿意度稍微降低了一點。

　　為何會有這個情況？當然，我們難以判斷原因，而且每對夫妻的情況都不相同。一個原因可能是他們不再有時間經營婚姻。生孩子之前，你們活在兩人世界裡，可以睡到自然醒、一起出門、天南地北的閒聊。孩子一旦出世，幾乎不可能再過這種生

活，而且稍一不慎，可能從此只聊跟孩子有關的話題，不再經營夫妻關係。你們透過孩子互相連結，這可能使你覺得自己和另一半的連結斷了線。

　　能夠意識到這個問題是個好的開始。我將在本章提供一些有助於改善婚姻滿意度的方法。不過在進入正題之前，我想先討論兩個可能導致婚姻滿意度下降的原因。第一個因素是家務分配不均：即使女性有全職工作，她們仍然要包辦大部分的家事。第二個因素是性生活減少：生了孩子之後，性生活會減少，而性生活可以讓人較為快樂。

　　有證據支持這兩個說法嗎？概括來說是有的。

　　先從事實說起：假如檢視時間使用情況的數據，也就是大家每天花多少時間在哪些事情上，我們發現一般來說，女性比男性花更多時間在處理家務和照顧孩子的活動上。當我們比較從事全職工作的女性和男性，結果發現，女性在白天比男性多花一個半小時的時間照顧孩子、做家事和採購日用品。[6] 隨著時代的演進，女性花在這些方面的時間減少了許多（拜洗衣機、洗碗機、微波爐所賜！），但男女家務分配不均的差異依然存在。[7] 值得注意的是，即使女性的收入比男性高，女性仍然要做比較多的家事。當女性的收入占全家總收入的占比高於 90%，她們需要分擔的家務和男性差不多。反過來說，當男性的收入占全家總收入的比例高於 90%，他們需要分擔的家務就比女性少很多。[8]

　　一個有趣的問題是（至少是經濟學家非常感興趣的問題），這種不公平的情況能不能避免。有個理論認為，許多家事是無法分成一半的，因此勢必會有某個人得多做一點事，由於女性稍微比男性擅長做某些事，所以事情自然而然的就落在她們身上。例

如，女性之所以比較擅長下廚，是因為她們小時候比較有機會學習廚藝。

這是一種經濟學理論中的相對優勢。這個說法要成立，必須建立在家務無法或難以有效公平分配的假設之上。

但事實似乎不是如此。根據一份跨國長期追蹤的比較資料，瑞典家庭的家務分配顯得比較平均。[9] 隨著時代演進，美國家庭的家務分配也愈來愈公平，因為美國人在某種程度上擺脫了傳統的性別角色。

在美國本土，有少量證據顯示，同性伴侶的家務分擔情況比異性伴侶更公平。[10] 這些研究的樣本很小，所以必須對結論抱持保留態度，只能做為參考。

當然，分配不公的事實未必導致不滿意，但有其他調查資料暗示，分配不公是女性感到不快樂和壓力的來源之一。[11] 我們確實聽過不少人說，女性對於下班回家後還要「值第二班」（second shift）感到忿恨不平，因為這使她們的私人時間變少了，而男性卻可以享有比她們更多的私人時間。市面上有不少書探討這個情況導致的關係變化和問題。[12]

好，家務分配是個問題。那麼性生活呢？

有大量資料顯示，生了孩子之後會減少性生活，[13] 尤其在孩子出生的頭幾個月、甚至是一整年。不過資料也顯示，一般來說，夫妻在孩子出生後普遍會減少性生活。理由不言而喻：你們的私人時間變少了，而且經常感到筋疲力竭，以及孩子可能和你們一起睡。

就和家務分配不公一樣，性生活減少雖然是個事實，但不一定會帶來問題。如果夫妻雙方都希望減少性生活，那麼這樣的改

變就沒什麼不好。不過,許多夫妻似乎有這方面的問題,但除了傳聞之外,我們沒有太多系統性的資料可以佐證。很顯然,一般的說法是,夫妻雙方(男性比女性更多)都希望性生活能夠更頻繁,也覺得次數的減少不利於夫妻關係的維繫。

有人猜測(至少在網路上),這兩個因素之間是有關聯的。如果丈夫多分擔一點家事,可以使性生活更活躍嗎?

你可能會大吃一驚,事實上,有大量學術論文(姑且不論其品質)探討這個關係,而且結果呈現兩極發展。有些研究指出,丈夫多分擔一點家事會使性生活減少。有些研究則指出相反的結果:性生活增加了。[14] 一般來說,這些都是問卷調查得到的結果,這些問卷請民眾回答,他們分擔了多少家務,以及他們的性生活頻率。

解釋這個關聯性的說法很多。「多做家事會使性生活減少」陣營認為,看到一個大男人做洗碗這種欠缺男性氣概的事,會使女性喪失「性趣」。而「多做家事會使性生活更活躍」陣營主張,看到一個大男人洗碗會激起女性的「性趣」,另外,如果男性多做一些家事,代表女性會有比較多自己的時間,也代表她們有更多時間可以留給性生活。

事實上,我認為比較有說服力的說法是,這兩種情況都不是因果關係,認為做家事和性生活有關聯的研究者遺漏了一些變因,因此做出不正確的結論。婚姻幸福的夫妻可能會有比較活躍的性生活,也會比較公平的分擔家務。這可能使性生活與家務之間產生正向關係,但說到底,這其實只是婚姻幸福的結果。另一方面,若夫妻雙方都有全職工作,性生活會減少是因為私人時間減少了。而夫妻都在工作可能使他們以比較公平的方式分擔家

務。於是結果是，性生活與家務之間呈現負向關係，但真正的原因出在兩人都在工作。

由於這些偏見朝著相反的方向發展，我們其實無法從中得到任何結論。

如果你能讓另一半負責洗碗，當然很好，但這件事的價值純粹只是有人幫你洗碗而已，千萬不要幻想你們可以在洗碗精的泡沫中上演一場火熱的激情戲。

解決方案

雖然資料說，孩子會毀了你們的婚姻，但你真的得等到孫子出世後，才能重溫婚姻的幸福嗎？

有一個事實值得注意（雖然無法解決問題）：生孩子之前對婚姻感到滿意，以及孩子是按照計畫出生的夫妻，婚姻滿意度的下滑程度通常比較小，而且能快一點恢復往日的感情。

第二個重點是，睡眠是一大關鍵（這是本書一再強調的重點）。[15] 孩子睡眠時間比較短的父母，婚姻滿意度會下滑得比較急遽，父母本身睡眠不足也可能導致憂鬱症（父母皆有可能）與婚姻幸福感下滑。你需要有足夠的睡眠，生活才能正常運作。睡眠剝奪會影響心情。當你情緒暴躁時，就容易遷怒於伴侶。如果對方的狀態恰好也是身心俱疲，就可能也跟著暴躁易怒。兩個情緒暴躁的人在一起，只會引爆各種情緒，包括難過和憤怒。

這個問題有辦法解決嗎？一開始會比較辛苦。你可以參考本書討論睡眠訓練那一章節，來改善你們的睡眠情況。如果你不想

進行睡眠訓練，那麼最好花點時間好好思考，如何改善大人的睡眠品質。

除了睡眠與撐過嬰兒期，沒有太多證據可以指點我們迷津，告訴我們任何改善婚姻狀態的方法。如果我能找到更多更好的證據，就可以再寫一本書了。

一些小規模的隨機化試驗證明某些介入手段是有效的。一個方法是「婚姻檢查」。[16] 夫妻每年進行一次會談（最好找專業人士主導會談），認真討論你們的婚姻狀況。你覺得哪些部分還不錯？哪些行不通？有沒有哪些地方需要特別關注或是覺得不開心？這種檢查似乎可以改善親密感（也就是性生活）與婚姻滿意度。理論上，這種做法是有道理的；當著公正第三方的面，有系統的把事情攤開來說清楚，對婚姻有益。

除了上述的介入手段，也有一些證據支持一般性的心理諮商（夫妻團體治療，或是從孩子出生前就開始接受諮商，並持續進行諮商）有助於改善婚姻關係。[17] 概括來說，重點在於溝通與正向的問題解決方式。

這種方法之所以有效果，一部分是因為夫妻被迫開始省思，另一半為這個家做了什麼。你很清楚自己做了多少事情，也可能大略知道另一半做了什麼，但你不一定看見對方所做的每一件事。

以我家來說，倒垃圾是傑西負責的其中一項家務，包括把家裡的垃圾集中並拿出屋外，尤其是在星期一把垃圾桶推到馬路邊，讓垃圾車來收垃圾。我一直覺得這件事很簡單，沒什麼了不起的。有一次，傑西星期一不在家，他傳了一封電郵給我。

寄件者：傑西

收件者：艾蜜莉

主旨：怎麼倒垃圾

把垃圾桶拿出去

- 把垃圾桶裡的垃圾袋綁起來。
- 用轉動方式把垃圾桶滾到馬路邊，確認旁邊有預留空間給資源回收桶。
- 用轉動方式把資源回收桶滾到馬路邊。
- 確認兩個桶子中間有足夠空間，讓垃圾車的機械手臂把垃圾桶夾起來。

把垃圾桶拿進家裡

- 把垃圾桶移回原處。
- 先把資源回收桶放在最靠近車庫的位置。
- 然後再放垃圾桶。
- 撒一些矽藻土在垃圾桶和資源回收桶裡。
- 如果桶子有異味，就再撒一些小蘇打粉。
- 把新的垃圾袋（放在玄關的櫃子裡）套在垃圾桶上（資源回收桶不需要套垃圾袋）。

恭喜你，終於完成了。

　　我家有蒼蠅的問題（我很怕小蟲子，但我經常忘了把垃圾袋綁好，所以容易招來小蟲子），所以傑西採取了一套繁複的方法，甚至還使用「矽藻土」來讓垃圾保持乾燥，防止小蟲子出現。

　　那天倒垃圾讓我覺得很辛苦，但這件事使我更加感激傑西，因為我家有 99% 的星期一都是他在倒垃圾。

重點回顧

- 一般來說，婚姻滿意度會在孩子出生後下滑。
- 如果你們在孩子出生前婚姻幸福，而且孩子是按照計畫出生，婚姻滿意度下滑幅度會比較小，而且時間比較短。
- 家務分配不均和性生活減少可能是一部分原因，但我們不清楚影響程度是多少。
- 一些小型研究的證據指出，婚姻諮商和「婚姻檢查」有助於提升婚姻幸福感。

20

要生下一胎嗎？何時生？

有些媽媽告訴我，她們在離開產房時就已經決定要生下一胎了。有些人需要幾年時間，才有勇氣再生下一胎。還有些人一點也不想再生小孩。有些人精確的計畫生下一胎的時間（精準到月分）。其他人則採取順其自然的態度。

本章的重點是討論是否要生一個以上的孩子，以及如果你打算生下一胎，什麼時候生比較好。子女數有所謂的「最佳」數字嗎？最理想的出生間隔是多久？

先爆個雷：我們找不到科學根據來回答這些問題。這些問題最重要的考量是：怎麼做對全家人最好。任何研究證據都遠遠比不上這個考量的重要性。

舉例來說，如果你三十八歲生第一胎，而你想要三個小孩，那麼你很可能會加快速度。如果你是醫生，而你打算在擔任住院醫生階段生小孩，那麼你生小孩的時間也相當明確。當然，世事難料，你不一定能在想懷孕的時候順利懷孕。以我媽來說，因為沒有產假的緣故，她本來打算在聖誕假期生我弟弟，結果我弟最後是在一月十一日出生。

　　有時候，命運也會來參一腳。我本來想讓兩個孩子相差三歲，但就在我們準備要開始「做人」時，我的職業發展出現了意料之外的挫折。我的心情大受影響，連要照顧一個小孩都有點勉強了，更別提照顧兩個，所以我們多等了一年。

　　要生幾個小孩的問題更是因人而異。你們全家人是否覺得一個小孩就夠了？你想要第二個孩子嗎？當然，有時候是想生也生不出來，有時則是孩子意外來報到。

　　總之，資料無法告訴你，怎麼做對全家人最好。不過，關於生幾個孩子以及間隔多久比較好的問題，還是可以參考一下資料怎麼說。

子女人數

　　經濟學家對於子女人數的議題非常感興趣。始祖蓋瑞・貝克（Gary Becker）提出了「質與量的取捨」這樣的概念，它指的是，父母對於生兒育女這件事所面臨的數量和品質的糾結。如果孩子比較多，能投資在每個孩子身上的資源就變少了，於是品質就降低了。

　　所謂的「品質」，指的通常是教育程度和智商等等。父母對孩子的投資基本上就是教育。經濟學家對於教養子女的討論是非常務實的。

　　這方面的經濟學論文大多聚焦於了解所謂的「人口轉型」（demographic transition）——國家的生育率由高（例如六到八個孩子）變低（兩到三個孩子）的過程。背後的理念是，隨著國

家愈來愈富裕，人民會開始把重點放在品質，而非數量，結果導致生育率下降。

質與量的取捨，基本概念是，假如你生的小孩比較多，他們獲得的人力資本會比較少，也就是比較差的教育，或是智商較低。但這只是理論而已，研究資料怎麼說？

和本書大部分的議題一樣，這一點很難驗證，因為子女數較多的父母和子女數較少的父母屬於不同類型的人。不過，有些研究者利用「意料之外的孩子」來進行研究。他們以生雙胞胎的個案為對象，這些家庭預期的子女數不變，但因為是雙胞胎，而意外增加了子女數。[1]

這類研究中最可信的結果顯示，子女人數對教育程度或智商的影響相當小，[2] 反而是排行的影響比較大。較晚出生的孩子在智力測驗的表現和教育程度上，都比哥哥姊姊差了一點。原因可能是父母能撥給他們的時間和資源比較少，而不是子女人數造成的。不論有一個還是兩個手足，排行老大的表現都差不多。[3]

一般人（通常不是經濟學家）常問的另一個問題是，只生一個孩子會不會對這個孩子有任何害處——他的社交能力會不會因此變得比較差？

這依然是個難以研究的問題，因為家庭之間的差異非常大。就我們得到的證據而言，這個疑慮似乎是沒有根據的。有一個文獻回顧整理了一百四十份研究報告，發現有些證據指出獨生子的「學業動機」比較強，但沒有呈現人格特質的差異（例如外向）。[4] 事實上，這個學業動機可能和出生排行比較有關聯（排行老大的孩子不論有沒有弟弟妹妹，學業成績都比較好），而不是因為獨生子的關係。

　　由於資料的可信度不高，所以難以確認，子女人數的多寡到底重不重要。子女之間的感情好不好，反而比較能決定手足多到底是好事還是壞事。資料無法告訴我們，生幾個小孩才是最好的決定。

出生間隔時間

　　假設你決定要生下一胎，資料能否告訴你什麼時候生比較好？

　　答案還是「不能」。關於「最佳出生間隔時間」的研究往往聚焦於兩件事：出生間隔時間與新生兒健康情況的關係，以及出生間隔時間與長遠影響（像是學業表現和智商）的關係。

　　大多數研究聚焦於區別典型的出生間隔時間（例如，相隔二到四年）與非常相近的出生時間（相隔不到十八個月）或相差很遠的出生時間（相隔五年以上）。然而，姑且不論結果是什麼，蒐集資料本身就有問題，因為非常相近和相差很遠的出生間隔時間都不常見。

　　有些人確實打算生兩個年齡相近的孩子，但比起其他的出生間隔時間，兩個孩子出生時間相隔不到一年的情況，通常不在父母的計畫之中。姑且不管相隔時間的長短，不在計畫之中出生的孩子與按照計畫出生的孩子可能會有不同的發展。另一方面，相隔很遠的出生間隔時間通常也是不尋常的例子。相隔很遠有可能是因為父母有不孕的問題（不是一定，但機率比較高）。不孕可能會造成影響，尤其是對新生兒的健康。

　　基於這些理由，我們對於研究證據要抱持高度保留的態度。

新生兒健康

關於新生兒健康與出生間隔時間的研究，通常聚焦於出生時可以衡量的結果，像是寶寶是否早產、出生體重較輕，或是胎兒小於妊娠年齡（體重不足）。一些相關性研究指出了很短和很長的出生間隔時間與所有結果的關聯性。例如，有一個 2017 年的加拿大研究以將近二十萬名新生兒為對象，研究者發現，在上一胎出生後六個月內懷孕的女性，她們生下早產兒的機率提高了 83%。[5]

其他研究也顯示出這種巨大的影響，一個研究來自加州，另一個來自荷蘭。這些研究的主題都是早產兒的再發生率（換句話說，這些研究以生過早產兒的女性為對象）。[6]

然而，這種巨大的影響並不是所有地方都看得到。而且有人懷疑，這種影響是否由母親本身的差異造成的。一個瑞典的研究在某種程度上證實了這個疑慮。這個研究以同一個家族的女性（手足或表親）為對象。這個研究恰好可以回答，家族層面的差異是否才是真正的原因。

進行手足的比較時，研究者想問的問題是：同一位母親生的兩個孩子之間的差異，是否為出生間隔時間導致的。這種方式排除了母親本身的差異造成的影響。[7]

這些瑞典研究者比較不同家族的女性時，同樣發現，出生間隔時間很短會大幅提高早產的機率（80%）。但是當研究者拿親姊妹來做比較時，早產機率變得小很多（20%）。若是拿堂表姊妹來做比較，早產機率介於兩者之間。拿親姊妹做比較時，研究者發現很短的出生間隔時間和新生兒體重較輕或其他結果沒有

任何的關聯。

雖然大家對於該相信哪一種數據有激烈的爭論，但我認為拿親姊妹做比較的立論比較穩固。換句話說，短時間內生兩個小孩的確會提高早產的機率，但風險並不是非常高。

瑞典的研究確實發現，出生間隔時間很長（前一胎出生和下一胎懷孕的時間相隔五年以上）與比較不好的結果有關聯。我們也可以在加拿大的研究看到類似證據。然而，兩胎之間相隔很久算是特殊情況，母親的年紀往往比較大，或是有不孕的困擾。簡言之，我們無法從這方面的研究得到任何結論。

長遠影響

新生兒的健康狀況很重要，但這只是短期內的事。我們也想知道，出生間隔時間會不會造成長遠的影響？和哥哥姊姊的年齡差距太小，是否會對孩子的測驗成績造成負面影響？

要做這方面的分析相當具有挑戰性，因為父母在某種程度上可以決定孩子的出生間隔時間。不過，有一個研究的對象是，原本打算在某個時間點生小孩，但因為種種原因延後了孩子出生時間（例如流產）的女性。[8]

研究者分析資料後發現，出生排行較前面的孩子，如果和弟弟妹妹的出生間隔時間比較長，他們的測驗成績往往會比較好。這可能反映出，父母有比較多的時間讀故事書給他們聽，或是培養他們的一些能力。不過，這樣的影響並不大。

反過來說，出生排行較後面的孩子，如果和哥哥姊姊的出生間隔時間比較短，他們發生自閉症的機率可能比較高。[9]雖然好幾個研究呈現出類似的關聯性，但由於研究者無法排除不同家庭

之間的差異造成的影響，所以這些研究證據只能做為參考。

綜合而論，我們得到的結論是什麼？我會說，所有的關聯性看不出一致性，或是顯著到足以超越你的個人偏好。

假若你沒有個人偏好，我想所有的證據可以暗示，非常接近的出生時間可能會帶來一些小風險（包括短期和長遠的風險）。因此，等到上一胎一歲以後再懷孕可能會比較好，而且你也會輕鬆一點，因為照顧小嬰兒的負荷真的非常大。

重點回顧

- 研究資料無法回答，理想的子女人數或出生間隔時間是什麼。
- 非常短的出生間隔時間可能會帶來少許風險，包括早產與（可能）較高機率的自閉症。

21

成長與放手

潘妮洛碧快要三歲時，傑西和我原本打算要開始準備生下一胎，然而在此同時，我們同時失業，被迫開始尋找大學的教職工作。我們在密西根州的朋友邀請我們去玩，他們夫妻倆同樣也是經濟學家，兩個孩子分別為十五歲和十八歲。有一天，我們聊經濟學聊累了，於是把話題轉到孩子身上。

朋友說，「當孩子還是四歲和一歲時，我們經常說，『我真希望他們讀高中的日子趕快到來，這樣一切就會輕鬆很多。』就在去年，這兩個孩子終於都上了高中，但我們發現，只要每天晚上花四個小時和他們討論高中社交生活的每個細節，就沒有解決不了的問題。」

孩子剛出生時，你為了照顧孩子忙得昏天暗地，每天筋疲力竭而且生活中充滿不確定性，你開始幻想著將來有一天，孩子會自己上廁所、自己穿衣服、自己用叉子吃東西。我還記得，當芬恩第一次從浴室走出來並對我說，他剛剛自己在馬桶裡尿尿了，我當時真的稍微手舞足蹈了一下。

但每件事都有另一面。孩子的年紀小，代表他們的問題相對

比較少。隨著他們逐漸長大，你擔心的事情變少了，但重要性卻提高了。孩子的學業成績夠好嗎？和同學處得來嗎？最重要的是，他們快樂嗎？

對於我這樣的人來說，最困難的部分是，孩子愈大，他們遇到的問題就愈多元，能參考的研究資料就愈少。當然，你可以透過研究資料判斷，「新數學」是否比「舊數學」更好。但是要如何幫助孩子發展健康的社交生活，或是判斷這麼做到底重不重要，完全超出了簡單實證分析的範疇。我們必須靠自己摸索向前，最好能傾聽孩子說話，以了解怎麼做才是對他們最好。如果花四個小時和孩子聊天能解決問題，我們樂於調整自己的時間表，抽出時間給他們。

我們持續這麼做，一方面是因為我們得到的回報遠比付出更多。看著孩子如魚得水的做著他們喜歡的事，看著他們因為學到新東西而嗨翻天，看著他們靠自己克服了挑戰——世上沒有比這個更棒的事，而且你不需要資料來告訴你這一點。所以請你記住，雖然眼前永遠會出現新的挑戰，但是快樂和喜悅也永遠在前方等著你。

或許你很難相信，當孩子結束幼兒園階段時，你們養兒育女的大冒險其實才剛開始。不過，此時的你的確比待在產房裡的你知道了更多的事。這是一大進步！

在教養兒女的早期階段，一天到晚都會有人給你忠告。本書也不例外，裡面有各式各樣的建議（或者至少是決策流程）。到了本書的尾聲，我開始思考這個問題：我覺得最有用的教養忠告是什麼？

請聽好囉。

　　潘妮洛碧兩歲時，傑西和我打算和一些朋友去法國度假。我們曾經去過那個地方，所以知道那裡有很多蜜蜂。

　　我帶潘妮洛碧去做兩歲的健康檢查時，有一大堆問題想問李醫師。

　　「我很擔心一件事。我們馬上要去度假，但是那個地方蜜蜂很多，而且地點有點偏僻。萬一潘妮洛碧被蜜蜂螫了，我該怎麼辦？她從來沒有被蜜蜂螫過。萬一她會過敏，那該怎麼辦？我要怎麼及時帶她去看醫生？我該帶一些預防的東西嗎？要不要先讓潘妮洛碧做一下過敏檢測？我要帶腎上腺素注射筆嗎？」

　　李醫師沒有說話。她看著我，然後用非常冷靜的態度說：

　　「嗯，如果是我，我可能會試著不要想太多。」

　　這就是我要給你的答案：「試著不要想太多。」很顯然，她說的是對的。我胡思亂想，編造出一個不太可能會發生的假想情節。是的，潘妮洛碧有可能會被蜜蜂螫到，但這個世界上可能發生的事情太多了。做父母的不能一直在想所有可能會發生的事，以及所有可能做錯的事。有時候，你必須學會放手。

　　是的，你想要認真看待教養子女這件事，想要為孩子和自己做出最好的決定，這都是很自然的事。但有很多時候，你真的要相信你已經盡力了，能做的你都做了。活在當下並享受與孩子相處的時光，才是最重要的事，遠比擔心孩子被蜜蜂螫到更重要。

　　最後，讓我們舉杯慶賀，因為我們善用了對我們有益的資料、我們為家人做了正確的決定、我們已經盡了全力，以及（偶爾）試著不要想太多。

致謝

　　首先要感謝我那盡職的經紀人 Suzanne Gluck 和優秀的編輯 Ginny Smith。若沒有你們，這本書絕對無法開始與完成。我很感激 Ann Godoff 與企鵝出版社的整個團隊願意再度與我合作，也感謝他們大力支持我的第一本書。

　　亞當（Adam Davis）是超有耐心的醫學編輯。若沒有他的建議和指導，本書將難以集結成冊。

　　Charles Wood、李醫師（Dawn Li）和 Ashley Larkin 也提供了寶貴的醫學見解。

　　Emilia Ruzicka 與 Sven Ostertag 貢獻了優秀的圖表設計。Xana Zhang、Ruby Steele、Lauren To 與 Geoffrey Kocks 提供了寶貴的研究協助，從文獻回顧與事實查核，到校勘和文件校對。

　　本書的概念發想主要來自許多人的點子。來自布魯克林焦點團體的 Meghan Weidl、Meriwether Schas、Emily Byne、Rhiannon Gulick、Hannah Gladstein、Marisa Robertson-Textor、Jax Zummo、Salma Abdelnour、Melissa Wells、Laura Ball、Lena Berger、Emily Hoch、Brooke Lewis、Alexandra Sowa、Barin Porzar、Rachel Friedman、Rebecca Youngerman，以及 Lesley Duval。還有推特上所有朋友，以及臉書社團 Academic Moms。

謝謝那些幫我讀初稿並給我意見的人：Emma Berndt、Eric Budish、Heidi Williams、Michelle McClosky、Kelly Joseph、Josh Gottlieb、Carolin Pfluger、Dan Benjamin、Samantha Cherney、Emily Shapiro 和 Laura Wheery。

謝謝我的姊妹淘，你們讀了我的稿子，與我分享你們的經驗，並允許我用在書裡：珍（Jane Risen）、珍娜（Jenna Robins）、翠西亞（Tricia Patrick）、Divya Mathur、Elena Zinchenko、Hilary Friedman、Heather Caruso、Katie Kinzler，以及 Alix Morse。最重要的是，你們隨時願意與我慶祝好事，開導我看開不順利的事。我愛你們。

許多同事和朋友在不同階段支持本書的理念和現實面。包括 Judy Chevalier、Anna Aizer、David Weil、Matt Notowidigdo、Dave Nussbaum、Nancy Rose、Amy Finkelstein、Andrei Shleifer、Nancy Zimmerman，以及 More Dudes。

特別感謝 Matt Gentzkow 把我想再寫一本書的渴望當作一回事，和我深入探討寫這本書到底是不是好主意，並以無價的功力編輯這本書。本書中傑西最欣賞的句子正是出於 Gentzkow 之手，這一點也不令人意外。

我們全家人非常幸運，能在芝加哥和羅德島都遇到很棒的小兒科醫生 —— 李醫師和 Lauren Ward，若沒有她們，我們的育兒經驗一定會更加辛苦。此外，我們運氣很好，找到很棒的幼保員：Mardele Castel、Rebecca Shirley 和 Sarah Hudson。還有 Moses Brown 幼兒園和林肯小學校（Little School at Lincoln）的老師。

謝謝永遠支持我的家人。謝謝 Shapiro 家的 Joyce、Arvin

和 Emily。 還 有 Fair 家 和 Oster 家 的 Steve、Rebecca、John 和
Andrea。我的父母 Ray 和 Sharon。媽,我知道我寫這本書讓你
很緊張,謝謝你支持我做這件事。

不用說,若沒有潘妮洛碧(Penelope)和芬恩(Finn),就
不會有這本書。謝謝潘妮洛碧願意讀這本書,你們兩人幫助我學
會怎麼當媽媽。

傑西(Jesse),養孩子很辛苦,我很高興和我一起做這件
事的人是你。謝謝你支持我的瘋狂點子。你是個很棒的老公和爸
爸。還有,你真的很會管理垃圾,我愛你。

國家圖書館出版品預行編目（CIP）資料

兒童床邊的經濟學家：父母最關鍵的教養決
策／艾蜜莉・奧斯特（Emily Oster）著；廖
建容翻譯 . -- 第一版 . -- 臺北市：遠見天下
文化 , 2020.09
　　面；　　公分 . --（教育教養 ; BEP056）
譯自：Cribsheet : a data-driven guide to better,
　　　more relaxed parenting, from birth to
　　　preschool
ISBN 978-986-5535-65-0（平裝）

1. 育兒　2. 親職教育

428　　　　　　　　　　　　　　109013216

教育教養 BEP056

兒童床邊的經濟學家
父母最關鍵的教養決策
Cribsheet: A Data-Driven Guide to Better, More Relaxed Parenting, from Birth to Preschool

作者 —— 艾蜜莉・奧斯特（Emily Oster）
譯者 —— 廖建容

總編輯 —— 吳佩穎
副總監 —— 楊郁慧
副主編暨責任編輯 —— 陳怡琳
校對 —— 呂佳真
封面設計 —— BIANCO TSAI
內頁排版 —— 張靜怡、楊仕堯

出版者 —— 遠見天下文化出版股份有限公司
創辦人 —— 高希均、王力行
遠見・天下文化・事業群 董事長 —— 高希均
事業群發行人／CEO —— 王力行
天下文化社長 —— 林天來
天下文化總經理 —— 林芳燕
國際事務開發部兼版權中心總監 —— 潘欣
法律顧問 —— 理律法律事務所陳長文律師
著作權顧問 —— 魏啟翔律師
地址 —— 台北市 104 松江路 93 巷 1 號 2 樓

讀者服務專線 —— (02) 2662-0012 | 傳真 —— (02) 2662-0007；(02) 2662-0009
電子郵件信箱 —— cwpc@cwgv.com.tw
直接郵撥帳號 —— 1326703-6 號　遠見天下文化出版股份有限公司

製版廠 —— 東豪印刷事業有限公司
印刷廠 —— 祥峰印刷事業有限公司
裝訂廠 —— 中原造像股份有限公司
登記證 —— 局版台業字第 2517 號
總經銷 —— 大和書報圖書股份有限公司 電話／(02) 8990-2588
出版日期 —— 2020 年 9 月 30 日第一版第 1 次印行

Copyright © 2019 by Emily Oster
Complex Chinese edition copyright © 2020 by Commonwealth Publishing Co., Ltd.,
a division of Global Views - Commonwealth Publishing Group
This edition is published by arrangement with William Morris Endeavor Entertainment, LLC.
through Andrew Nurnberg Associates International Limited.
ALL RIGHTS RESERVED

定價 —— NT 420 元
ISBN —— 978-986-5535-65-0
書號 —— BEP056
天下文化官網 —— bookzone.cwgv.com.tw

本書如有缺頁、破損、裝訂錯誤，請寄回本公司調換。
本書僅代表作者言論，不代表本社立場。

天下文化
Believe in Reading